高职高专系列教材

SHIYOU HUAGONG ZHUANGZHI FANGZHEN

石油化工装置仿真

程志刚　马祥麟　主　编

中国石化出版社

内 容 提 要

本书详细介绍了聚丙烯装置、乙醛氧化制乙酸装置、原油常减压装置、乙烯裂解装置、丙烯压缩装置、乙烯分离装置的生产工艺原理、典型工艺流程、装置操作规程以及仿真操作过程。典型化工产品生产的全流程仿真项目，涵盖了石油化工、有机化工和高分子化工生产领域，操作步骤更加接近真实操作环境，有利于帮助学生完成虚拟和真实生产之间的衔接和过渡。

本书可作为石油、化工类职业院校学生装置仿真实训课程的教材及相关装置生产操作人员的培训参考资料使用。

图书在版编目（CIP）数据

石油化工装置仿真／程志刚，马祥麟主编．
—北京：中国石化出版社，2015.4
高职高专系列教材
ISBN 978-7-5114-3242-1

Ⅰ.①石… Ⅱ.①程… ②马… Ⅲ.①石油化工设备-系统仿真-高等职业教育-教材 Ⅳ.①TE969

中国版本图书馆 CIP 数据核字（2015）第 080032 号

中国石化出版社出版发行
地址：北京市东城区安定门外大街 58 号
邮编：100011　电话：(010)84271850
读者服务部电话：(010)84289974
http://www.sinopec-press.com
E-mail:press@sinopec.com
北京柏力行彩印有限公司印刷
全国各地新华书店经销
*
787×1092 毫米 16 开本 15.25 印张 304 千字
2015 年 5 月第 1 版　2015 年 5 月第 1 次印刷
定价：36.00 元

前言
Preface

由于化工生产过程的特殊性，学校的实践教学过程容易受到实训硬件条件的限制，而化工仿真利用计算机模拟生产现场真实的操作控制环境，进行操作技能的训练，以其独有的特点在高职高专院校得到了广泛的应用，在职业院校学生化工生产操作技能培养方面优势凸显，具有很强的实践性和可操作性。

本书从石油、化工类专业学生的教学过程实际需要出发，根据东方化工仿真公司所提供的最新版本的化工装置仿真软件，将典型化工生产装置的工艺原理与装置仿真操作有机融合，理论联系实际，在进一步提升理论知识的基础上，培养学生典型化工装置的开车、停车及事故处理的操作技能。

本书共分为九章，第一章基础知识部分，对东方仿真软件技术公司的装置仿真培训操作系统的使用作了简要说明；第二章到第九章分别介绍了聚丙烯装置、乙醛氧化制醋酸装置、原油常减压装置、乙烯裂解装置、丙烯压缩装置、乙烯分离装置的生产工艺原理、典型工艺流程、装置操作规程以及仿真操作过程。典型化工产品生产的全流程仿真项目，涵盖了石油化工、有机化工和高分子化工生产领域，操作步骤更加接近真实操作环境，有利于帮助学生完成虚拟和真实生产之间的衔接和过渡。本书可作为石油、化工类职业院校学生装置仿真实训课程的教材及相关装置生产操作人员的培训参考资料使用。

本书由兰州石化职业技术学院程志刚、马祥麟主编。第一章至第五章由程志刚编写，第六章至第九章由马祥麟编写，陈淑芬教授审稿。本书的编写得到了王宏、罗资琴、赵立祥等老师的大力支持和帮助，东方仿真软件技术公司提供了部分插图，在此一并表示衷心的感谢。

由于编者水平有限，错漏之处在所难免，恳请同仁和广大读者批评指正。

目录
CONTENTS

目录

CONTENTS

第一章　石油化工装置仿真基础知识

第一节　概　述

石油化学工业是以石油或天然气为原料，经过化工过程而制取各种石油化工产品的工业。现代化工过程的特点是：生产过程处理的物料基本上呈流程型，一般为连续化操作；处理过程都包括改变物质状态、结构、性质的生产过程，且各过程往往在密闭状态下进行；规模较大，通常存在高温、高压过程，部分原料易燃易爆或有毒性，生产操作具有一定的危险性等。化工过程的上述特点，决定了从事化工生产的人员必须具有综合的理论知识和很强的实际操作能力。以往，这种能力的获得主要是通过现场实习，而随着现代化工的发展，企业为了保证和维持生产过程的正常运转，往往是学生在实习过程中只能看而不能动，这样就达不到实际操作技能的训练目的。在实际教学过程中，该问题可通过仿真技术的应用，得到很好的解决和补充。

仿真是对代替真实物体或系统的模型进行实验和研究的一门应用技术科学，按所用模型分为物理仿真和数字仿真两类。物理仿真是以真实物体或系统，按一定比例或规律进行微缩或放大后的物理模型为实验对象，如飞机研制过程中的风洞实验。数字仿真是以真实物体或系统规律为依据，建立数学模型后，在仿真机上进行的研究。与物理仿真相比，数字仿真具有更大的灵活性，能对截然不同的动态特性模型做实验研究，为真实物体或系统的分析和设计提供了十分有效而且经济的手段。

过程系统仿真是指过程系统的数字仿真，它要求描述过程系统动态特性的数学模型，能在仿真机上再实现该过程系统的实时特性，以达到在该仿真系统上进行实验研究的目的。过程系统仿真由三个主要部分组成，即过程系统、数学模型和仿真机。

采用过程系统仿真技术辅助培训，就是用仿真机运行数学模型建造的一个与真实系统相似的操作控制系统(如模拟仪表盘、仿 DCS 操作站等)，模拟真实的生产装置，再现真实生产过程(或装置)的实时动态特性，使学员可以得到非常逼真的操作环境，进而取得非常好的操作技能训练效果。

近年来，过程系统仿真技术在操作技能培训方面的应用在世界许多国家得到普及。这种仿真培训系统能逼真地模拟工厂开车、停车、正常运行和各种事故状态的现象。化工仿真培训系统是过程系统仿真应用的一个重要分支，相对完整的工段级工艺过程仿真，对于解决学生生产现场实习操作难以了解的问题，训练学生的实际操作技能有很大的帮助，同时节省了实际操作训练的费用，避免了现场操作的不安全问题，可以使学员在数周内取得现场2~5年的经验，大大缩短了培训时间。是符合职业教育现状、解决学生实习实训的有效手段。

第二节　装置仿真培训系统学员站的使用方法

一、　仿真培训软件的启动

（一）单机运行

仿真培训软件单机运行是指学员在学员操作站上自行启动仿真培训软件，学员操作站不受教师站管理系统授权控制。

1. 启动仿真软件

启动计算机，单击“开始”按钮，弹出上拉菜单，将光标移到“程序”，并在随后弹出的菜单中依次指向“东方仿真”“大型化工流程仿真教学软件”“聚丙烯”，单击“聚丙烯”，输入姓名和学号，点击自由训练，如图1-1所示。

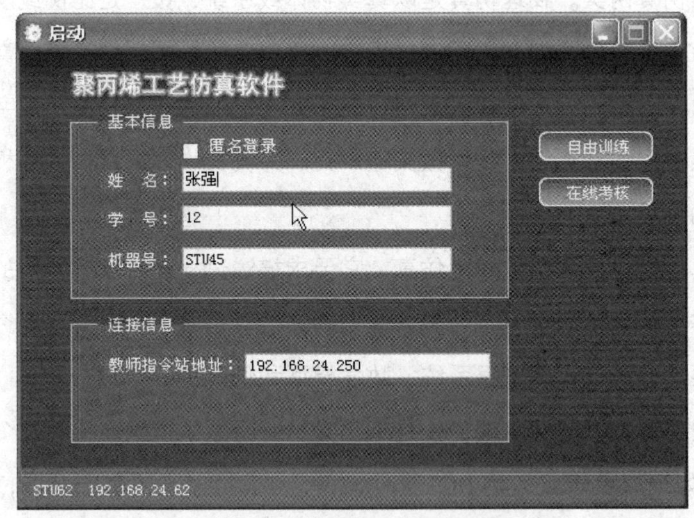

图1-1　仿真软件启动界面

2. 培训项目选择

按培训要求双击冷态开车、正常运行、正常停车或其他事故处理项目。如冷态开车。如图1-2所示。

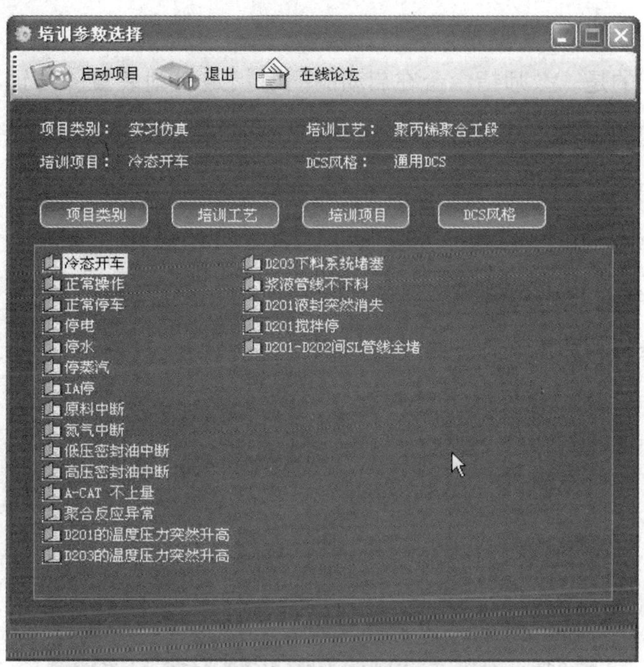

图 1-2 培训项目选择

3. DCS 风格选择

选择通用 DCS 风格、TDC3000 风格、IA 系统或 CS3000 风格，如图 1-3 所示，单击启动培训单元。

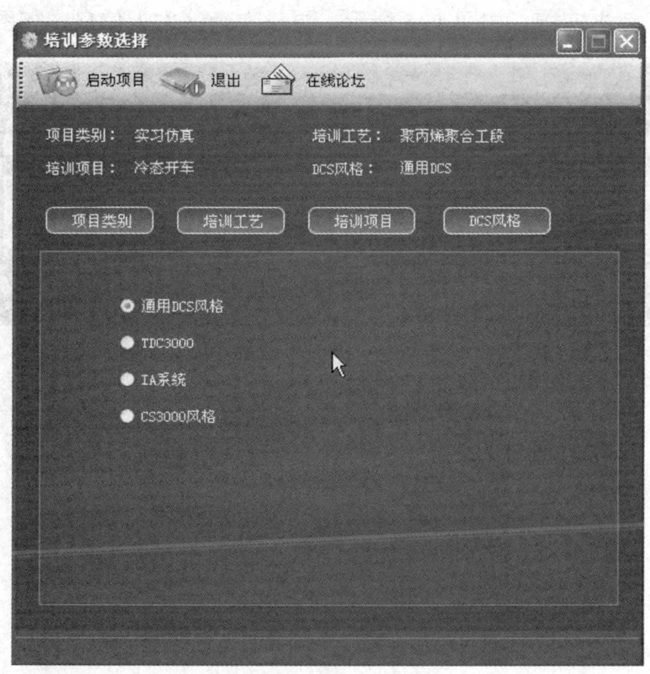

图 1-3 DCS 风格选择

（二）网络运行

与单机运行不同的是，教师指令台在启动的同时指定启动装置、培训工况、训练模式等，或者考试时指定使用的试卷。

1. 启动仿真软件

启动计算机，单击“开始”按钮，弹出上拉菜单，将光标移到“程序”，并在随后弹出的菜单中依次指向“东方仿真”“大型化工流程仿真教学软件”“聚丙烯”，单击“聚丙烯”，输入姓名和学号，点击在线考核，如图 1-1、图 1-4 所示。

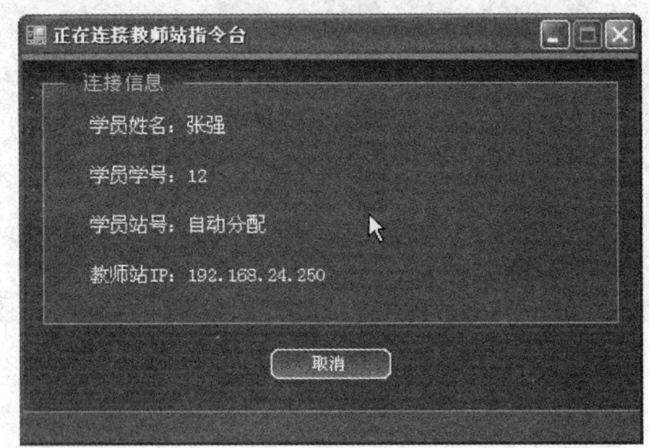

图 1-4　网络连接界面

2. 培训教室选择

选择培训教室，点击连接，如图 1-5 所示。再一次确认本人信息，如图 1-6 所示。

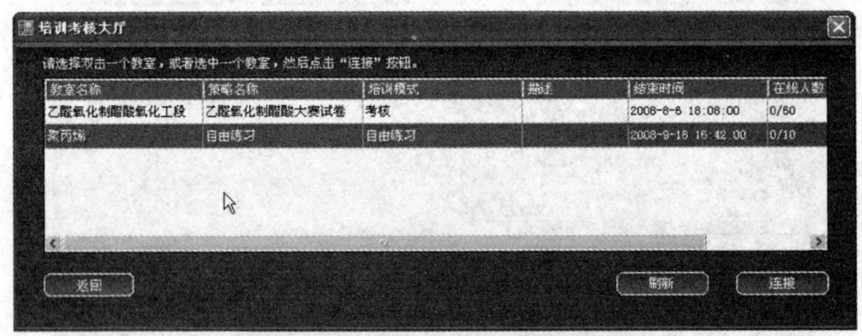

图 1-5　培训教室选择

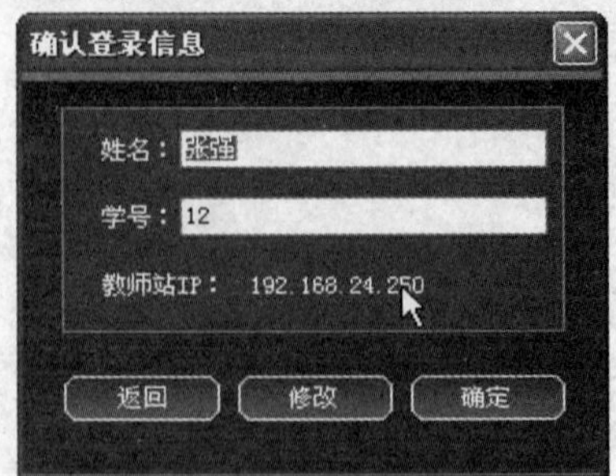

图 1-6　确认登录信息

二、 学员操作站的操作方法

(一)进程切换

进入仿真培训系统后，在 WINDOWS 的任务栏中可以见到聚丙烯工艺仿真系统、操作质量评分系统，如图 1-7 所示。

图 1-7 进程切换任务栏

两个软件之间的切换采用 WINDOWS 的标准任务切换方式，用鼠标左键点任务图标即可在两个任务间切换。在培训中切不可将操作质量评分系统退出，否则系统无法正常工作。

操作质量评分系统主要功能包括：工艺操作指导和操作诊断评定。操作方法在后面介绍。

聚丙烯工艺仿真系统是学员进行工艺操作的界面，也是学员的主要操作界面。

聚丙烯工艺仿真系统主要进行工艺数学模型的计算，同时它也是学员操作站上的核心软件，它控制和协调其他软件的运行。

(二)学员操作站的退出

在工艺菜单中选择系统退出命令(图 1-8)或点击窗口关闭按钮。

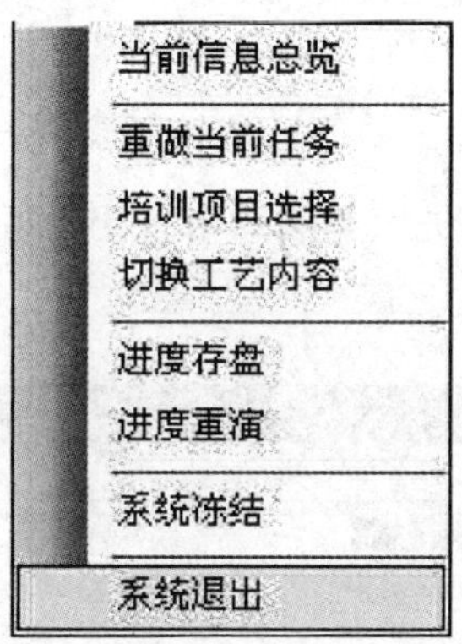

图 1-8 工艺菜单的系统退出命令选择界面

(三)装置仿真软件的操作方法

1. 状态恢复

在工艺菜单中选择重做当前任务命令。

2. 切换工艺内容

在工艺菜单中选择切换工艺内容命令，选择需要的其他工艺单元。

3. 培训项目选择

在工艺菜单中选择培训项目选择命令，选择需要的其他培训项目，如图 1-2 所示。

4. 进度存盘

在工艺菜单中选择进度存盘命令，打开保存快门窗口，输入文件名，点击保存进行进度存盘，如图 1-9 所示。

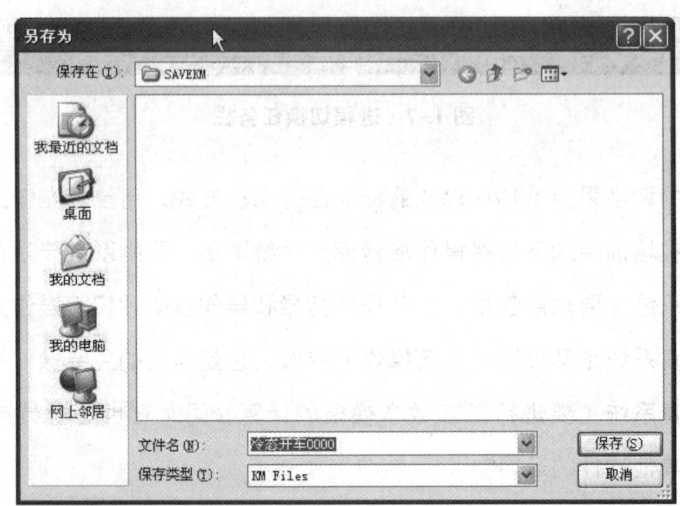

图 1-9　进度存盘界面

5. 进度重演

在工艺菜单中选择进度重演命令，打开读取快门窗口，选择保存文件，点击打开进行进度重演，如图 1-10 所示。进度存盘和进度重演结合使用，可对难控制的步骤反复操作，避免了从头操作，节省了练习时间。

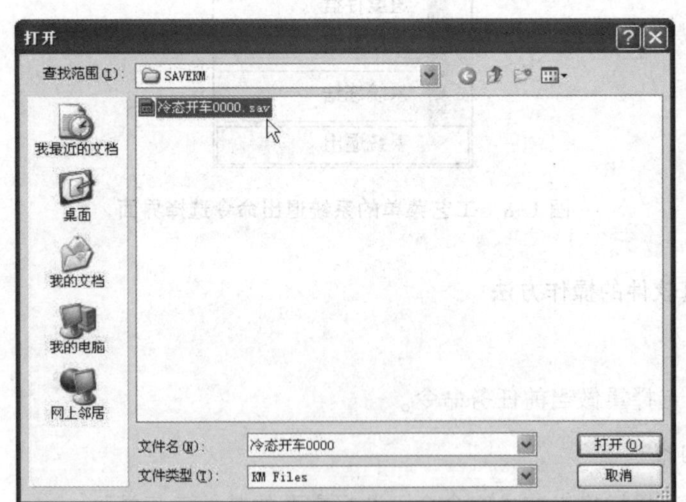

图 1-10　进度重演界面

6. 系统冻结(解冻)

在工艺菜单中选择冻结命令，经确认程序冻结，同时菜单项变为解冻；在工艺菜单中选择解冻命令，经确认程序解冻，同时菜单项变为冻结。当暂停仿真操作时，可选择系统冻结命令。

7. 变量监视

在工具菜单中选择变量监视命令，打开变量监视窗口，变量监视的内容包括：变量名、位号、描述、当前值、上限值、下限值等。如图 1-11 所示。

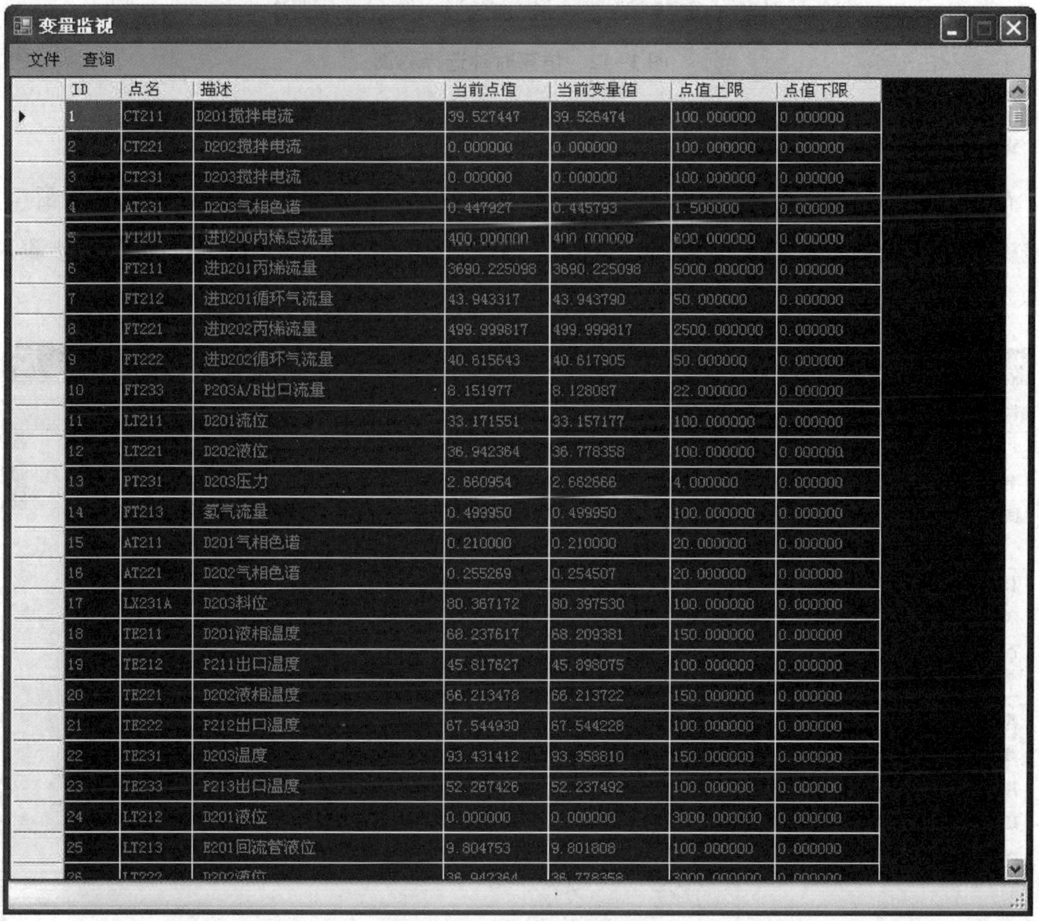

变量监视

文件 查询

ID	点名	描述	当前点值	当前变量值	点值上限	点值下限
1	CT211	D201搅拌电流	39.527447	39.526474	100.000000	0.000000
2	CT221	D202搅拌电流	0.000000	0.000000	100.000000	0.000000
3	CT231	D203搅拌电流	0.000000	0.000000	100.000000	0.000000
4	AT231	D203气相色谱	0.447927	0.445793	1.500000	0.000000
5	FT201	进D200丙烯总流量	400.000000	400.000000	600.000000	0.000000
6	FT211	进D201丙烯流量	3690.225098	3690.225098	5000.000000	0.000000
7	FT212	进D201循环气流量	43.943317	43.943790	50.000000	0.000000
8	FT221	进D202丙烯流量	499.999817	499.999817	2500.000000	0.000000
9	FT222	进D202循环气流量	40.615643	40.617905	50.000000	0.000000
10	FT233	P203A/B出口流量	8.151977	8.128087	22.000000	0.000000
11	LT211	D201流位	33.171551	33.157177	100.000000	0.000000
12	LT221	D202液位	36.942364	36.778358	100.000000	0.000000
13	PT231	D203压力	2.660954	2.682666	4.000000	0.000000
14	FT213	氢气流量	0.499950	0.499950	100.000000	0.000000
15	AT211	D201气相色谱	0.210000	0.210000	20.000000	0.000000
16	AT221	D202气相色谱	0.255269	0.254507	20.000000	0.000000
17	LX231A	D203料位	80.367172	80.397530	100.000000	0.000000
18	TE211	D201液相温度	68.237617	68.209381	150.000000	0.000000
19	TE212	P211出口温度	45.817627	45.898075	100.000000	0.000000
20	TE221	D202液相温度	66.213478	66.213722	150.000000	0.000000
21	TE222	P212出口温度	67.544930	67.544228	100.000000	0.000000
22	TE231	D203温度	93.431412	93.358810	150.000000	0.000000
23	TE233	P213出口温度	52.267426	52.237492	100.000000	0.000000
24	LT212	D201液位	0.000000	0.000000	3000.000000	0.000000
25	LT213	E201回流管液位	9.804753	9.801808	100.000000	0.000000
26	LT222	D202液位	36.942364	36.778358	3000.000000	0.000000

图 1-11　变量监视界面

8. 仿真时钟

在工具菜单中选择仿真时钟设置命令，选择需要的时标，单击应用按钮。在仿真练习时，可根据实际情况，选择时标，以加快或减慢工艺仿真过程，正常时间时标为 100%，最快时标为 300%，最慢时标为 30%，如图 1-12 所示。

图 1-12　仿真时钟选择界面

9. 学员成绩显示

在智能评价系统的浏览菜单中选择成绩命令，调出学员成绩单窗口。学员成绩单窗口中，可查询总分、实际得分、百分制得分、普通步骤操作得分、质量步骤操作得分、趋势步骤操作得分、操作失误导致扣分、各过程操作明细得分等，如图 1-13 所示。

学员成绩单

学员姓名:			张强
操作单元:			冷态开车工况
总分:1130.00			测评历时759秒
实际得分:0.00			测评限时0秒
百分制得分:0.00			
其中			
普通步骤操作得分:0.00			
质量步骤操作得分:0.00			
趋势步骤操作得分:0.00			
操作失误导致扣分:0.00			
以下为各过程操作明细:	应得	实得	操作步骤说明
种子投料加入D203:过程正在评分	90.00	0.00	该过程历时759秒

图 1-13　学员成绩单

10. 报警

在画面菜单中选择报警命令，可打开报警窗口。可以查看各报警点的点值上限和下限，如

图 1-14 所示。

聚丙烯工艺仿真 - [报警]

工艺 画面 工具 帮助

■08-9-22	10:35:08	LT221	D202液位	PVLO	36.00
■08-9-22	10:35:08	LT211	D201液位	PVLO	36.00
■08-9-22	10:35:08	LICA221	D202液位	PVLO	36.00
■08-9-22	10:35:08	LICA211	D201液位	PVLO	36.00
■08-9-22	10:35:08	LT231B	D203液位	PVLO	36.00
■08-9-22	10:35:08	LT223	E202回流管液位	PVLO	36.00
■08-9-22	10:35:08	LT222	D202液位	PVLO	36.00
■08-9-22	10:35:08	LT213	E201回流管液位	PVLO	36.00
■08-9-22	10:35:08	TE231	D203温度	PVLO	75.00
■08-9-22	10:35:08	TE221	D202液相温度	PVLO	62.00
■08-9-22	10:35:08	TE211	D201液相温度	PVLO	65.00

图 1-14 报警画面

三、 操作质量评分系统的操作——软件功能概述及软件使用说明

操作质量评分系统通过对用户的操作过程进行跟踪，在线为用户提供如下功能。

1. 操作状态指示

对当前操作步骤和操作质量所进行的状态以不同的颜色表示出来。操作质量评分系统界面如图 1-15 所示。

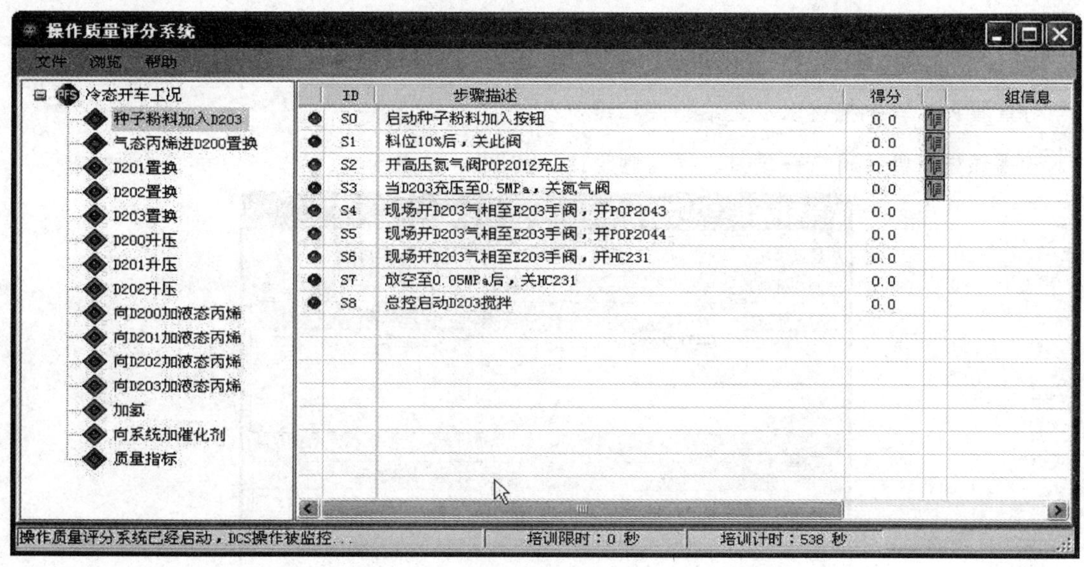

图 1-15 操作质量评分系统界面

（1）操作步骤状态及提示

红色小圆点：表示本步骤还没有开始操作，即还未满足此步骤的起始条件。

绿色小圆点：表示本步骤已满足起始条件，但未满足终止条件，即未操作完。

红色叉号：表示本步骤操作已经结束，但操作不正确。

绿色对号：表示本步骤操作已经结束，且操作完全正确。

震荡曲线：操作步骤。

(2)步骤属性

双击普通步骤，可打开普通步骤属性窗口，如图 1-16 所示。

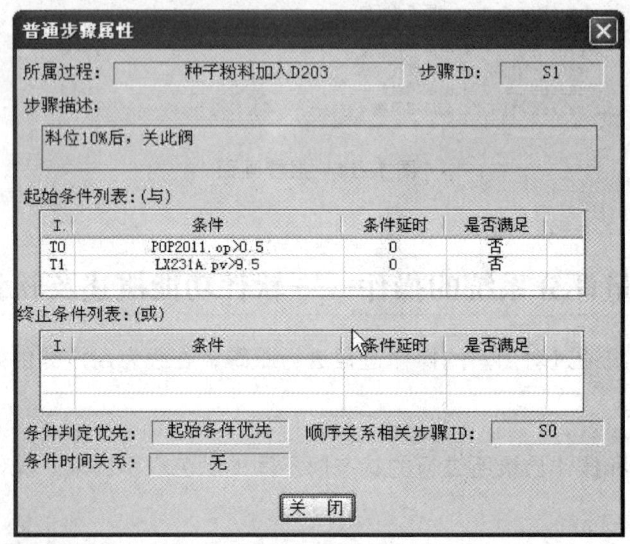

普通步骤属性

所属过程：种子粉料加入D203　步骤ID：S1

步骤描述：

料位10%后，关此阀

起始条件列表：(与)

I.	条件	条件延时	是否满足
T0	POP2011.op>0.5	0	否
T1	LX231A.pv>9.5	0	否

终止条件列表：(或)

I.	条件	条件延时	是否满足

条件判定优先：起始条件优先　顺序关系相关步骤ID：S0

条件时间关系：无

关 闭

图 1-16　普通步骤属性窗口界面

可查看该步骤的描述以及起始条件和终止条件。

双击质量步骤，可打开质量步骤属性窗口，如图 1-17 所示。

质量步骤属性

所属过程：质量指标　步骤ID：S0

起始条件列表：(与)

I.	条件	条件延时	是否满足
T0	TE211.pv>68	0	否

终止条件列表：(或)

I.	条件	条件延时	是否满足

顺序关系相关步骤ID：无

质量指标：TE211.PV　标准值：70.00

上偏差：2.00　下偏差：2.00

最大上偏差：3.00　最大下偏差：3.00

零限上偏差：100.00　零限下偏差：100.00

关闭

图 1-17　质量步骤属性窗口界面

可查看该步骤的起始条件、终止条件、质量指标、标准值、上偏差、下偏差、最大上偏差、最大下偏差、零限上偏差、零限下偏差。

双击过程步骤，可打开过程属性窗口，如图 1-18 所示。

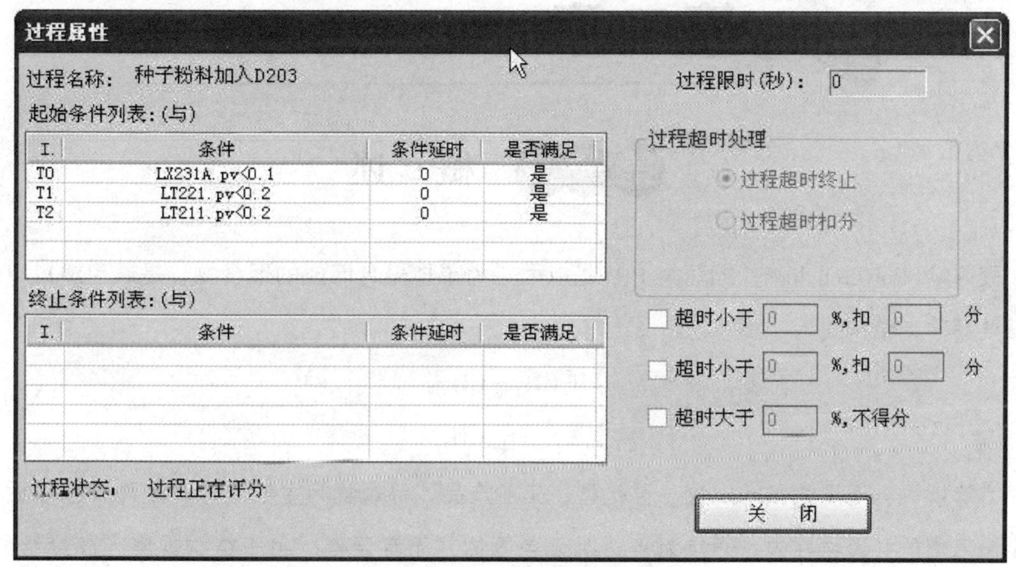

图 1-18 过程属性窗口界面

可查看该过程的起始条件、终止条件、过程时间等。

2. 操作方法指导

可在线的给出操作步骤的指导说明，对于操作质量可给出关于这条质量指标的目标值、上下允许范围、上下评定范围。

3. 操作诊断及诊断结果指示

对操作过程进行实时跟踪检查，并根据组态结果对其进行诊断，将操作错误的操作过程或操作动作列举出来，以便用户以后对这些错误操作进行重点培训。

4. 操作评定及生成评定结果

对操作过程进行实时评定，并给出整个操作过程的综合评分，还可根据需要生成评分文件。在操作质量评分系统的浏览菜单中选择成绩命令(或 Ctrl+C)，调出学员成绩单窗口。

第二章 聚丙烯生产工艺

第一节 概 述

聚丙烯(Polypropylene，缩写为PP)是以丙烯为单体聚合而成的聚合物，是通用塑料中的一个重要品种，结构式为：

$$\left[CH_2 - \underset{\displaystyle CH_3}{\underset{|}{CH}} \right]_n$$

有等规物、无规物和间规物三种构型，工业产品以等规物为主要成分。聚丙烯也包括丙烯与少量乙烯的共聚物在内。通常为半透明无色固体，无臭无毒。由于结构规整而高度结晶化，故熔点高达167℃，耐热，制品可用蒸汽消毒是其突出优点。密度0.90g/cm^3，是最轻的通用塑料。耐腐蚀，抗张强度30MPa，强度、刚性和透明性都比聚乙烯好。缺点是耐低温冲击性差，较易老化，但可分别通过改性和添加抗氧剂予以克服。

1954年3月，意大利的纳塔教授在齐格勒发明的催化剂的基础上，发展了烯烃聚合催化剂，用具有定向能力的三氯化钛为催化剂，以丙烯为原料进行聚合，成功地制得了高结晶性高立构规整性的聚丙烯，并创立了定向聚合理论。1957年，根据纳塔教授的研究成果，意大利蒙特卡蒂尼公司在斐拉拉首先建立了世界上第一套6000t/a间歇式聚丙烯工业生产装置。同年，美国大力神公司也建立了一套9000t/a的聚丙烯生产装置。1958~1962年，德国、英国、法国、日本等国先后都实现聚丙烯工业化生产。我国从20世纪60年代就开始进行聚丙烯催化剂和生产工艺的研究，50多年来取得了很大进展。特别是国内自行研究开发的间歇式液相本体法聚丙烯生产技术和研制成功的络合Ⅱ型催化剂，已被国内普遍采用，成为独具特点的成熟的聚丙烯生产工艺。

聚丙烯用途：

1. 工程用聚丙烯纤维

分为聚丙烯单丝纤维和聚丙烯网状纤维。聚丙烯网状纤维以改性聚丙烯为原料，经挤出、拉伸、成网、表面改性处理、短切等工序加工而成的高强度束状单丝或者网状有机纤维，可以广泛使用于地下工程防水、工业民用建筑工程以及道路和桥梁工程中。是砂浆/混凝土工程抗裂、防渗、耐磨、保温的新型理想材料。

2. 双向拉伸聚丙烯薄膜

在塑料制品中，包装材料占有极其重要的位置。据统计，世界用于包装领域的塑料约占塑料总消费量的35%。我国双向拉伸聚丙烯(BOPP)薄膜是PP树脂消费量最大的领域之一。

3. 汽车用改性聚丙烯

PP用于汽车工业具有较强的竞争力，但因其模量和耐热性较低，冲击强度较差，因此不能直接用作汽车配件，轿车中使用的均为改性PP产品，其耐热性可由80℃提高到145~150℃，并能承受高温750~1000h后不老化，不龟裂。

4. 家用电器用聚丙烯

我国家用电器产业发展迅速，品种多，产量大。因此，在未来几年内应加大开发家用电器PP专用料的力度，以适应市场变化的需求。

5. 管材用聚丙烯

PP-R管材是欧洲20世纪90年代开发应用的新型塑料管道产品，具有强度高、韧性好、耐冲击、耐高温及使用寿命长等优点，其长期使用温度为70℃，短期使用温度可达90℃，在温度为60~70℃及工作压力为1MPa的使用状态下寿命可达50年以上，是现代民用建筑管道系统(尤其是热水输送管)和工业用管道设施的绿色环保产品。

6. 高透明聚丙烯

随着人们生活水平不断提高，必然带来在文化、娱乐、食品、医疗、材料、居室装饰等各个方面不同变化的要求与提高，市场中很多物品越来越多地使用透明材料。因此，开发透明PP专用料是一个很好的发展趋势，尤其需要透明性高、流动性好、成型快的PP专用料，以便设计加工成人们喜爱的PP制品。透明PP比普通PP、PVC、PET、PS更具特色，有更多优点和开发前景。

第二节 丙烯配位聚合反应机理

丙烯聚合反应的机理相当复杂，甚至无法完全搞清楚。一般来说，可以划分为四个基本反应步骤：活化反应；形成活性中心；链引发；链增长及链终止。

对于活性中心，主要有两种理论：单金属活性中心模型理论和双金属活性中心模型理论。普遍接受的是单金属活性中心理论。该理论认为活性中心是呈八面体配位并存在一个空位的过渡金属原子。

以 $TiCl_3$ 催化剂为例，首先单体与过渡金属配位，形成 Ti 配合物，减弱了 Ti—C 键，然后单体插入过渡金属和碳原子之间。随后空位与增长链交换位置，下一个单体又在空位上继续插入。如此反复进行，丙烯分子上的甲基就依次照一定方向在主链上有规则地排列，即发生阴离子配位定向聚合，形成等规或间规 PP。对于等规 PP 来说，每个单体单元等规插入的立构化学是由催化剂中心的构型控制的，间规单体插入的立构化学则是由链终端控制的。

丙烯配位聚合反应机理由链引发、链增长、链终止等基元反应组成。如果按单金属活性中心理论考虑，则反应过程如下。

1. 链引发

$$\mathrm{R{-}Ti{-}\square + CH_2{=}CH(CH_3) \longrightarrow \underset{\delta+}{Ti}(R)\cdots\overset{\delta-}{}[CH(CH_3)(H){=}CH_2] \longrightarrow \overset{\delta+}{Ti}(\square){-}\overset{\delta-}{CH_2}{-}CH(R)(CH_3) \xrightarrow{\text{重排}} \overset{\delta+}{\square{-}Ti}{-}\overset{\delta-}{CH_2}{-}CH(R){-}CH_3}$$

2. 链增长

$$\mathrm{R{-}CH(CH_3){-}\overset{\delta-}{CH_2}{-}\overset{\delta+}{Ti}{-}\square + CH_2{=}CH(CH_3) \longrightarrow R{-}CH{=}CH_3{-}\overset{\delta-}{CH_2}{-}\overset{\delta+}{Ti}\cdots[CH(CH_3)(H){=}CH_2] \longrightarrow \overset{\delta+}{Ti}(\square){-}\overset{\delta-}{CH_2}{-}CH(CH_3){-}CH_2{-}CH(R)(CH_3)}$$

$$\mathrm{\xrightarrow{\text{重排}} R{-}CH(CH_3){-}CH_2{-}CH(CH_3){-}\overset{\delta-}{CH_2}{-}\overset{\delta+}{Ti}{-}\square \xrightarrow{nCH_2{=}CH(CH_3)} \cdots\cdots \longrightarrow R{\sim}CH(CH_3){-}\overset{\delta-}{CH_2}{-}\overset{\delta+}{Ti}{-}\square}$$

3. 链终止

链终止的方式有以下几种：

（1）瞬时裂解终止（自终止）

$$\overset{\delta-}{\text{H}}\text{—}\underset{\sim R}{\text{C}}\text{—CH}_3 \text{—CH}_2\text{—}\overset{\delta+}{\text{Ti}}\text{—}\square \longrightarrow \overset{\delta-}{\text{H}}\text{—}\overset{\delta+}{\text{Ti}}\text{—}\square + \text{CH}_2=\underset{\text{CH}_3}{\text{C}}\sim\text{R}$$

（稳定聚丙烯链）

（2）向单体转移终止

$$\overset{\delta-}{\text{H}}\text{—}\underset{\sim R}{\text{C}}\text{—CH}_3\text{—CH}_2\text{—}\overset{\delta+}{\text{Ti}}\cdots\text{CH}_2=\text{C(H)CH}_3 \longrightarrow \text{CH}_2\text{—CH}_3\text{—}\overset{\delta-}{\text{CH}_2}\text{—}\overset{\delta+}{\text{Ti}}\text{—}\square + \text{CH}_2=\underset{\text{CH}_3}{\text{C}}\sim\text{R}$$

（稳定聚丙烯链）

（3）向助引发剂 AlR_3 转移终止

$$\text{R}\sim\text{CH—CH}_3\text{—}\overset{\delta-}{\text{CH}_2}\text{—}\overset{\delta+}{\text{Ti}}\cdots\text{AlR}_3 \longrightarrow \overset{\delta-}{\text{R}}\text{—}\overset{\delta+}{\text{Ti}}\text{—}\square + \text{R}_2\text{Al—CH}_2\text{—}\underset{\text{CH}_3}{\text{CH}}\sim\text{R}$$

（稳定聚丙烯链）

（4）氢解终止

氢解终止是工业常用的方法，不但可以获得饱和聚丙烯产物，还可以调节产物的相对分子质量。

$$\text{H—}\underset{\sim R}{\text{C}}\text{—CH}_3\text{—}\overset{\delta-}{\text{CH}_2}\text{—}\overset{\delta+}{\text{Ti}}\text{—}\square + \text{H}_2 \longrightarrow \overset{\delta-}{\text{H}}\text{—}\overset{\delta+}{\text{Ti}}\text{—}\square + \text{CH}_3\text{—}\underset{\text{CH}_3}{\text{CH}}\sim\text{R}$$

（稳定聚丙烯链）

上面几种终止形式，除了加入 H_2 终止外，其他方式较难发生，故此，活性链寿命很长。当加入其他类型单体时可以进行嵌段共聚，如无规共聚聚丙烯(PP-R)、茂金属乙烯-丙烯共聚物(MEPE)。

第三节 聚丙烯典型生产工艺

自 1954 年意大利纳塔教授首次合成结晶聚丙烯以来，聚丙烯工业化生产规模不断扩大，产品性能逐步提高，应用越来越广，迄今已发展成为一种最具活力的聚合物材料。50 多年来已有二十几种生产聚丙烯的工艺技术路线，各种工艺技术按聚合类型可分为溶液法、浆液法(也称溶剂法)、本体法、本体和气相组合法、气相法生产工艺。按生产工艺的发展和年代划分，可分为第一代工艺，生产过程包括脱灰和脱无规物，工艺过程复杂，主要是 20 世纪 70 年代以前的生产工艺，采用第一代催化剂；第二代工艺，生产工艺中取消了脱灰过程，采用第二代催化剂；80 年代以后，随着高活性、高等规度载体催化剂的开发成功和应用，生产工艺中取消了脱灰和脱无规物，称为第三代工艺。

早期的聚丙烯生产工艺源于采用齐格勒催化剂的 HDPE 工艺技术。最早的浆液法工艺采用搅拌釜反应器，加入一种惰性液态烃溶剂(如己烷、庚烷)，在温度低于 90℃ 和能够在液态溶剂中溶解 10%~20%丙烯单体的压力下进行聚合反应。采用紫色结晶的 $TiCl_3$ 催化剂和 $AlEt_2Cl$ 助催化剂。颗粒状的聚合物以 20%~40%的浆液浓度排出反应器，闪蒸分离未反应的单体。聚合物中加入 HCl 和乙醇或其他极性有机溶剂以去活并溶解催化剂，通过离心分离、过滤或水相萃取从聚合物中分离出残余催化剂。无定形聚丙烯溶解在液态烃中，通过蒸发溶剂而分离回收。催化剂的活性和产品的等规度都较低。这种浆液法工艺随着高效催化剂的采用，原来的工艺流程已经大大简化。20 世纪 80 年代以前的聚丙烯工厂大多采用这种技术，已形成相当规模的生产能力，80 年代以后新建、改建的大型工厂，由于新工艺的出现不再采用这种工艺。但由于浆液法工艺历史长，工艺比较成熟，可靠性好，操作条件温和，产品质量易于控制，随着高活性、高等规度催化剂的采用，对老的浆液法装置加以改造，使装置简化，经济性提高。时至今日，虽然该技术的操作成本较高，但设备折旧期已过，对厂家来说仍有利润，所以有相当一批装置仍在运转中。

本体法聚合工艺以液态丙烯作为聚合介质，液相本体聚合反应速率远高于溶剂聚合反应速率。本体法由于没有使用溶剂而减少了溶剂回收工序，流程短，易于操作。这类技术最早于

1964年由美国Dart公司实现工业化，采用串联三台立式搅拌釜反应器，利用丙烯蒸发冷凝移出反应热。采用环管反应器的本体法工艺由Phillips Petroleum(菲利浦斯石油公司)开发成功并实现工业化生产。本体法工艺技术在70年代发展较快，70年代后期改造、新建工厂大多基于此法。

80年代初，随着第三、四代载体高活性/高立体选择性(HY-HS)催化剂的研制成功，Montedison公司开发出采用环管反应器具有划时代意义的本体法新工艺——Spheripol工艺，三井油化公司开发出采用釜式反应器的本体法工艺——Hypol工艺。这两种工艺都采用气相反应器生产抗冲共聚物。现在，这类本体法和气相法组合的工艺技术已发展成为最广泛采用的聚丙烯工艺技术，迄今全球一半以上的聚丙烯生产能力采用这类工艺技术。气相法工艺中丙烯在气相聚合，采用搅拌床或流化床反应器，用部分丙烯液体汽化和冷却循环气撤出反应热。1969年，德国BASF公司首先开发出采用立式搅拌床气相聚合反应器的Novolen工艺，实现了气相法聚丙烯生产工业化。气相法工艺自70年代后期以来发展很快，被认为是最有希望的工艺，尤其是近年来各种气相法工艺发展迅速，1998年已经占到当年全球聚丙烯生产能力的27.9%。

50多年来，聚丙烯工艺技术的发展一直与催化剂技术的发展密切相关，每一次工艺技术的革新都源于催化剂技术的突破。70年代末期以前的第一代到第三代催化剂，由于催化剂活性和产品等规度较低，工艺中需要脱除灰分和无规物，工艺流程长，投资高。1969年，Montedison公司开发出活性$MgCl_2$载体催化剂，又经过10年左右的研究，到1980年，Montedison公司和三井油化合作开发出了超高活性、高等规度的第四代载体催化剂，使聚丙烯工艺技术发生了革命性的变化。从此，催化剂的高活性、长寿命，产品的高等规度、宽的MFR范围、抗冲共聚物、MWD控制和产品形态控制都变成现实。从80年代开始至今的20多年中，新生产工艺的出现和广泛应用使整个聚丙烯工业获得了新生，使聚丙烯成为20多年来最有活力、增长速度最快的聚合物材料。在整个80年代，很多的大公司和聚丙烯生产商都开发出了基于第四代催化剂的新生产工艺，取消了脱灰、脱无规物，取消了溶剂的使用，装置投资和操作费用大幅度降低，并且聚丙烯产品的种类和新产品牌号大大增加，性能范围大幅度拓宽。这些新技术集中在以下几个主要专利商及工艺技术中：原Himont(现Basell)的spheripol工艺、Dow/UCC公司的Unipol工艺、BASF公司的Novolen工艺、原三井油化(现三井化学)的Hypol工艺、Amoco(现BP)的气相法工艺等，这些技术全部是本体法、气相法或两者的组合法，不同的工艺技术采用不同形式的反应器设计。80年代中期以来新建的聚丙烯装置绝大部分采用以上这些新工艺。不同工艺聚丙烯生产能力比较如表2-1所示。

表 2-1　不同工艺聚丙烯生产能力比较

聚合方式		专利商及工艺技术	截至 2012 年建成装置生产能力/(kt/a)
均聚物	抗冲共聚物		
串联双环管反应器	气相流化床	Basell 的 spheripol 工艺	13500
单环管反应器+气相流化床	气相流化床	Borealis 的 Bostar 工艺	200
本体搅拌釜+气相流化床	气相流化床	三井化学的 Hypol 工艺	2248
气相流化床	气相流化床	Dow/UCC 的 Unipol 工艺	5380
		住友化学气相法工艺	375
立式气相搅拌釜	立式气相搅拌釜	ABB-Equistar 的 Novolen 工艺	3725
卧式气相搅拌釜	卧式气相搅拌釜	BP Innovene 气相法工艺	1882
		Chisso 气相法工艺	600
			总计：27910

一、　浆液法聚合工艺

1. 工艺概述

浆液法工艺也称淤浆法或溶剂法工艺，是最早的聚丙烯生产工艺，从 1957 年第一套工业化装置一直到 80 年代中后期，浆液法工艺在长达近 30 年的时间里一直是最主要的聚丙烯生产工艺，其工艺框图如图 2-1 所示。虽然由于催化剂的进展使聚丙烯生产工艺发展成为更加简单的气相法和本体法工艺，但目前世界上有许多老的浆液法 PP 装置仍在生产一些高质量的聚丙烯产品，一些厂家对老装置进行技术改造而不是废弃原有装置，使装置继续发挥作用。

该工艺生产步骤：

① Z-N 催化剂的配制。

② 在规定的操作条件下，丙烯在己烷或庚烷等烃类溶剂中在催化剂存在下进行均聚，或

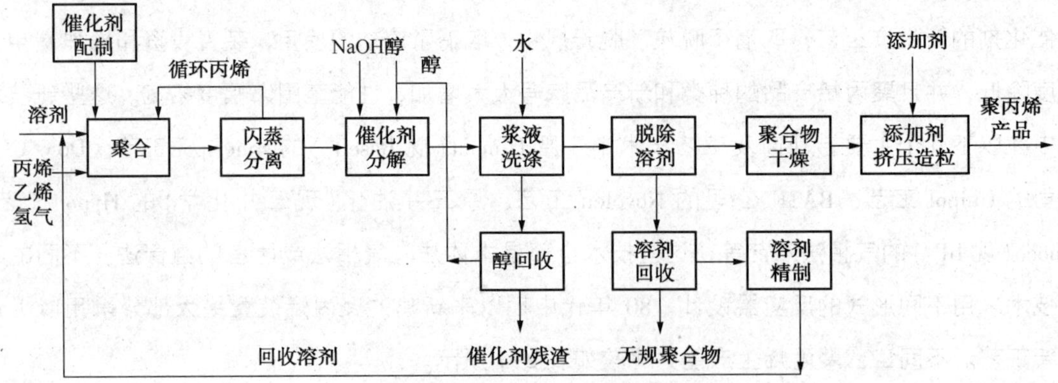

图 2-1　浆液法聚合工艺框图

与乙烯及其他烯烃进行无规共聚或嵌段共聚。

③ 闪蒸回收并循环使用未反应的丙烯。

④ 将甲醇或其他醇直接加入浆液中，分解聚合物所包裹的催化剂或其残余物，并用水洗涤浆液，俗称脱灰。从甲醇水溶液中回收甲醇循环使用。

⑤ 经脱灰的浆液进行沉降离心分离，除去溶剂和无规物。然后，将所得的聚合物干燥，加入添加剂混炼和造粒，最后得到的产品即为聚丙烯树脂粒料。

⑥ 含无规物的溶剂通过薄膜蒸发器分离无规物，溶剂经精制后循环使用。

2. 现代浆液法工艺

现代浆液法工艺仍采用第二代高效催化剂，使工艺免除了脱灰工序，并减少了无规物的生成量，其工艺流程如图 2-2、图 2-3 所示。下面介绍的是目前用高效催化剂的浆液法工艺的情况。

首先是催化剂和助催化剂浆液的制备。固体催化剂储存在催化剂储罐里，助催化剂与溶剂在助催化剂混合罐中混合，用泵打入催化剂浆液混合罐，在此与经称量的一定量固体催化剂配成浆液。配好的催化剂浆液用泵加入催化剂进料罐，然后连续计量加入到聚合反应器中。

新鲜聚合级丙烯与丙烯回收压缩机返回的循环丙烯混合，经分子筛干燥器脱除微量水后进入反应器。

除催化剂和丙烯外，反应器中还需加入惰性溶剂，并加入氮气以控制相对分子质量。生产无规和抗冲共聚物时，乙烯加入第一或第二反应器。反应器是传统带夹套和冷却挡板的搅拌釜式反应器。聚合热通过冷却挡板和夹套，并结合循环冷凝方法撤出反应器。进入反应器的物流、惰性溶剂和液体丙烯因为与反应器有温度差，也吸收了部分聚合热。可使用的溶剂有多种选择，如己烷、庚烷等，本工艺设计用的是正庚烷。丙烯转化率控制在 60%，庚烷加入速率按维持反应器出口浆液中聚合物浓度(质量分数)为 35% 控制。出口聚合物中无规聚合物含量(质量分数)一般为 2%~5%，反应混合物的温度维持在其泡点以提供足够的循环冷却量。反应条件为 60℃，1.2MPa，对于不同工艺，反应条件也不尽相同。

反应物出口浆液排到压力为 0.14MPa 的闪蒸罐。含部分丙烷和庚烷的丙烯气经压缩后，用冷冻水使之冷凝，再循环回反应器。当乙烯作为共聚物原料时，所有不凝气体中的乙烯经回收后循环回反应系统。

闪蒸罐中的浆液混合物用泵打到离心机，以从溶剂中脱除不溶解的聚合物。溶于庚烷的无规共聚物一部分留在湿的聚合物中，其余部分溶于庚烷溶剂中，送脱无规物和溶剂回收工段，经预热、蒸发处理后，回收的无规物作为副产品出售。庚烷气体送到溶剂回收塔以脱除在塔底的重组分。塔顶产品送到轻组分精馏塔，脱除丙烯、丙烷等轻组分并将其返回到反应器。为防止系统中丙烷的累积，需要从这股物流中连续排放一股气体。如果是化学级丙烯，则轻组分汽

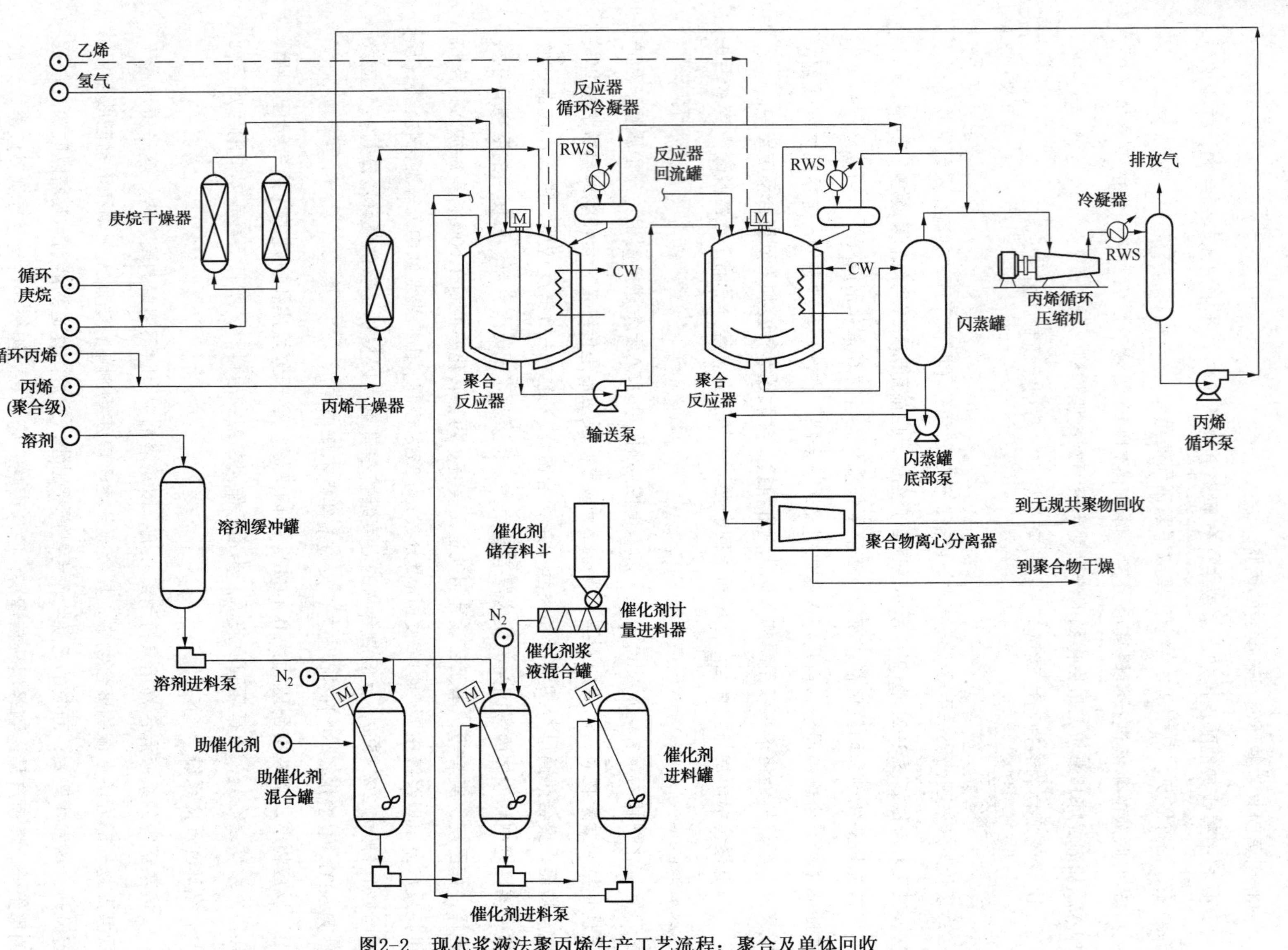

图2-2 现代浆液法聚丙烯生产工艺流程：聚合及单体回收

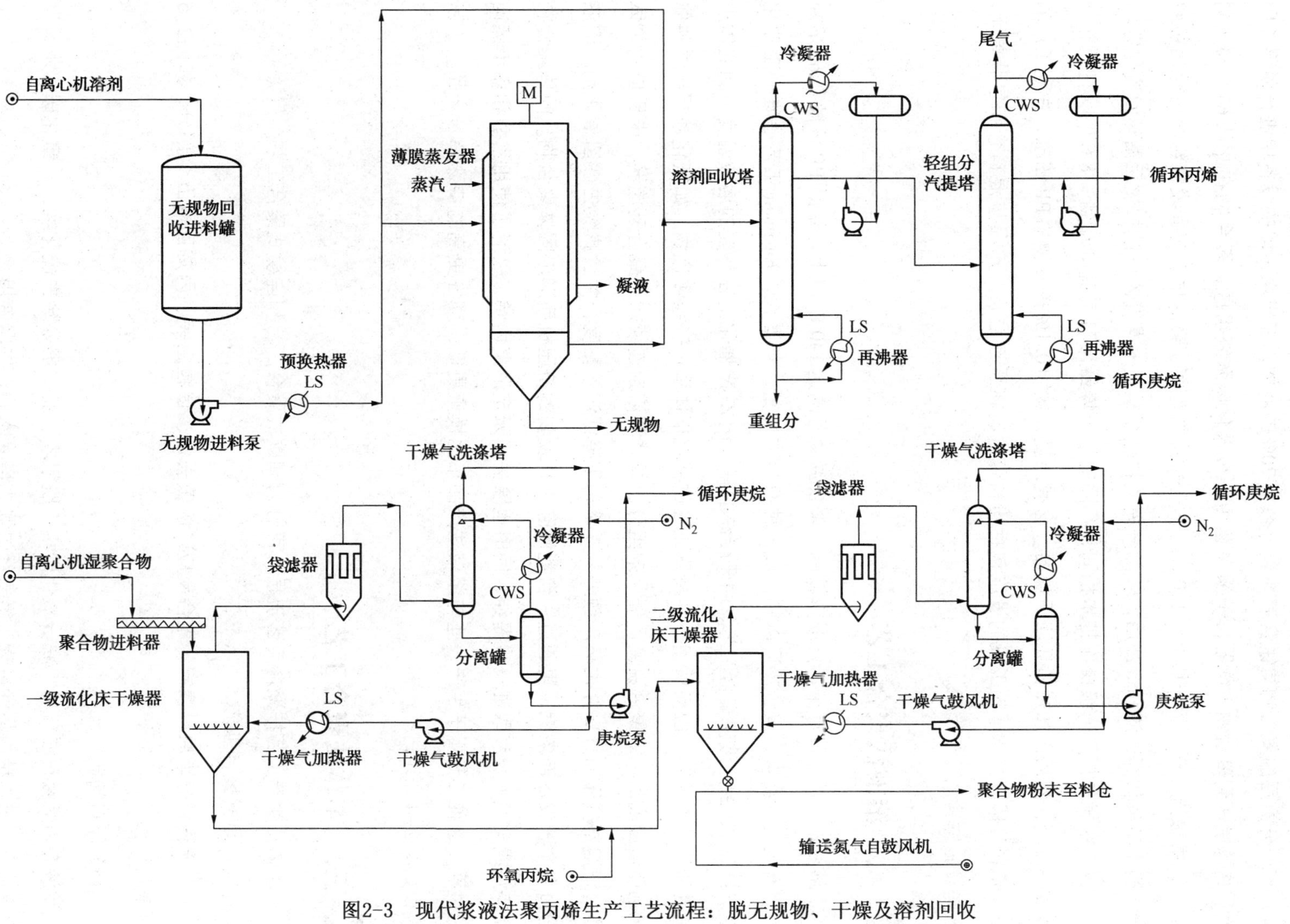

图2-3 现代浆液法聚丙烯生产工艺流程：脱无规物、干燥及溶剂回收

提塔的塔顶产品送往丙烯精馏塔，分离出丙烷，塔底的庚烷产品则循环回反应器。

离心分离后的聚合物滤饼含有质量分数为20%的液体，在干燥工段的设备中进行脱除并回收。将滤饼送到聚合物干燥器，干燥装置由一级流化床系统组成，聚合物在此从65℃加热到82℃ 。每级流化床都用一股93~120℃的热氮气流逆流通过聚合物，使挥发性组分汽化后被脱除。当出口气体经过滤和冷却后，一部分挥发物被冷凝，干燥气体再被加热后循环回流化床。

第二级操作与第一级操作基本相同，不同的是干燥器出口气流冷却到-18℃，以将大部分挥发物冷凝，然后再加热循环回干燥器。含有质量分数约0.1%挥发物的PP粉末，送到工厂的挤压造粒工段。挤压造粒工段的设施包括粉料储仓、挤压造粒机、产品掺混料仓和包装单元，这些设施与其他工艺相同。

二、 溶液法聚合工艺

溶液法工艺流程复杂，且成本较高，聚合温度可高达140℃ 以上，结晶PP溶解在α-烯烃中。在这个温度下，聚合热可以转化成一种有用的能量，如蒸汽。Eastman工艺是唯一工业化生产结晶PP的溶液法聚合工艺。由于传统的第一代Z-N催化剂在需要的溶液温度下的立体规整性和活性不够高，因而采用一种特殊改进的催化剂体系——锂化合物，如氢化锂铝，这种催化剂能适应高的溶液聚合温度。催化剂组分、单体和溶剂连续加入聚合反应器，未反应的单体通过对溶剂减压而分离并循环。额外补充溶剂来降低溶液黏度，并过滤除去残留催化剂。溶液通过多个蒸发器而浓缩，再通过一台能够除去挥发物的挤压机而形成固体聚合物。固体聚合物用庚烷或类似的烃萃取进一步提纯，同时也除去了无定形聚丙烯，取消了使用乙醇和多步蒸馏的过程。这种工艺用于生产一些与浆液法产品相比模量更低、韧性更高的特殊牌号产品。工艺流程如图2-4所示。

三、 本体法聚合工艺

本体法生产工艺按聚合工艺流程，可分为间歇式聚合工艺和连续式聚合工艺。

1. 间歇式聚合工艺

全流程可分为原料精制、聚合反应、闪蒸去活、造粒包装、丙烯回收五个部分，如图2-5所示。

（1）原料精制

液态丙烯经过脱硫塔、脱一氧化碳塔、脱氧塔、脱水塔等除去硫化物、一氧化碳、水、氧等杂质后，进入精丙烯计量罐。氢气经过脱水塔除水后，供聚合用。

（2）聚合反应

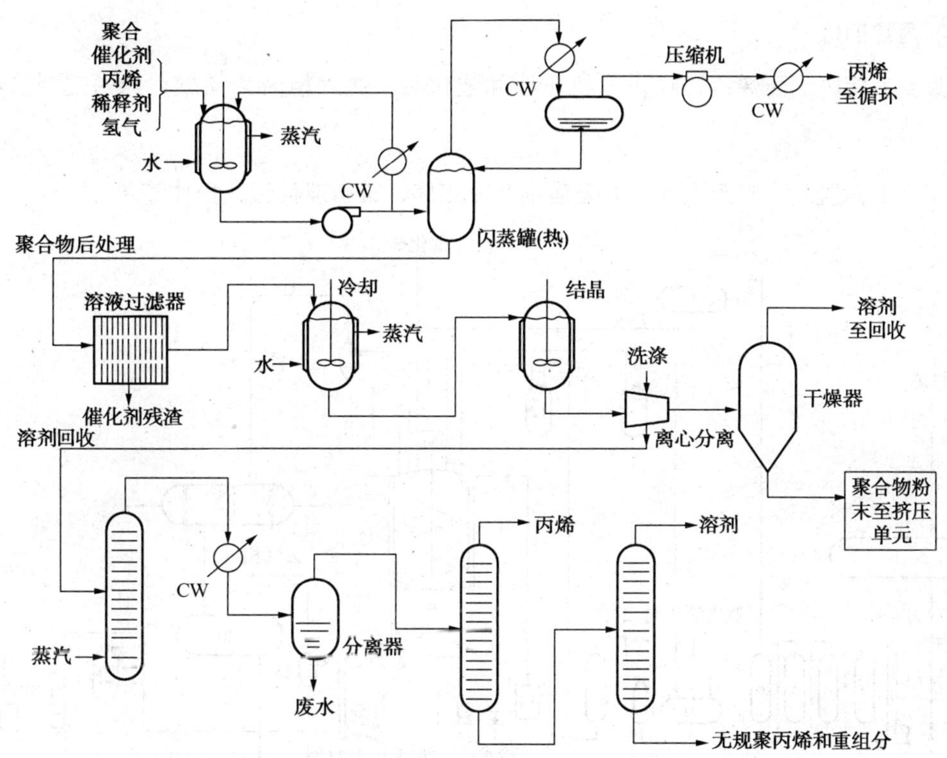

图 2-4　Eastman 溶液法聚丙烯生产工艺流程示意图

精制后的丙烯经计计量加入到聚合釜内，并将活化剂、给电子体、催化剂、相对分子质量调节剂(氢气)按一定比例分别加入聚合釜。各物料加完后，开始向聚合釜通入热水升温聚合，整个过程可以手动控制也可以利用计算机半自动控制。每釜反应时间约 3～4h，聚合压力约 3. 5MPa，聚合温度约 75℃ 。

反应到 70%～80%丙烯转化成聚丙烯时(实际生产中，根据聚合釜搅拌器电机的电流大小判断)，停止聚合反应。将丙烯放入高压丙烯冷凝器，用循环冷却水将丙烯冷凝回收至平衡压力，冷凝的液体丙烯进入高压丙烯回收罐储存，供下一釜聚合时投料用。将固体聚丙烯粉料喷入闪蒸去活釜。

(3) 闪蒸去活

用闪蒸的方法(即多次抽真空、充氮气) 使丙烯与聚丙烯分离，得到不含丙烯的聚丙烯粉料，再通入空气使聚合物失活，然后由下料口送至造粒工段或直接包装以粉料出厂。未反应的高压丙烯气体用冷却水或冷冻盐水冷凝回收后循环使用，未反应的低压丙烯收集到气柜内。聚合釜喷料完毕，就可进行下一釜投料操作。

(4) 造粒包装

打开闪蒸釜下部出料阀，将闪蒸釜内物料装入口袋，并同时完成称重、封袋工作。

（5）丙烯回收

收集到气柜内的丙烯气，经压缩机压缩并液化后，送入粗丙烯储罐，再送至气分装置再利用。

本工艺不需脱灰、脱无规物，亦无溶剂回收工序，工艺流程短，操作简单。

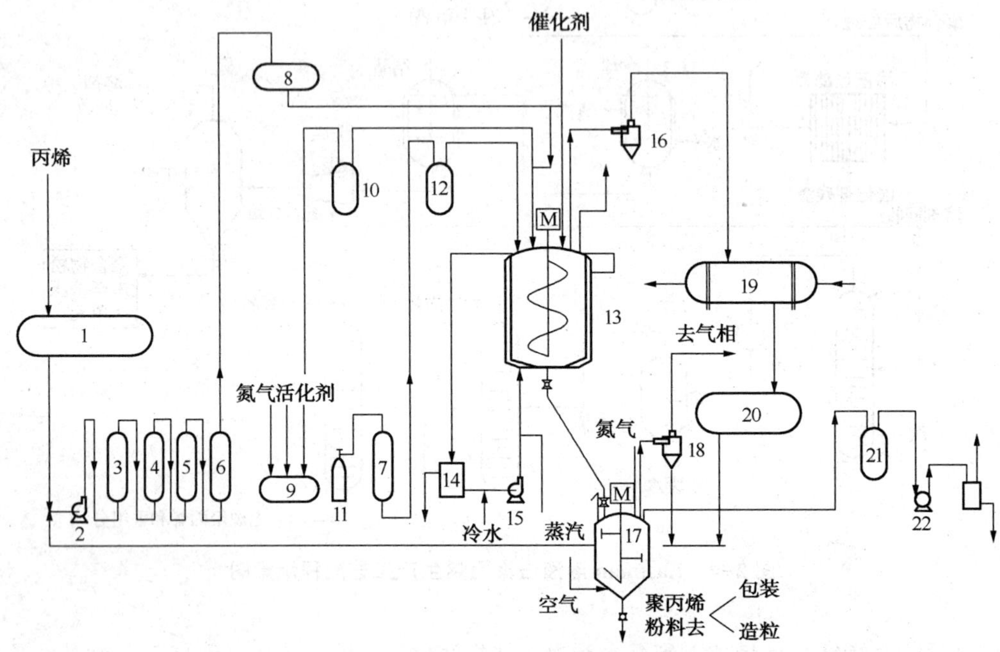

图 2-5　间歇本体法聚丙烯生产工艺流程图

1—丙烯罐；2—丙烯泵；3，4，5，6，7—净化塔；8—丙烯计量罐；9—活化剂罐；10—活化剂计量罐；11—氢气钢瓶；12—氢气计量罐；13—聚合釜；14—热水罐；15—热水泵；16—分离器；17—闪蒸釜；18—分离器；19—丙烯冷凝器；20—丙烯回收罐；21—真空缓冲罐；22—真空泵

2. 连续式聚合工艺

本体法连续式聚合工艺有多种类型，现介绍日本住友化学公司开发的本体法工艺（称 BPP 工艺）。BPP 工艺使用 SCC 络合催化剂（以一氯二乙基铝还原四氯化钛，并经正丁醚处理），液相丙烯在 50~80℃ 、3.0MPa 下进行聚合，反应速率高，聚合物等规指数也较高，还采用高效萃取器脱灰。产品等规指数为 96%~97%，产品为球状颗粒。产品刚性高，热稳定性好，耐油及电气性能优越。其工艺流程见图 2-6。

原料丙烯、催化剂分别加入聚合釜。用反应器夹套和丙烯的蒸发冷凝撤出聚合反应热。从反应器排出的浆液送入萃取塔顶部，新鲜液态丙烯加到萃取塔底部。另外环氧丙烷和乙醇的混合物作为去活剂加入萃取塔。洗涤之后的聚合物浆液从萃取塔底部排出，通过蒸汽加热的管线加热后排入闪蒸罐进一步干燥分离聚合物。同时萃取塔顶部物流送入薄膜式蒸发器和精制塔，

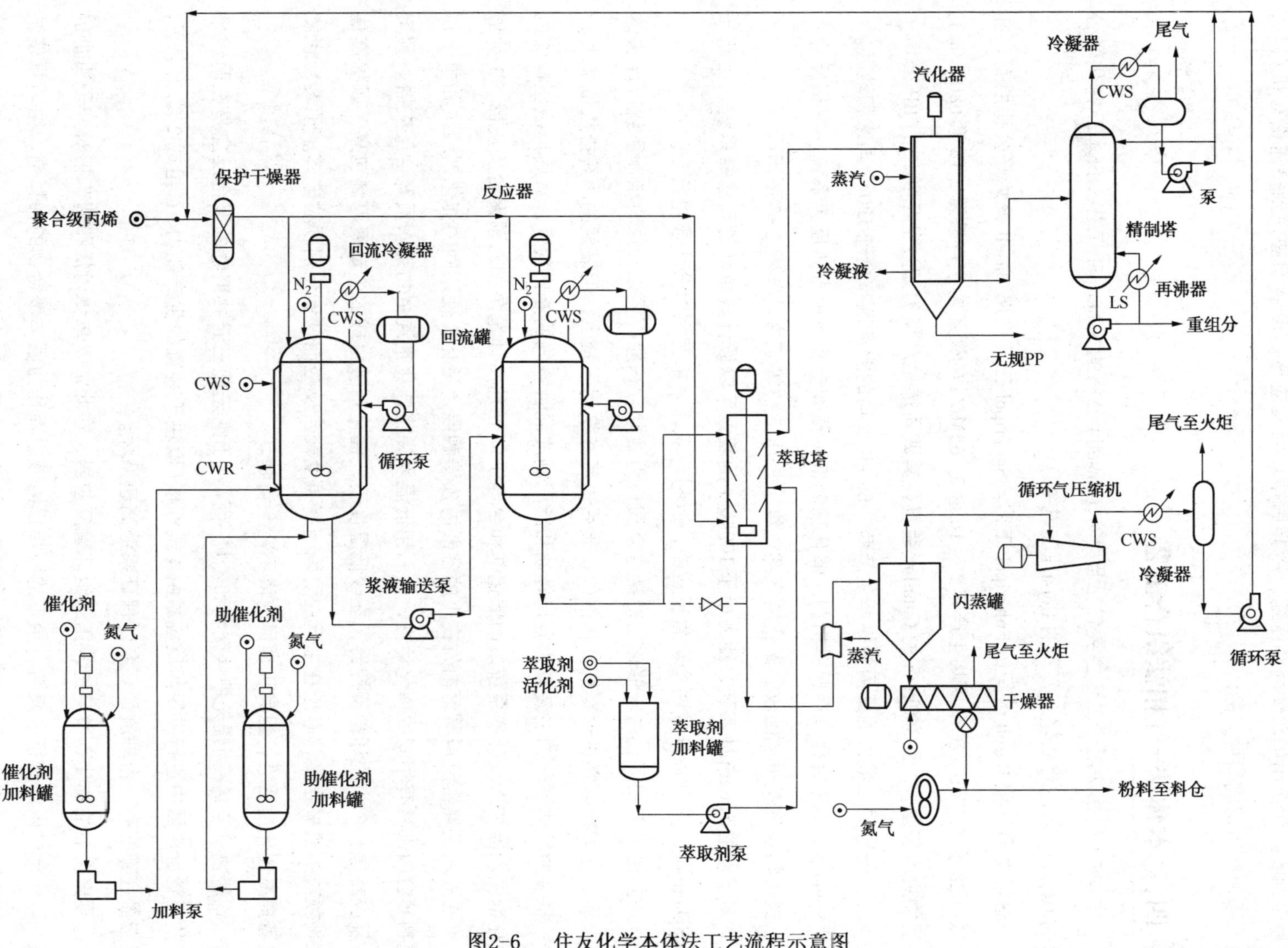

图2-6 住友化学本体法工艺流程示意图

精制后的丙烯送入丙烯进料罐。无规聚丙烯和重组分(含有残余催化剂)分别从蒸发器和精制塔底部回收。闪蒸出的单体丙烯压缩、冷凝后循环回反应器。聚合物被送到挤压造粒机料斗，混入添加剂后切成颗粒产品。

四、 本体法-气相法组合工艺

本体法-气相法组合工艺主要包括巴塞尔(Basell)公司的 Spheripol 工艺、日本三井化学公司的 Hypol 工艺、北欧化工公司的 Borstar 工艺等。

这里主要介绍 Basell 公司的 Spheripol 工艺。Spheripol 工艺现属 Basell 聚烯烃公司所有。在全球有 28 套 5.7Mt/a 的聚丙烯生产装置，16 套 2.65Mt/a 的聚乙烯生产装置，18 套 680kt/a 的共混物生产装置，3 套 360kt/a 的 Catalloy 装置，其聚丙烯生产能力超过位居第二的 BP 公司一倍以上，是世界上最大的聚丙烯树脂生产商，Basell 公司的业务遍布全球 120 个国家和地区。

Spheripol 工艺过程包括原料精制、催化剂制备、预聚合及液相本体反应系统、气相反应系统、聚合物脱气及单体回收、聚合物汽蒸干燥、挤压造粒等工序，如图 2-7 所示。

对于老的 Spheripol 工艺，能力小于 100kt/a 的装置可以设计成单环管反应器系统。但新一代 Spheripol 工艺则设计成两个环管反应器，以利用双峰来拓宽相对分子质量分布。

与其他工艺相同，由于催化剂对某些杂质极为敏感，一般都要设计原料精制系统以除去这些杂质。化学级丙烯去除毒害催化剂的杂质后也可直接用于聚合，但装置的丙烷排放量加大。

桶装的固体催化剂在装置内要用轻油和脂配制成混合均匀的催化剂膏，然后用液压操作的催化剂注入器加入反应器系统。助催化剂和给电子体分别用计量泵加入预聚合反应器，3 种催化剂在进入预聚合反应器之前先在小的容器内预接触混合活化，使不同的催化剂颗粒和单个催化剂颗粒内部具有相同的催化活性，然后用低温丙烯将催化剂混合物带入预聚合反应器。预聚合反应器是一个小的环管反应器，在较低温度下，催化剂被生成的少量聚丙烯包裹，以提高催化剂颗粒的机械强度，避免在主反应阶段因高强度聚合反应而使催化剂颗粒破碎。预聚合也能显著提高催化剂活性，但其机理目前尚不完全清楚。

均聚物、乙烯-丙烯无规共聚物和乙烯-丙烯-丁烯无规三元共聚物的聚合反应是在两组串联的环管反应器中进行。每组反应器由 4 或 6 根(取决于装置的生产能力)管组成 2 或 3 个环，反应器底部配有一台轴流循环泵以保证浆液高速循环。

预聚合后的催化剂淤浆进入第一组环管反应器，在此加入单体丙烯和调节相对分子质量的氢气。一部分丙烯进行了聚合，余下的丙烯仍为液态而作为固体聚合物的稀释剂。循环泵使淤浆高速循环并混合均匀，以防止固体沉积和改进传热效果。聚合物浆液连续从第一反应器底部排至第二环管反应器，第二反应器中也加入液态丙烯和氢。两组环管反应器内的淤浆浓度(质

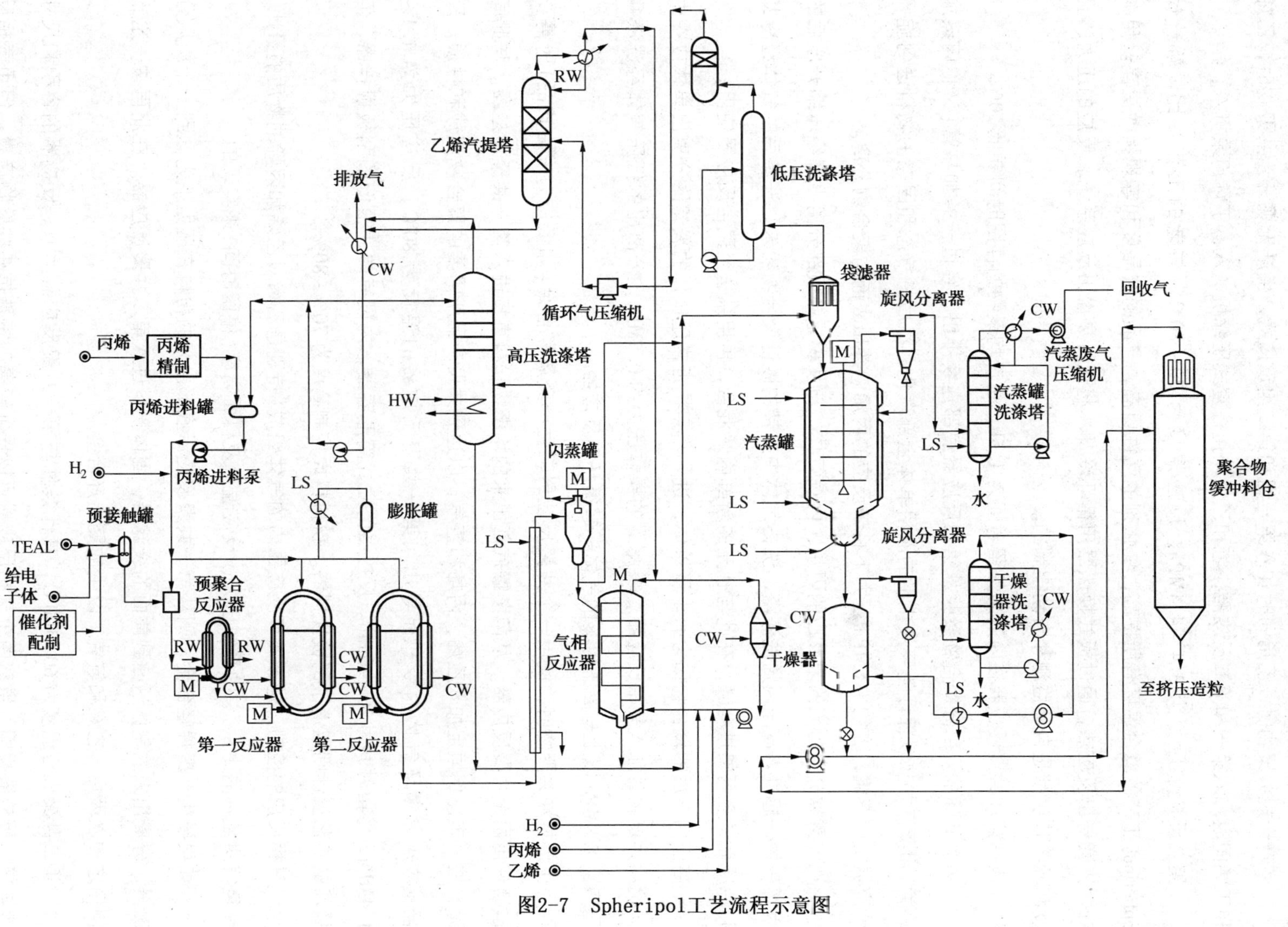

图2-7 Spheripol工艺流程示意图

量分数)均保持在55%左右。

生产无规共聚物时，乙烯同时加入第一组和第二组反应器，生产无规三元共聚物时，乙烯和丁烯同时加入第一和第二反应器，氢和乙烯均用往复式压缩机送入，丁烯用泵打入。

聚合反应的压力为3.4~4.4MPa，反应温度为70~80℃。与老的工艺相比，新一代Spheripol工艺的聚合温度有所提高，催化剂的活性更高，产品的结晶度和等规指数更高。用冷却水夹套导出反应热，通过板式换热器用循环冷却水将聚合热撤出反应系统。反应的压力、温度和淤浆浓度都是自动监测和自动控制的。

包括抗冲共聚反应器在内的总停留时间为1.5h，生产均聚物的停留时间要低10%。

高速循环的一部分聚合物淤浆从第二反应器底部连续排出，经过一条加热管(又称闪蒸加热管)用蒸汽加热以保证随浆液排出的液相单体全部汽化，然后将气态和固态的物料送到旋风分离器式闪蒸罐，在约1.8MPa压力下将未反应的丙烯闪蒸出去而与聚合物分离。

从闪蒸罐分离出来的未反应的丙烯、丙烷气体，与从袋滤器顶部分离出来经压缩升压后的丙烯气体一起进入高压丙烯洗涤塔，洗去气体中夹带的微量聚合物粉末。洗涤后的气体经冷却和冷凝后送至丙烯进料罐，在此与补充的新鲜丙烯混合，再用泵送至聚合反应器使用。

高压闪蒸后的聚合物仍含有少量单体，进一步用接近常压操作的袋滤器分离出单体或在生产抗冲共聚物时加入气相反应器。袋滤器的操作压力约0.5MPa，分离出的低压气体经洗涤并压缩至1.8MPa以上与高压闪蒸的气体一起循环回反应器。

生产抗冲共聚物时，使用一个共聚反应器，生产聚烯烃合金(如低应力发白产品)时需要连续使用两个共聚反应器。从闪蒸罐底部出来的均聚物粉料直接进入第一共聚反应器。与此同时，按一定比例恒定加入乙烯、丙烯和氢气，以达到共聚产品所需要的聚合物组成和性质。聚合反应热靠循环气体的冷却而导出。第一共聚反应器的温度为80℃，反应压力为1.1~1.4MPa，停留时间为20~40min。反应器为立式筒形容器，内设有转速很低的刮板搅拌器，但最新的工艺设计则取消了刮板搅拌器。粉料料面控制高度为70%~80%。

气相反应的控制，是靠调节反应器内的气体组成(特别是乙烯对乙烯加丙烯的物质的量比，和氢气对乙烯的比)、总的系统压力、反应温度及料面高度(停留时间)来实现的。

如果要生产聚烯烃合金，则从第一共聚反应器底部出来的粉料在压力下先送到一个旋风分离器。分离出来的气体返回到前面的袋滤器，固体粉料进入第二共聚反应器。在此再按一定比例恒定加入丙烯、乙烯和氢气，以生成聚烯烃合金。

第二共聚反应温度为60~100℃，其他条件与第一共聚反应器类似。反应器的容积和尺寸也与第一反应器相同。虽然两个气相反应器可以保证较高的特殊抗冲共聚物产量，但用气相反应器在商业上已经生产出总乙烯含量(质量分数)高达25%的抗冲共聚物。

从气相反应器底部出来的抗冲共聚物粉料，排入袋滤器，分离出粉料中未反应的丙烯、乙烯、氢气等。该低压气体压缩升压后经精馏塔分离出乙烯和氢气并循环回气相反应器，塔底丙烯则循环回均聚反应器。

从袋滤器排出的聚合物粉料仍含有(质量分数)1%~2%的单体，需要进一步处理以脱除粉料中夹带的未反应丙烯和丙烷，并使催化剂失去活性，以保证产品质量。其生产过程是：从袋滤器底部出来的粉料进入汽蒸罐，在此与低压蒸汽直接接触，吹除粉料中的丙烯和丙烷，也使残留催化剂失去活性。蒸汽经冷凝后排至隔油池后再送生化处理，被蒸出的丙烯和丙烷压缩升压后送出界区以便回收。

从汽蒸罐出来的粉料被送到流化床干燥器，在此停留约5~10min，用闭路循环的热氮气吹除粉料表面的水分。干燥后的粉料用闭路氮气气流输送系统送至粉料料仓并进一步挤压造粒。Spheripol工艺一般设计有较大的粉料中间料仓，使聚合系统和挤压造粒之间留有较大的缓冲时间，以便于挤压机故障时检修而不必将聚合系统停车，提高装置操作的连续性。

新的Spheripol工艺采用纯的添加剂加入系统，聚合物粉料从干燥器出来后被送到粉料料仓，经计量后连续送入挤压机，在此与添加剂混合、熔融、塑化，再经水下切粒，并经干燥、筛分后，送到掺混料仓。掺混后送入包装料仓包装成袋，也可散装出厂，取决于用户的要求。

五、 气相法工艺

1. 气相法工艺概况

气相法聚丙烯生产工艺的研究和开发始于20世纪60年代。主要有Unipol工艺、Novolen工艺、Innovene工艺、Chisso工艺等。在过去的20年中各种气相法工艺发展很快，1998年底，气相法工艺的生产能力占到了全球聚丙烯生产能力的27.9%。

气相法工艺与浆液法和本体法工艺相比，具有下列一些特点：

① 可在宽范围内调节产品品种。聚合反应没有液相存在，易于控制丙烯产物的相对分子质量和共聚单体含量，这样就易于生产相对分子质量分布和共聚单体含量范围比其他工艺宽的产品，如高乙烯含量的无规共聚物，也可缩短产品牌号切换的过渡时间，过渡产品少，因为只要改变反应器内的气体组成，就可以改变产物的组成。

② 适宜抗冲聚丙烯的生产。在浆液法工艺中，溶剂会溶解在反应过程中生成的无规物，因而使反应器内物料黏度增加，以致影响搅拌、混合，特别是生产高抗冲共聚物时，橡胶相会部分溶解在溶剂中。因而气相法是最适宜生产抗冲聚丙烯的生产工艺。

③ 安全性好，开停车方便。在气相聚丙烯工艺中，包括丙烯在内的所有可燃性物质在反应器中都处于气相，每单位反应器容积中的物料数量远小于非气相法工艺。所以，当出现突然

事故(如供电故障)时，只需安全排出反应体系中的气体使反应器泄压，反应就可在短时间内停止，不会引起任何异常反应。只要恢复催化剂进料，升压反应系统就可以方便地恢复生产。

④ 反应器是气-固相出料，没有液相单体需要汽化，蒸汽消耗量少，反应器出口可直接得到干燥的产品，而不需干燥工序。

⑤ 气相法工艺流程较短，设备台数少，固定投资费用低。

但是气相聚合工艺中也有其他工艺中没有的技术困难和问题，如流化床反应器中气体的分布、床层的均匀流化、控制露点使气体在反应器中不致液化，聚合热的移出及反应温度的控制、如何防止聚合物结块、适宜气相聚合的催化剂的开发等。不同的气相法工艺都有各自的专利或专有技术。

2. Unipol 工艺

Union Carbide 公司称其 Unipol 聚丙烯工艺技术是当今最先进的聚丙烯工艺技术，可以用最低的固定投资和操作成本，生产最宽范围的产品。UCC 公司的 Unipol 聚乙烯工艺是 LLDPE 革命性的生产工艺，采用该技术的 PE 装置生产能力已超过 14Mt/a，Unipol 聚丙烯工艺与其非常相似。该技术依托于 UCC 公司极为丰富的气相流化床反应器和 Unipol 工艺的经验，其气相流化床反应器的操作业绩超过 1200 反应器/年；采用超高活性催化剂，有强大的市场和产品开发能力。1989 年至今新建 PP 装置生产能力的 30%采用该技术，是最广泛采用的气相法聚丙烯工艺技术。

工艺过程主要包括原料精制、催化剂进料、聚合、聚合物脱气和尾气回收、造粒及产品储存、包装等工序，如图 2-8 所示。UCC 公司称其紧凑的挤压造粒技术使造粒系统的投资和操作费用更低。

进入界区的原料丙烯、乙烯一般要进行精制，脱除原料中可能存在的各种对聚合反应催化剂有严重毒害作用的杂质，如氧气、一氧化碳、二氧化碳、水、醇等。通常采用汽提塔脱除丙烯中的轻组分，如氧气、一氧化碳等，再用分子筛干燥器脱除水、醇等。精制系统一般要根据原料的具体规格来设计精制方案。

将主催化剂配制成矿物油悬浮液，用桶装加入带搅拌的进料器中，再用催化剂进料泵把催化剂从进料器注入反应器的分布板上部注入口。催化剂的进料速度也就决定了反应速率，并控制了产量。助催化剂从反应器的底部进入反应器。

聚合反应系统可分成以下几个部分：第一反应器、抗冲共聚反应器、反应器出料、分离。如只生产均聚物和无规共聚物则只需要一个反应器系统。

第一反应器用于生产均聚物、无规共聚物和抗冲共聚物的均聚物部分，是由一台流化床反应器、一台循环气冷却器和一台循环气压缩机组成的一个反应系统。SHAC 催化剂只加入第一

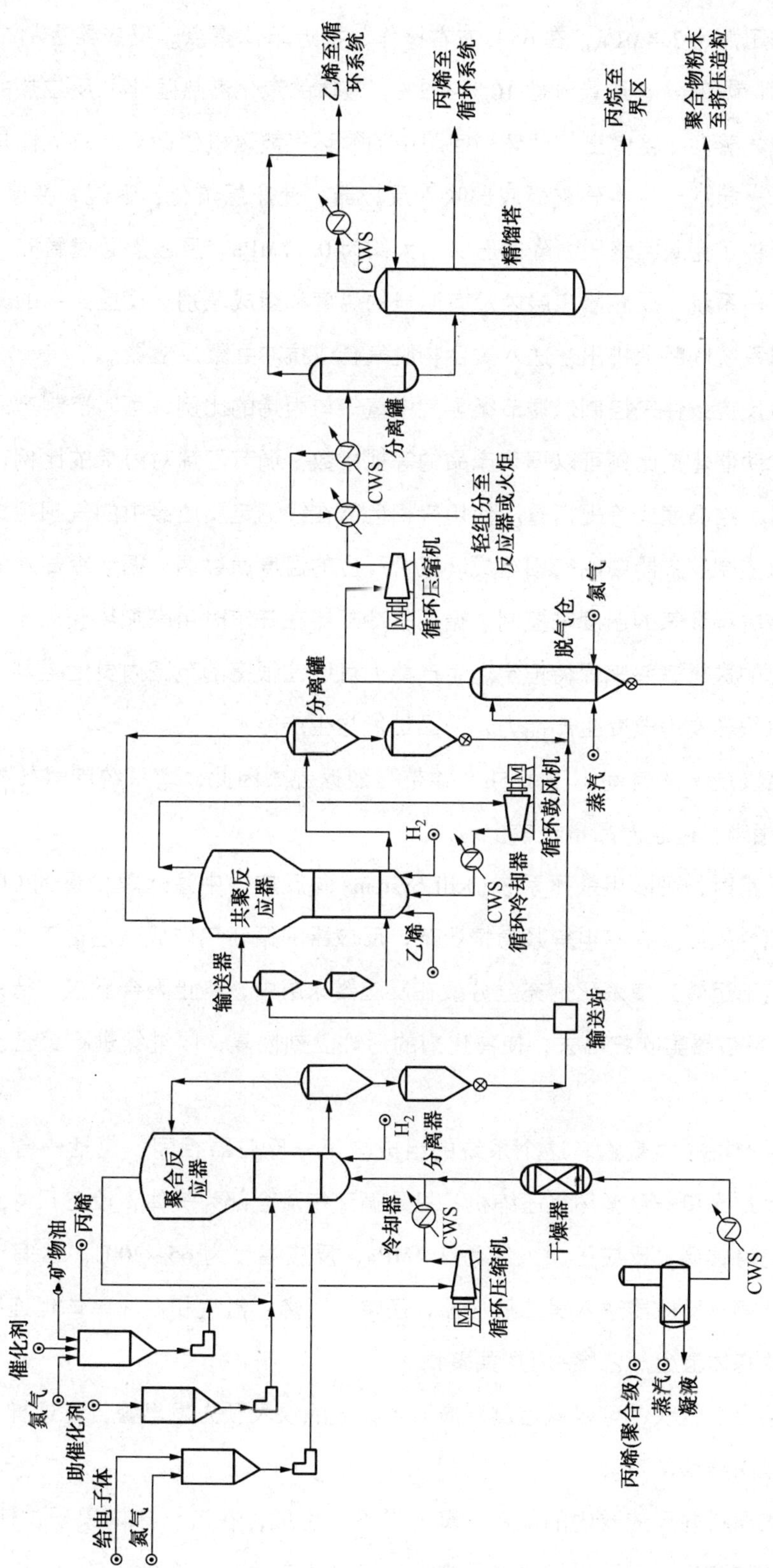

图2-8 Unipol聚丙烯工艺流程示意图

反应器。反应器是连续返混式流化床反应器，顶部有一个很大的膨胀段，以使聚合物颗粒沉降。反应器的操作压力为3.4MPa，在65℃左右操作，接近单体露点。反应器进料中有一部分液体丙烯和冷凝剂(饱和烃)，质量分数10%~12%，液体的汽化潜热强化了反应热的撤出，反应热主要是通过液体蒸发冷凝撤出。循环气回路中的循环气鼓风机使循环反应气体与新鲜进料的液态聚合级丙烯一起从反应器分布板底部吹入反应器，使床层流化、返混，并带走反应热。循环气鼓风机也提供了克服回路压力降的压头，大约为0.17MPa。反应热通过管壳式气体冷却器用冷却水撤出反应系统，反应器床层内没有明显的温度和组成差别。反应器中的聚合物经两个自动控制的排料系统间断地排出，送入聚合物脱气仓或抗冲共聚反应器。

产品性能通过反应条件来控制。调节循环气中氢气与丙烯的比例，可以控制产品的熔体流动速率。调节两种助催化剂比例可以调节产品的等规指数；调节乙烯对丙烯的比例，控制无规共聚物的乙烯含量、结晶度或等规指数。使用气相色谱在线测定反应器中的气相组成，调节有关进料的流量可以控制反应器中的气相组成。聚合反应的温度通过调节循环冷却水的温度给定值控制进入反应器的循环气的温度来控制。循环气冷却器在开车时用来加热反应器。反应器的压力通过控制丙烯的进料速率来保持恒定。生产能力可以在很宽的范围内灵活控制，通过改变催化剂进料量可以很容易地改变生产能力，产品性能与生产能力无关。

流化床反应器反应停留时间小于1.5h，并带强烈返混。因此，本系统牌号转换时间与本体法(一般为4h)相当，过渡产品量也较少。

聚合反应不正常时，可以用杀死系统(Kill System)向反应器中注入很少量的CO阻聚剂以部分或全部中止聚合反应。在停电等紧急情况下，反应器的循环气排放通过备用透平，驱动压缩机在较低的转速下运转，使杀死剂充分分散在反应器床层中，终止聚合反应。待系统操作正常后，再把CO从反应器里吹扫出去，使催化剂的活性立刻恢复，以继续进行聚合反应而不产生等外品。

第二反应器生产抗冲共聚物。这个系统的组成与第一反应器相同，包括一台流化床反应器、一台循环气冷却器和一台循环气压缩机，只是循环气流全部为气体，设备尺寸相对也小一些，反应器材质仍为碳钢。反应压力大约为2.4MPa，反应温度为65~70℃。含有活性催化剂的均聚物间断地从第一反应器送入第二反应器，乙烯、丙烯、氢气和循环单体也连续加入反应器中，在均聚物的基体上生成乙烯-丙烯共聚物。

反应器内如果出现结块，可以从监测反应器各参数的仪表预先发出警告，这样可在操作上采取适当的措施以防结块严重。

随着催化剂和原料向反应器内的加入，聚丙烯不断生成，在流化床内累积，使床层升高。当床层升到预定的高度时，间歇出料的产品排放程序自动启动。排放阀打开，一部分产品排入产品排放罐，然后阀门关闭，分离出粉料产品中夹带的未反应气体。两个产品排料系统交替操作，也可以单独操作。每个排料系统由一个高压气固分离罐和一个产品吹出罐组成。从反应器排出的树脂粉料先到分离罐，分离后的气体循环回反应器顶部。反应器床层静压差使气流可以不经加压直接返回到反应器，流化床层的料位高度通过改变产品的出料频率得到控制。

从反应器排出的聚合物还吸附有少量未反应的烃类(约 0.2%~0.3%)，这些烃类必须从产品中分离干净并回收，以保证安全、环保和产品质量等方面的要求。

反应器的出料首先进入一个小的立式产品接受器，从底部吹入氮气，脱除聚丙烯粉料中溶有的烃类。粉料重力流入脱气仓，脱气仓底部加入氮气和少量蒸汽，进一步去除烃类并去活催化剂的残余活性。脱气过程是使脱气仓里的树脂，以“柱塞流”的形式向下流动。该仓在微正压的条件下操作，其温度与反应温度非常接近。氮气自下而上地流过树脂，当树脂到达脱气仓底部，即达到脱气的要求。从脱气仓底部排出的处理合格的聚合物送入挤压造粒系统。

脱气设备排出的尾气进入尾气回收系统。该系统是为了回收未反应的单体，以提高单体的总利用率，降低单体消耗和成本。尾气回收系统由压缩、冷凝和分离等设备组成。富含单体的物流循环回反应系统，氮气大部分送火炬。生产抗冲共聚物时，尾气中的乙烯和丙烯分离，乙烯循环回共聚反应器。

在挤压造粒单元，与其他工艺基本一样，添加剂与少量 PP 粉料配成母料加入挤压机，不同的是 UCC 公司建议粉料不要中间储存，经脱气、失活处理后直接造粒。因此，脱气仓需有保持 3~4h 产量的缓冲能力，由于反应系统中产品混合充分，Unipol 工艺与其他工艺相比，需要产品掺混料仓的数量少，每条生产线只需要两台掺混料仓和一台过渡牌号料仓。

六、 工艺技术比较

前面介绍了过去和现在的各种聚丙烯生产工艺技术，虽然多达二十几种，但时至今日仍具有竞争力和生命力的工艺技术主要是气相法、本体法和两者的组合法技术，包括 Spheripol 工艺、Unipol 工艺、Novolen 工艺、BP 公司的 Innovene 气相法工艺、Chisso 气相法工艺，以及新出现的 Borealis 公司的 Borstar 工艺。所有这些工艺都采用气相法生产抗冲共聚物，差别主要是均聚物的生产工艺，本体法工艺主要采用环管反应器，采用釜式液相反应器的工艺(Hypol 工艺)已不能适应装置大型化的要求。本体法工艺都有催化剂的预聚合过程，而气相法工艺一般直接将催化剂加入聚合反应器，流程较简单，设备台数相对较少。对于大规模生产装置，各种工艺技术的水平趋于接近，无论在投资、消耗定额和主要产品的性能等方面的区别并不显著。对于工艺技术的选择，除考虑工艺技术的先进性、经济性之外，产品质量和将来生产的灵活性以及专利商的技术开发实力也是重要的考虑因素。各种工艺技术比较如表 2-2 所示。

表 2-2　简要工艺技术比较表

项　目	Spheripol 工艺	Borstar 工艺	Unipol 工艺	Novolen 工艺	Innovene 工艺
专利商/公司	Basell	Borealis	Univation	ABB/EQUISTAR	BP
催化剂	MC 系列催化剂	BC 催化剂	SHAC®	PTK 催化剂	CD 催化剂
预聚合	小环管反应器	小环管反应器	无	无	无
均聚反应器	双环管反应器	1 个环管反应器+1 个气相流化床反应器	1 个气相流化床反应器	1 个立式搅拌床反应器	1 个卧式搅拌床反应器
共聚反应器	流化床反应器(1 个或 2 个)	流化床反应器(1 个或 2 个)	1 个气相流化床反应器	1 个立式搅拌床反应器	1 个卧式搅拌床反应器
产品类型①	HP，RCP，ICP，三元共聚物(丙烯-乙烯-丁烯)	HP，RCP，ICP	HP，RCP，ICP，丙烯-丁烯共聚物	HP，RCP，ICP	HP，RCP，ICP
MFR 范围	宽	宽	较窄	较窄	较窄
PI 范围	宽	宽	较窄	较窄	较窄

① HP—均聚物，RCP—无规共聚物，ICP—抗冲共聚物。

七、　原料及公用工程

1. 丙烯的制取

作为生产聚丙烯的主要原料丙烯，主要来自蒸汽裂解的乙烯生产装置、炼油厂的催化裂化装置和丙烷脱氢技术。

(1) 从乙烯生产装置的裂解气中分离制取丙烯

由各种烃类(包括烷烃、轻油、石脑油)裂解生产乙烯，联产大量丙烯。蒸汽裂解技术是现代石油化工的基础技术之一，烃类裂解过程的反应极其复杂，反应条件和原料都将直接影响和决定产品的分布。由于除乙烷裂解外，按原料组分不同，每生产 1t 乙烯，联产丙烯 0. 3~0. 65t。裂解的深度直接影响丙烯和乙烯的比例，裂解深度越高，丙烯的产率越低。

(2) 从炼厂气中回收丙烯

催化裂化装置以重油为原料生产汽油或柴油，同时可得到一定数量的气体(C_1~C_4)产物，这些产物中含有丙烯。近年来随着催化技术的不断进步，气体收率明显提高，C_3 馏分收率由原来的 7%提高到 13%(按进料体积计)，丙烯收率可达 5%~9%(按进料体积计)。中国石化石油化工科学研究院开发的深度催化裂化工艺，可使丙烯收率达 21. 03%，使很多炼油厂除生产油品外，还附产了大量丙烯，这些炼厂气丙烯经过适当精制后可直接用于丙烯的聚合。国内所有小本体装置以及近几年来采用国产化环管技术建成的 7 套 70kt/a 聚丙烯装置等都是采用炼厂气丙烯为原料。

(3) 丙烷脱氢技术

丙烷脱氢技术由美国 VOP 公司和美国联合触媒/ABB Lummus 公司开发并已工业化。由于丙烯需求量的逐年上升，丙烷脱氢就成为补充丙烯资源不足的有效而经济的重要方法。特别是在油田轻烃资源丰富、丙烷资源充足的地方，它可比烃类裂解生产更多的丙烯。

2. 公用工程

聚丙烯生产装置的公用工程主要有电、循环冷却水、蒸汽、氮气、消防水、脱盐水、工业水、仪表风、工业风等。蒸汽通常在界区内减温、减压成 0.35MPa 的饱和蒸汽，主要用于反应器开车时聚合系统的加热，产生用于工艺操作的气相丙烯，汽化从反应器排出的液相单体，保温伴热等。脱盐水用于闭路冷却系统的补充水，挤压造粒的切粒水等。氮气主要用于开车前整个系统的氮气置换，聚合物粉料的气流输送，需要氮气保护的设备，分子筛的再生等。氮气的纯度(体积分数)要求大于 99.9%，氧含量(体积分数)小于 10×10^{-6}，压力大于 0.4MPa。仪表风的压力一般要求大于 0.5MPa。循环水的压力一般要求 0.45MPa 以上。

八、 聚丙烯生产的工艺过程

根据前面对各种工艺技术的介绍，可以将聚丙烯生产的工艺过程(采用高效催化剂的新工艺技术)归纳为以下几个工段。

1. 催化剂配制工段

聚合催化剂系统一般由一种主催化剂(载体型钛催化剂)和两种助催化剂(三乙基铝、给电子体)组成。主催化剂一般为专有技术，是各种工艺技术的核心所在，由工艺技术所有者或其合作的催化剂供应商提供，不同工艺技术所使用的催化剂因反应条件不同、专利商不同而有所不同，前面已有介绍。辅助催化剂可从市场上购买。

催化剂配制一般分为催化剂自身的制备及聚合前催化剂预处理或预聚合。不同工艺技术对催化剂制备的步骤与要求有所不同。液相本体聚合过程的工艺技术一般要对主催化剂进行预处理或预聚合，以提高催化剂颗粒的机械稳定性和催化剂活性。不同工艺对催化剂进行预处理的方法也不尽相同，有连续法也有间歇法。

2. 原料精制工段

原料丙烯、共聚单体乙烯中含有的极性组分如水、硫(硫化氢、羰基硫、硫醇等)、一氧化碳、二氧化碳、有机胂等均为有害物质，能使催化剂中毒，活性降低，并使产品中灰分含量增加。因此，需要在进聚合反应器之前除去这些介质。

精制的方法有精馏、吸附、过滤等物理方法和用固体催化剂床层脱除硫、胂等杂质的化学方法。

3. 聚合工段

聚合工段是聚丙烯生产工艺技术的核心部分。反应器的形式、数量、系统组成及控制方式是不同工艺之间区别的主要标志。反应器系统包括反应器、循环鼓风机或循环泵、换热器、储罐等。随工艺或产品方案不同每套工艺装置可有1~4个反应器系统。

聚合过程的设计和控制是决定产品质量的关键步骤。

影响聚合过程的因素很多，原料及辅助材料的质量、聚合用各种催化剂的配方及加入量、反应器的设计形式和反应条件控制都对聚合反应产生影响。

4. 分离与干燥脱活工段

聚合成的聚丙烯粉料产品夹带着未反应的液相或气相单体从反应器中排出，未反应的单体必须与聚丙烯粉料分离。将反应器排出的聚合物粉末和未反应单体排到低压分离罐，靠气体闪蒸的作用，未反应单体基本上可以从颗粒中脱除。分离出的单体，再循环回反应系统。为防止惰性组分(如丙烷)的累积，一般要从装置向外排放一部分分离出的单体。

分离后的聚合物产品进一步用蒸汽和热氮气或氮气和蒸汽的混合气处理，不同工艺有所不同，在水等极性分子作用下破坏粉末中残余的催化剂活性组分，使其失去活性，并进一步脱除粉末产品中残存的微量单体。

经分离与干燥后的聚丙烯粉末，用闭路氮气输送系统输送到粉料仓和挤压机进料仓，进行造粒。为了减少粉尘与空气、易燃挥发性介质可能形成的爆炸危险，输送介质采用氮气。

5. 造粒工段

为使聚合物性能稳定、改进产品性能或结构并便于安全储存和运输，在聚丙烯粉料中加入各种添加剂一起加入挤压机，经塑化、熔融，在水下切成颗粒产品。

尽管不同工艺技术挤压造粒系统的设计有所不同，比如添加剂有采用配成母料添加的，也有添加纯的添加剂的，也有添加复配添加剂的，但其中的主要区别在于各种添加剂的选择与配方略有不同。

6. 产品掺合、包装码垛及储存

经挤压机切粒后的颗粒产品送入产品掺和料仓，均化后送往包装料仓进而包装码垛，或送入料仓储存。

7. 公用工程

每一个工艺装置都包括一些装置内公用工程设施或工艺辅助设施，PP工艺装置内公用工程和辅助设施，不同工艺技术有所不同，一般包括以下系统：排放气系统和火炬系统；冷冻水系统；密封油系统；蒸汽与冷凝液系统；水系统(循环水、工艺水、热水)；氮气系统；废油处理系统等。

九、安全

聚丙烯的生产过程是将易燃、易爆的丙烯、共聚单体乙烯、氢气等原料在催化剂作用下聚合成聚丙烯粉料。这些烃类原料和氢气一旦发生泄漏而造成爆炸或火灾将是灾难性的事故，因而装置的设计和生产的安全性就显得极为重要。聚丙烯装置与其他石油化工装置一样在设计中要考虑以下职业安全与卫生问题：物料及工艺过程的危险性分析、装置安全设计、安全控制系统、工艺联锁系统，并将装置的安全分析、设计与检查贯穿于工程项目的全过程。

为排除不安全或不正常的条件，如出现反应异常、工艺条件失控、工艺流体大量泄漏、公用工程故障等情况，装置中设置了工艺安全联锁系统，在工艺设计中提供了下列保护系统。

1. 全线紧急停车系统

当紧急情况或关键公用工程发生故障，如冷却水、供电以及仪表风中断，全线紧急停车系统能使装置按照设定的操作程序自动安全停车而不致发生事故。

2. 局部停车系统

当机械和设备运行中发生故障时，局部停车系统能够使发生故障的设备停车并与上下游设备隔离，以保护机械和设备，上游工段停车时防止结块，防止工艺流体倒流。

3. 手动启动系统

在造成工厂停车的条件解除而且对联锁系统用手动复位后，工厂操作才能按照操作手册中规定的程序重新开始。

4. 备用电源系统

由于聚丙烯生产过程安全性、连续性要求很高，供电系统采用双电源供电（每个电源按100%负荷设计）以确保供电的可靠性。仪表供电备用蓄电池容量要保证电源故障时持续30min供电，以使装置能够安全停车。

5. 可燃气体报警系统

为了及时发现可燃气体的泄漏，在有可能泄漏出可燃气体的设备和法兰处要设置可燃气体检测器。检测器的位号和报警信号或位置示于安装在控制室的控制盘或模拟盘上。

习题

1. 简述聚丙烯的结构和主要性能。
2. 举例说明聚丙烯在国民经济各行业中的应用。
3. 聚合催化剂系统一般由哪些组成？
4. 简述丙烯配位聚合反应机理。

5. 聚丙烯典型生产工艺主要有哪些?

6. 作为生产聚丙烯的主要原料丙烯，主要来源有哪些?

7. 聚丙烯生产的工艺过程(采用高效催化剂的新工艺技术)可以归纳为哪几个工段?

8. 工艺安全联锁系统，在工艺设计中提供了哪些保护系统?

9. 简述聚丙烯装置的安全置换过程。

第三章 聚丙烯装置仿真

第一节 工艺流程简述

000 单元：

原料丙烯经 D001A/B 固碱脱水器粗脱水，D002 羰基硫水解器、D003 脱硫器脱去羰基硫及 H_2S，然后进入二条可互相切换的脱水、脱氧、再脱水的精制线：D004A/B 氧化铝脱水器、D005A/B Ni 催化剂脱氧器、D006A/B 分子筛脱水器。经上述精制处理后的丙烯中水分脱至 10×10^{-6}以下，硫脱至 0.1×10^{-6}以下，然后进入丙烯罐 D007，经 P002A/B 丙烯加料泵打入聚合釜。

100 单元：

高效载体催化剂系统由 A(Ti 催化剂)、B(三乙基铝)及 C(硅烷)组成。A 催化剂由 A 催化剂加料器 Z101A/B 加入 D200 预聚釜。B 催化剂存放在 D101B 催化剂计量罐中，经 B 催化剂计量泵 P101A/B 加入 D200 预聚合釜，B 催化剂以 100%浓度加入 D200 预聚合釜。这样做的好处是可以降低干燥器入口挥发分的含量，但安全上要特别注意，管道的安装、验收要特别严格，因为一旦泄漏就会着火。C 催化剂的加入量非常小，必须先在 D110A/B、C 催化剂计量罐中配制成 15%的己烷溶液，然后用 C 催化剂计量泵 P104A/B 打入 D200。

200 单元：

丙烯、A、B、C 催化剂先在 D200 预聚釜中进行预聚合反应，预聚压力 3.1~3.96MPa，温度低于 20℃，然后进入第 1、2 反应器(D201、D202)在液态丙烯中进行淤浆聚合，聚合压力 3.1~3.96MPa，温度 70~67℃。由 D202 排出的淤浆直接进入第 3 反应器 D203 进行气相聚合，聚合压力 2.8~3.2MPa，温度 80℃。

300 单元：

聚合物与丙烯气依靠自身的压力离开第 3 反应器 D203 进入旋风分离器 D301、D302-1、D302-2，分离聚合物之后的丙烯气相经油洗塔 T301 洗去低聚物、烷基铝、细粉料后经压缩机 C301 加压与 D203 未反应丙烯一起，进入高压丙烯洗涤塔 T302，分离去烷基铝、氢气之后的丙烯回至丙烯罐 D007，T302 塔底的含烷基铝 、低分子聚合物、己烷及丙烷成分较高的丙烯送至气分以平衡系统内的丙烯浓度，一部分重组分及粉料汽化后回至 T301 入口，T302 的气相进丙烯回收塔 T303 回收丙烯。

第二节 工艺仿真范围

一、工艺仿真范围

1. 工艺仿真范围

装置仿真培训系统以仿 DCS 操作为主，而对现场操作进行适当简化，以能配合内操(DCS)操作为准则，并能实现全流程的开工、正常运行、停工及事故处理操作；调节阀的前后阀及旁路阀如无特殊需要不做模拟；泵的后阀如无特殊需要不做模拟；对于一些现场的间歇操作(如化学药品配制等)不做仿真模拟；其中开工操作从各装置进料开始，假定进料前的开工准备工作全部就绪。

本单元仿真培训软件仿真范围：

200 单元：丙烯聚合反应(图 3-1~图 3-13)

以下单元工段不在本软件仿真范围：

000 单元：丙烯原料的精制

100 单元：催化剂的配制与计量

300 单元：丙烯回收及产品的汽蒸干燥

公用工程系统及其附属系统不进行过程定量模拟，只做部分事故定性仿真(如仿突然停水、电、汽、风；工艺联锁停车；安全紧急事故停车)；压缩机的油路和水路等辅助系统不做仿真模拟。

2. 边界条件

所有各公用工程部分：水、电、汽、风等均处于正常平稳状况。

3. 现场操作

现场手动操作的阀、机、泵等，根据开车、停车、事故设定以及现场设备切换的需要等进行设计，应实现其基本操作及显示功能。

4. 物料平衡基准

由现场提供的物料平衡数据为准。

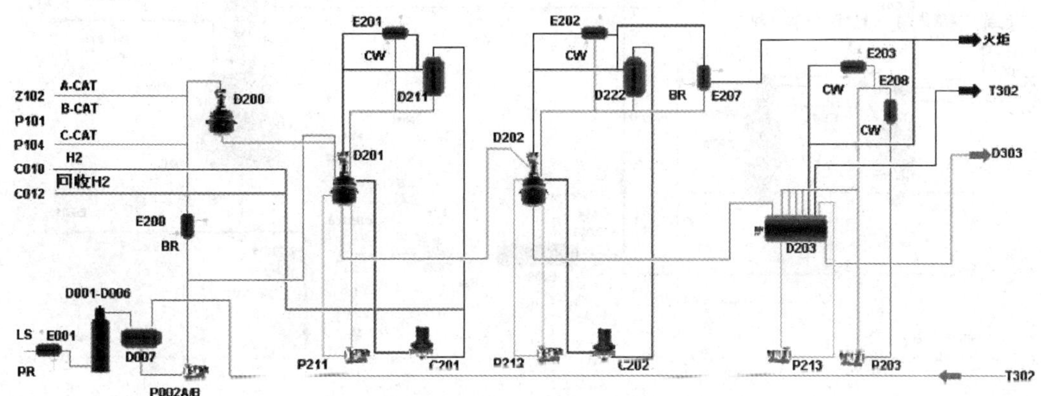

图 3-1　SPG 工艺聚丙烯聚合工段总貌图

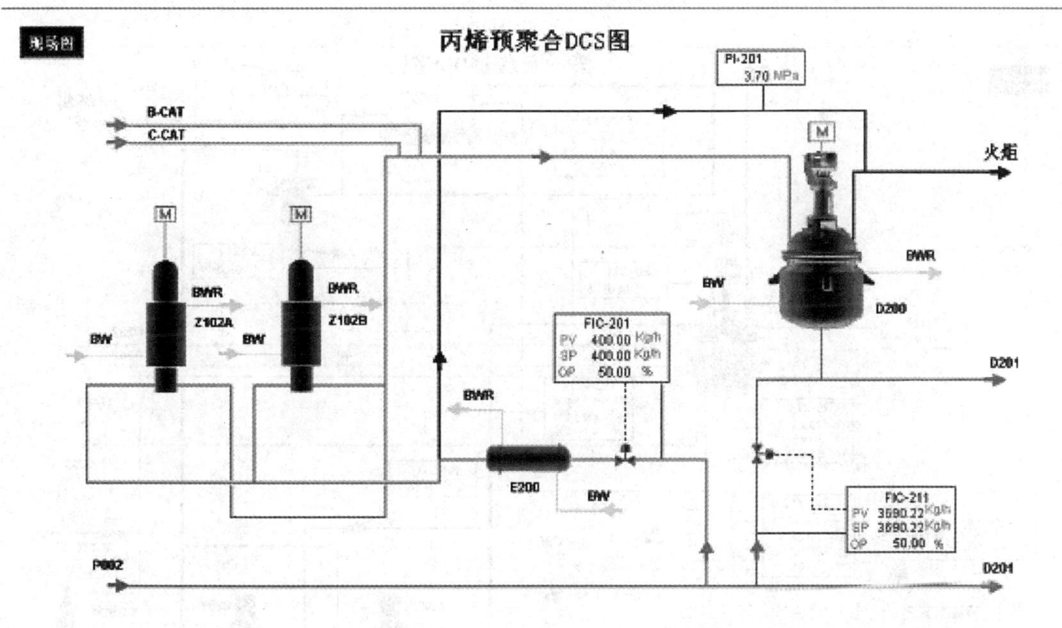

图 3-2　丙烯预聚合 DCS 图

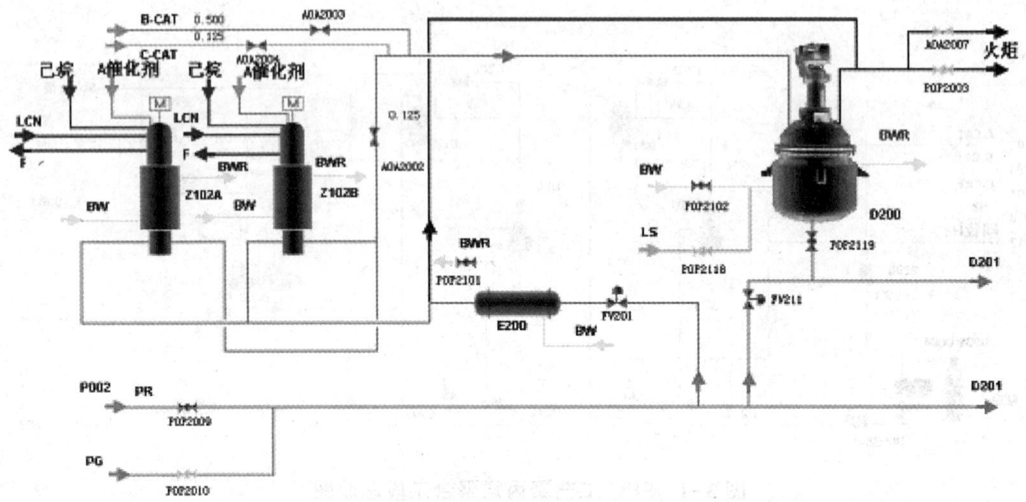

图 3–3 丙烯预聚合现场图

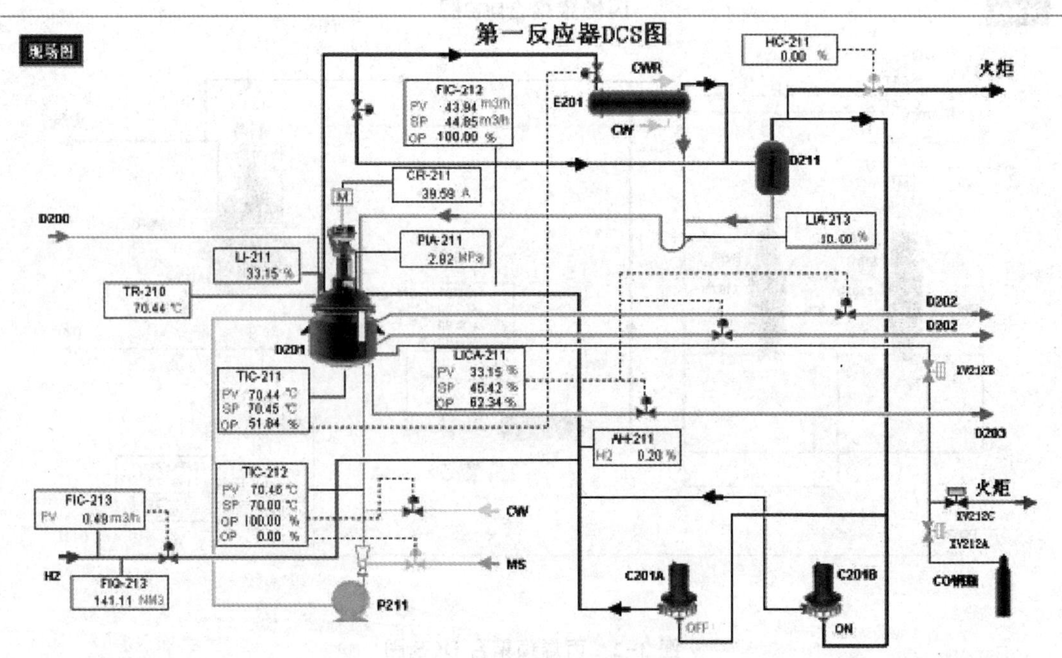

图 3–4 第一反应器 DCS 图

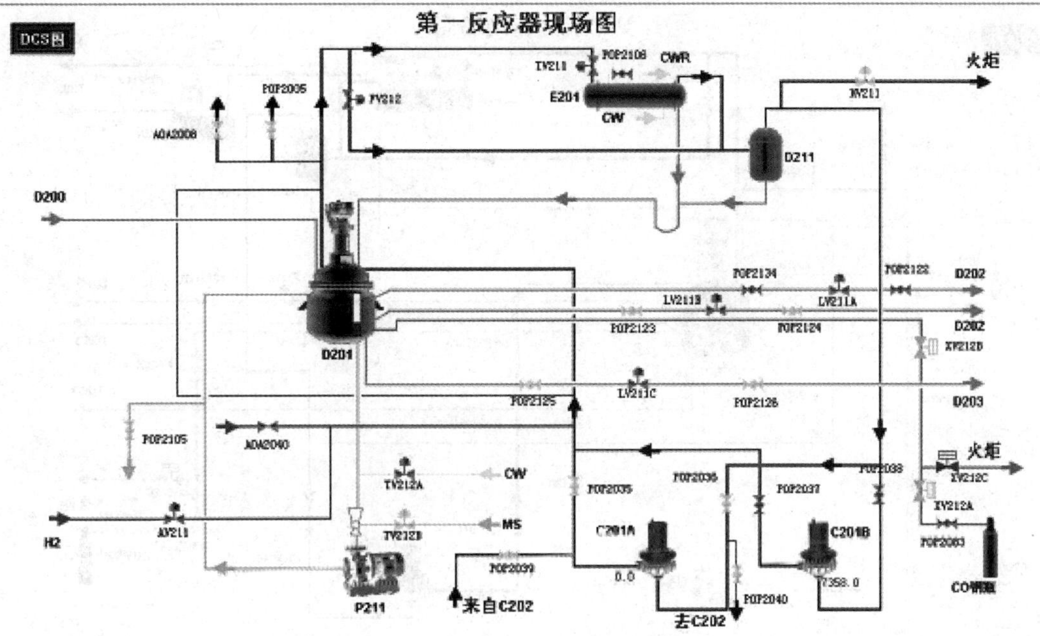

图 3-5　第一反应器现场图

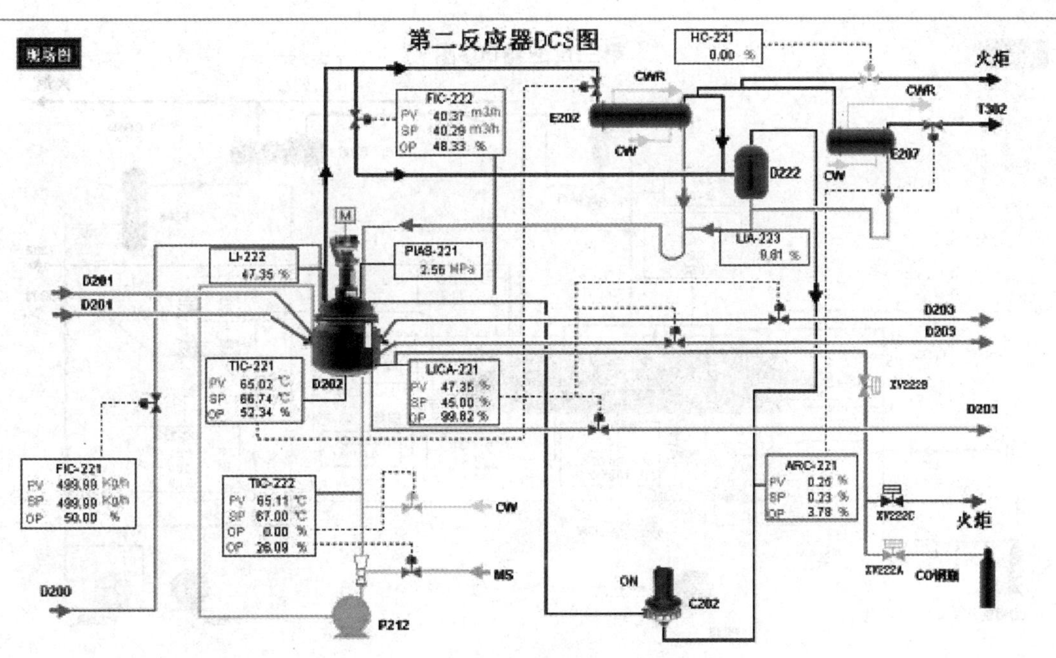

图 3-6　第二反应器 DCS 图

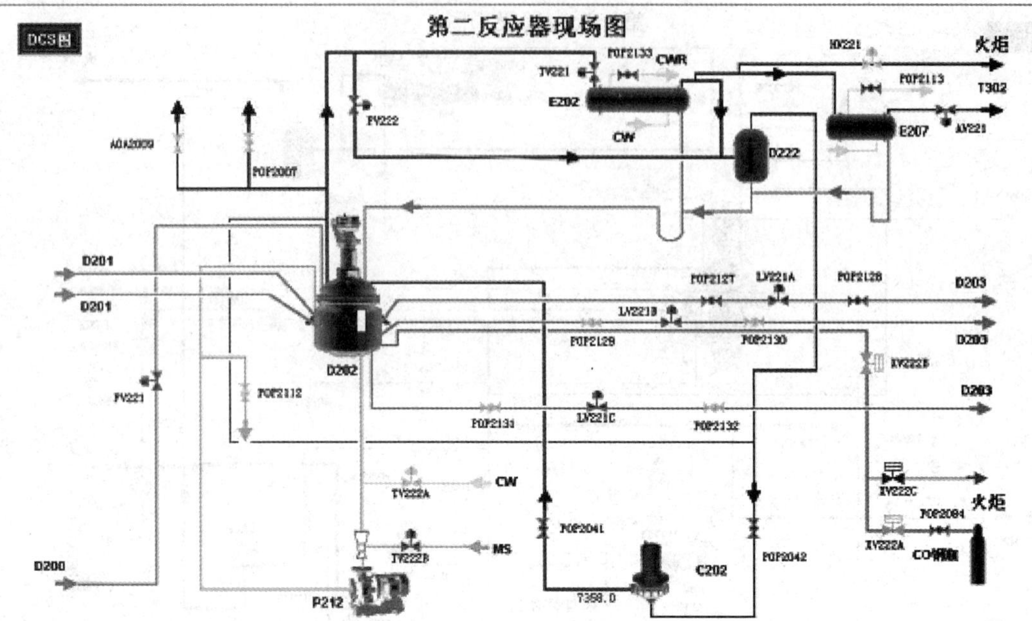

图 3-7　第二反应器现场图

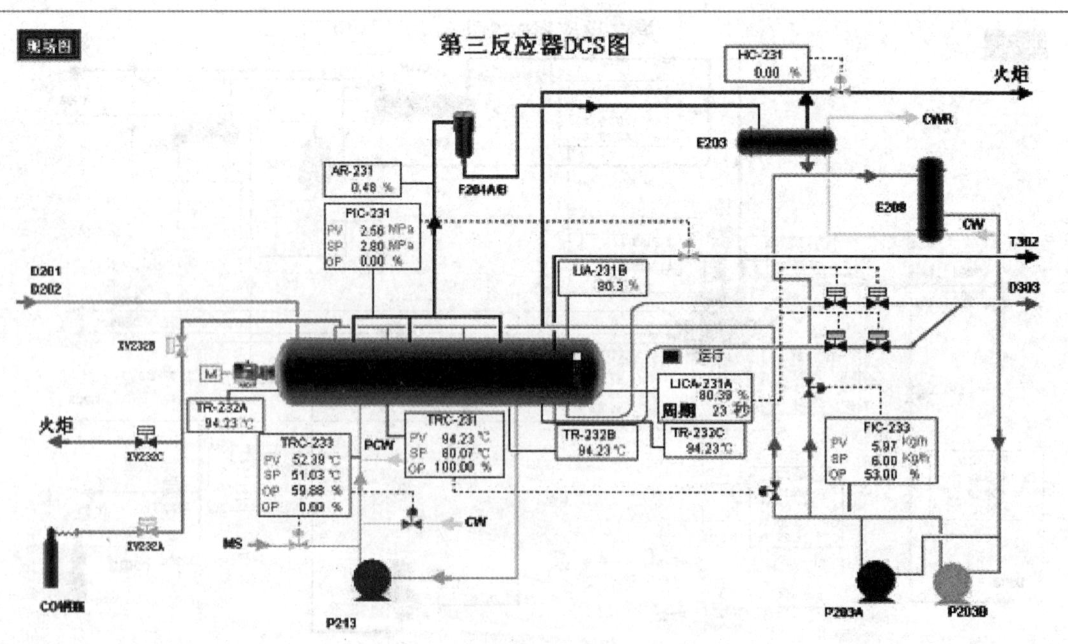

图 3-8　第三反应器 DCS 图

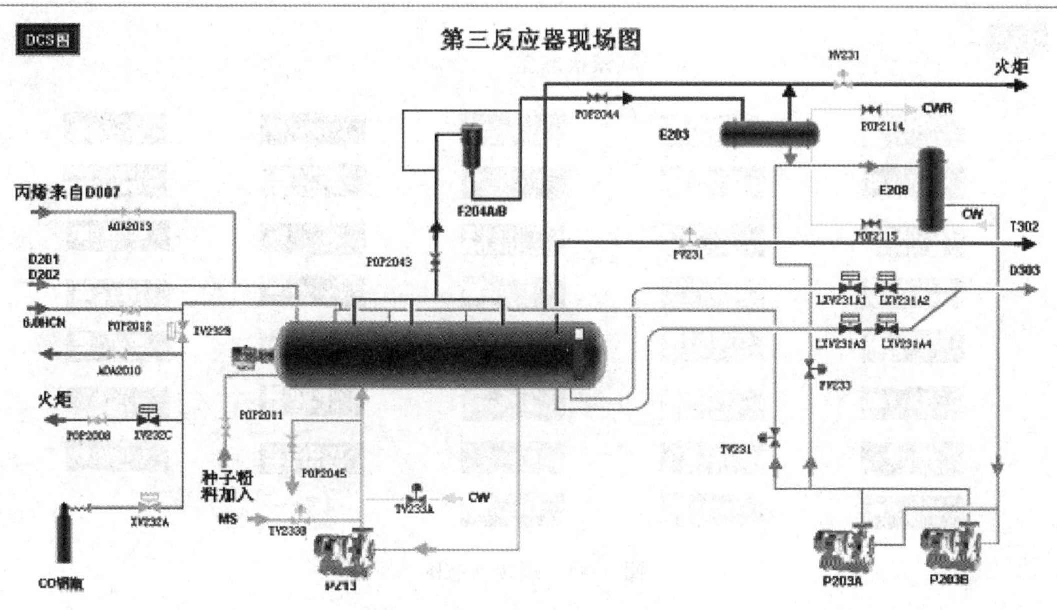

图 3-9　第三反应器现场图

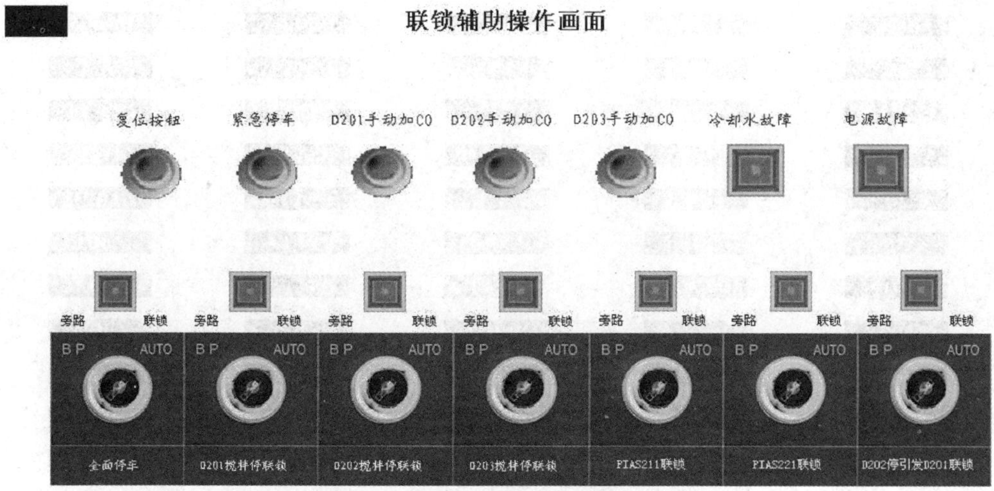

联锁辅助操作画面

复位按钮　紧急停车　D201手动加CO　D202手动加CO　D203手动加CO　冷却水故障　电源故障

旁路　联锁　旁路　联锁　旁路　联锁　旁路　联锁　旁路　联锁　旁路　联锁　旁路　联锁

BP AUTO　BP AUTO　BP AUTO　BP AUTO　BP AUTO　BP AUTO　BP AUTO

全面停车　D201搅拌停联锁　D202搅拌停联锁　D203搅拌停联锁　PIAS211联锁　PIAS221联锁　D202停引发D201联锁

图 3-10　联锁辅助操作画面

现场图
联锁状态图
联锁
XV232A开
XV232A关
XV232B开
XV232B关
XV232C关
LV221A关
LV221B关
LV221C关
TV233A开
TV233A关
TV233B关
HV231开
HV231关
LXV231A-1开
LXV231A-1关
LXV231A-2开
LXV231A-2关
LXV231A-3开
LXV231A-3关
LXV231A-4开
LXV231A-4关
PV231关
LV211B关
XV212A开
XV212A关
XV212B开
XV212B关
XV212C关
LV211A关
FV221关
LV211C关
XV222A开
XV222A关
XV222B开
XV222B关
XV222C关
HV221开
HV221关
AV221关
TV222A开
TV222A关
TV222B关
HV211开
HV211关
FV351关
XV311关
PV341A关
PV321关
TV212A开
TV212A关
TV212B关
FV201关
FV211关
AV211关

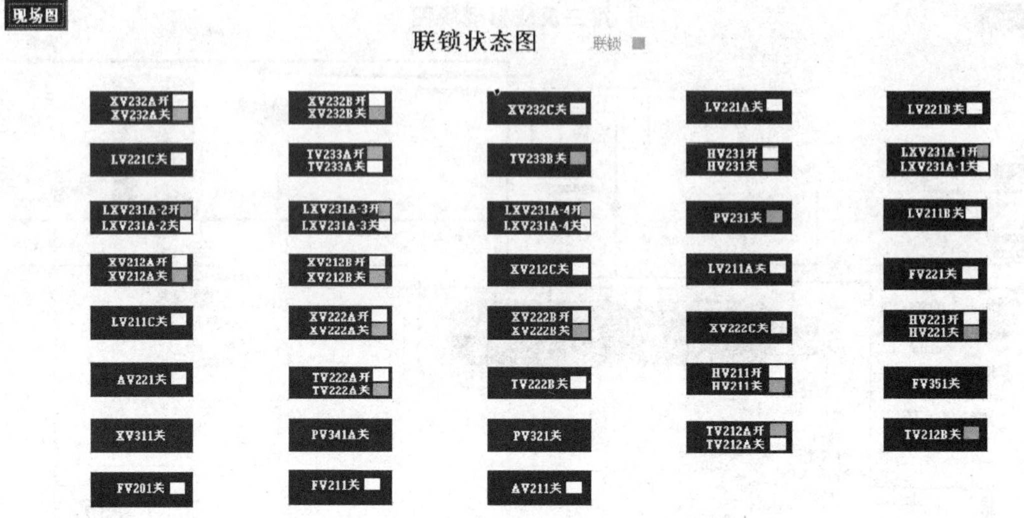

图 3-11　联锁状态图

DCS图
设备启动现场图
C010
D200
P102
P302A
P83-3
C012
D201
P103
P302B
R83-1A
C201A
D202
P104A
P304
R83-1B
C201B
D203
P104B
P311A
Z102A
C202
D303
P203A
P311B
Z102B
C301
D305
P203B
P811A
Z301
C302
M301
P211
P811B
Z302
C401A
P002A
P212
P812A
Z303
C401B
P002B
P213
P812B
Z304
C801
P101A
P301A
P813
Z306
C851
P101B
P301B
P83-2
Z502
PF001A
PF001B
PF001O
WF001

图 3-12　设备启动现场图

5. 设备一览表(表 3-1)

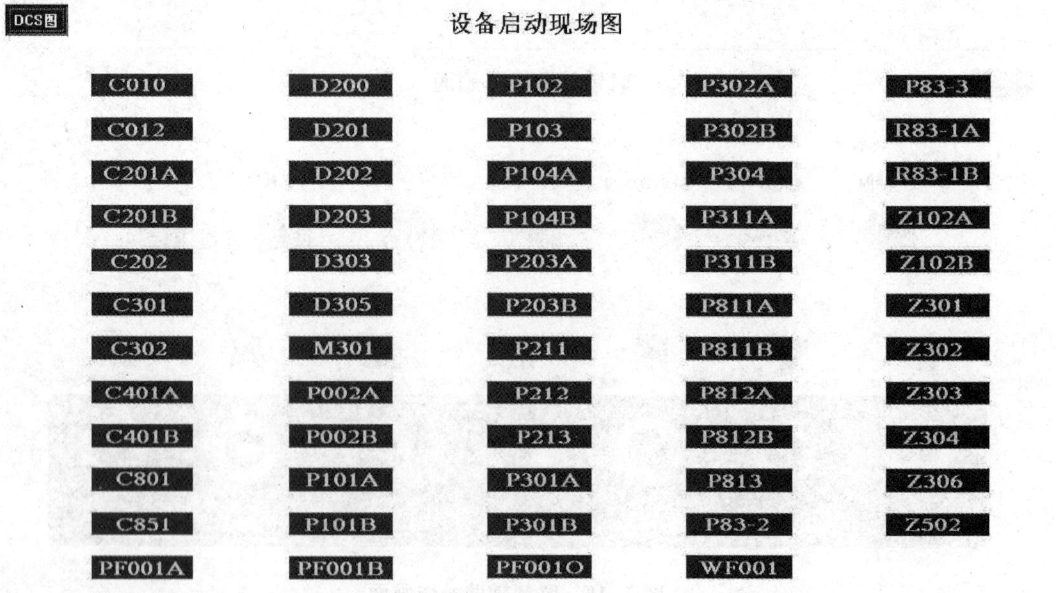

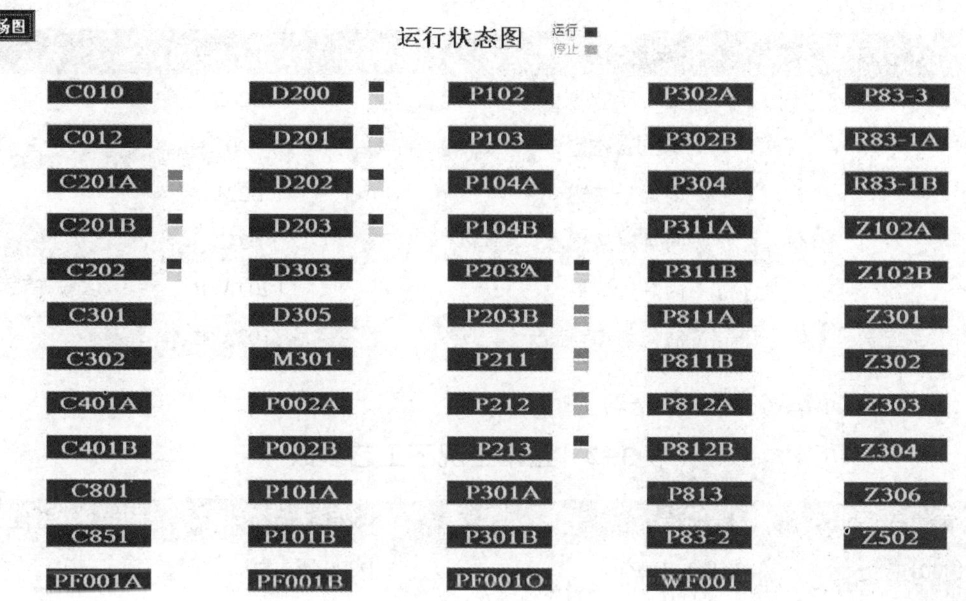

图 3-13 运行状态图

表 3-1 设备一览表

序号	设备名称	设备编号	备注
1	D201 循环风机	C201A/B	高速风机
2	D202 循环风机	C202	高速风机
3	丙烯加料泵	P002A/B	高速泵
4	丙烯凝液泵	P203A/B	离心泵
5	第一夹套水泵	P211	离心泵
6	第二夹套水泵	P212	离心泵
7	第三夹套水泵	P213	离心泵
8	丙烯预热器	E001	
9	丙烯冷却器	E200	
10	第一反应器冷却器	E201	
11	第二反应器冷却器	E202	
12	第三反应器冷却器	E203	
13	第二反应器尾气冷却器	E207	
14	第三反应器冷却器	E208	
15	丙烯罐	D007	
16	预聚釜	D200	
17	第一反应釜	D201	

续表

序号	设备名称	设备编号	备注
18	第二反应釜	D202	
19	第三反应釜	D203	
20	丙烯凝液罐	D221	
21	丙烯凝液罐	D222	
22	丙烯过滤器	F204A/B	滤筒式
23	A 催化剂加料器	Z102A/B	

6. 正常工况下工艺参数(表 3-2)

表 3-2 正常工况下工艺参数

仪表位号	标准设定值	项目名称	备注
PI201	3. 1/3. 7MPaG	D200 压力	
FIC201	450kg/h	进 D200 丙烯总流量	
PIA211	3. 0/3. 6MPaG	D201 压力	
FIC211	2050kg/h	进 D201 丙烯流量	
FIC212	$45m^3/h$	进 D201 循环气流量	
LICA211	45%	D201 液位	
LI212	1848mm	D201 液位	
LIA213	2000mm	D201 回流液管液位	
TR210	70℃	D201 气相温度	
TIC211	70℃	D201 液相温度	
TIC212		P211 出口温度	
HC211		D201 气相压力	
ARC211	0. 24%~9. 4%	D201 气相色谱	
XV212A/B/C		D201 加 CO	
PIA221	3. 0/3. 6MPaG	D201 压力	
FIC221		进 D202 丙烯流量	
FIC222	$40m^3/h$	进 D202 循环气流量	
LICA221	45%	D202 液位	
LI222	1848mm	D202 液位	
LIA223	2000mm	D202 回流液管液位	
TR220		D202 气相温度	
TIC221	67℃	D202 液相温度	

续表

仪表位号	标准设定值	项目名称	备注
TIC222		P212 出口温度	
HC221		D202 气相压力	
ARC221	0.24%~9.4%	D202 气相色谱	
XV222A/B/C		D202 加 CO	
PIC231	2.8MPaG	D203 压力	
FIC233	15m³/h	P203A/B 出口流量	
LICA231A	900mm	D203 料位	
LI231B	900mm	D203 料位	
TRC231	80℃	D203 温度	
TR232A/B/C	80℃	D203 温度	
TIC233		P213 出口温度	
HC231		D203 压力	
XV232A/B/C		D203 加 CO	

第三节 操作规程

一、 装置冷态开工过程

1. 种子粉料加入 D203

① 启动种子粉料加入按钮 POP2011。

② 料位 10%后，关此阀。

③ 开高压氮气阀 POP2012 充压。

④ 当 D203 充压至 0.5MPa，关氮气阀。

⑤ 现场开 D203 气相至 E203 手阀，开 HC 231。

⑥ 放空至 0.05MPa 后，关 HV231。

⑦ 总控启动 D203 搅拌。

2. 丙烯置换

① 引气态丙烯进系统 D200 置换。

② 现场启动气态丙烯进料阀 POP2010。

③ 开 FIC201 阀将丙烯引入 D200。

④ 压力达 0.5MPa 后关 FIC201。

⑤ 开现场火炬阀放空至 0.05MPa。

⑥ 关现场火炬阀。

3. D201 置换

① 开 FIC211 阀，将气态丙烯引入 D201。

② 开 FIC212 阀。

③ 开 C201A/B 入口阀。

④ 开 C201A/B 出口阀。

⑤ 启动 C201A/B，调节转速。

⑥ 当 PIA211 达 0.5MPa 时，关 FIC211 阀。

⑦ 停 D201 风机。

⑧ 开 HC211 阀放空。

⑨ 放空至 0.05MPa，关 HC211。

4. D202 置换

① 开 FIC221 阀，将气态丙烯引入 D202。

② 开 FIC222。

③ 开 C202 入口阀 POP2042。

④ 开 C202 出口阀 POP2041。

⑤ 启动 C202，调整转速。

⑥ 当 PIAS221 达 0.5MPa 时，关 FIC221。

⑦ 停 C202 风机。

⑧ 开 HC221 阀放空。

⑨ 放空至 0.05MPa，关 HC221 阀。

5. D203 置换

① 现场开 D007 来气相丙烯阀。

② 充压至 0.5MPa 后，关此阀。

③ 开 HC231 阀，放空。

④ 放空至 PIC231 为 0.05MPa 后，关 HC231。

6. D200 升压

① 开 FIC201，升压。

② PI201 指示为 0.7MPa 后，关 FIC201。

7. D201 升压

① 开 FIC211 引气相丙烯。

② PIA211 指示为 0.7MPa 后，关 FIC211。

8. D202 升压

① 开 FIC221 引气相丙烯。

② PIAS221 指示为 0.7MPa 后，关 FIC221。

9. 向 D200 加液态丙烯

① 开液态丙烯进料阀 POP2009。

② 开 E200BWR 入口阀。

③ 开 D200 夹套 BW 入口阀 POP2102。

④ 开 FIC201，引液态丙烯入 D200。

⑤ 启动 D200 搅拌。

⑥ 当 PI201 指示为 3.0MPa 时，开现场釜底阀 POP2119。

10. 向 D201 加液态丙烯

① 开 FIC211，向 D201 进液态丙烯。

② 启动 D201 搅拌。

③ 现场开 E201CWR 入口阀。

④ 开 LICA211A 一条线前后手阀。

⑤ 开 C201A 或 B 风机入口阀 POP2036。

⑥ 开 C201A 或 B 风机出口阀 POP2035。

⑦ 开 C201A 或 B 风机。

⑧ 调整转速。

⑨ 调节 FCI212 为 $45m^3/h$。

⑩ 开 MS 阀，釜底 TIC212 升温。

⑪ 调节 TIC211，控制釜温为 65℃。

11. 向 D202 加液态丙烯

① 开 FIC221，向 D202 进液相丙烯。

② 启动 D202 搅拌。

③ 现场开 E202CWR 入口阀，开 E207CW 入口阀 POP2113。

④ 开 C202 入口阀 POP2042。

⑤ 开 C202 出口阀 POP2041。

⑥ 启动 C202。

⑦ 调节转速。

⑧ 调节 FIC222 为 40m^3/h。

⑨ 釜底 TIC222 升温，控制釜温为 60℃。

⑩ 调节 FIC221 控制进料量为 500kg/h。

12. 向 D203 加液态丙烯

① 当 D202 出料至 D203 后，即为 D203 进液相丙烯。

② 开 E203CWR 入口阀。

③ 开 E208CWR 出口阀 POP2115 和 POP2114。

④ 启动 P213。

⑤ 开 MS 阀，釜底 TRC233 升温。

⑥ 调整 TRC231，控制釜温为 80℃。

⑦ 启动 P203A。

13. 打开 FIC-213，给 D201 加入 H_2

14. 向系统加催化剂

① 现场打开 AOA2004，调节 C-Cat 进反应釜 D200。

② 现场打开手阀 POP2083，使阻聚剂 CO 加入系统。

③ 现场打开 AOA2003 调节 B-Cat 进反应釜 D200。

④ 现场打开 AOA2002 调节 A-Cat 进反应釜 D200。

装置冷态开车操作评分如表 3-3 所示。

表 3-3　装置冷态开车操作评分

项　目	应得	实得	操作步骤说明
种子粉料加入 D203：过程正在评分	90.00	0.00	该过程历时 199s
	10.00	0.00	启动种子粉料加入按钮
	10.00	0.00	料位 10%后，关此阀
	10.00	0.00	开高压氮气阀 POP2012 充压
	10.00	0.00	当 D203 充压至 0.5MPa，关氮气阀
	10.00	0.00	现场开 D203 气相至 E203 手阀，开 POP2043
	10.00	0.00	现场开 D203 气相至 E203 手阀，开 POP2044
	10.00	0.00	现场开 D203 气相至 E203 手阀，开 HC231

续表

项　　目	应得	实得	操作步骤说明
	10.00	0.00	放空至 0.05MPa 后，关 HC231
	10.00	0.00	总控启动 D203 搅拌
气态丙烯进 D200 置换：过程正在评分	80.00	0.00	该过程历时 199s
	10.00	0.00	现场启动气态丙烯进料阀(POP2010)
	10.00	0.00	开 FIC201 阀将丙烯引入 D200
	10.00	0.00	开 FIC201 阀将丙烯引入 D200，使 D200 压力达到 0.5MPa 以上
	10.00	0.00	压力达 0.5MPa 后关 FIC201
	10.00	0.00	开现场火炬阀放空 D200
	10.00	0.00	开现场火炬阀放空至 0.05MPa
	10.00	0.00	关现场火炬阀(1)
	10.00	0.00	关现场火炬阀(2)
D201 置换：过程起始条件不满足！	90.00	0.00	该过程历时 0s
	10.00	0.00	开 FIC211 阀，将气态丙烯引入 D201
	10.00	0.00	开 FIC212 阀
	10.00	0.00	开 C201B 入口阀
	10.00	0.00	开 C201A 入口阀
	10.00	0.00	开 C201B 出口阀
	10.00	0.00	开 C201A 出口阀
	10.00	0.00	启动 C201A，调节转速
	10.00	0.00	启动 C201B，调节转速
	10.00	0.00	当 PIA211 达 0.5MPa 时，关 FIC211 阀
	10.00	0.00	停 D201 风机 C201
	10.00	0.00	停 D201 风机 C202
	10.00	0.00	开 HIC211 阀放空
	10.00	0.00	放空至 0.05MPa，关 HC211
D202 置换	100.00	0.00	该过程历时 0s
	10.00	0.00	开 FIC221 阀，将气态丙烯引入 D202
	10.00	0.00	开 FIC222
	10.00	0.00	开 C202 入口阀
	10.00	0.00	开 C202 出口阀
	10.00	0.00	启动 C202，调整转速(1)

续表

项　　目	应得	实得	操作步骤说明
	10.00	0.00	启动 C202，调整转速(2)
	10.00	0.00	当 PIAS221 达 0.5MPa 时，关 FIC221
	10.00	0.00	停 C202 风机
	10.00	0.00	开 HC221 阀放空
	10.00	0.00	放空至 0.05MPa，关 HC221 阀
D203 置换：过程起始条件不满足！	50.00	0.00	该过程历时 0s
	10.00	0.00	现场开 D007 来气相丙烯阀
	10.00	0.00	现场开 D007 来气相丙烯阀，充压至 0.5MPa
	10.00	0.00	充压至 0.5MPa 后，关此阀
	10.00	0.00	开 HC231 阀，放空
	10.00	0.00	放空至 PIC231 为 0.05MPa 后，关 HC231
D200 升压：过程起始条件不满足！	30.00	0.00	该过程历时 0s
	10.00	0.00	开 FIC201，升压
	10.00	0.00	开 FIC201，升压至 0.7MPa
	10.00	0.00	PI201 指示为 0.7MPa 后，关 FIC201
D201 升压：过程起始条件不满足！	30.00	0.00	该过程历时 0s
	10.00	0.00	开 FIC211 引气相丙烯
	10.00	0.00	开 FIC211 引气相丙烯，D201 压力达到 0.7MPa
	10.00	0.00	PIA211 指示为 0.7MPa 后，关 FIC211
D202 升压：过程起始条件不满足！	30.00	0.00	该过程历时 0s
	10.00	0.00	开 FIC221 引气相丙烯
	10.00	0.00	开 FIC221 引气相丙烯，达到 0.7MPa
	10.00	0.00	PIAS221 指示为 0.7MPa 后，关 FIC221
向 D200 加液态丙烯：过程起始条件不满足！	60.00	0.00	该过程历时 0s
	10.00	0.00	开液态丙烯进料阀
	10.00	0.00	开 E200BWR 入口阀
	10.00	0.00	开 D200 夹套 BW 入口阀
	10.00	0.00	开 FIC201，引液丙烯入 D200
	10.00	0.00	启动 D200 搅拌
	10.00	0.00	当 PI201 指示为 3.0MPa 时，开现场釜底阀
向 D201 加液态丙烯：过程起始条件不满足！	150.00	0.00	该过程历时 0s

续表

项　　目	应得	实得	操作步骤说明
	10.00	0.00	开 FIC211，向 D201 进液态丙烯
	10.00	0.00	启动 D201 搅拌
	10.00	0.00	现场开 E201 CWR 入口阀
	10.00	0.00	开 LICA211A 一条线前后手阀(1)
	10.00	0.00	开 LICA211A 一条线前后手阀(2)
	10.00	0.00	开 LICA211A 一条线前后手阀(3)
	10.00	0.00	开 C201A 或 B 机入口阀(1)
	10.00	0.00	开 C201A 或 B 机入口阀(2)
	10.00	0.00	开 C201A 或 B 机出口阀(1)
	10.00	0.00	开 C201A 或 B 机出口阀(2)
	10.00	0.00	开 C201A 或 B 机(1)
	10.00	0.00	开 C201A 或 B 机(2)
	10.00	0.00	调整转速(1)
	10.00	0.00	调整转速(2)
	10.00	0.00	调节 FIC212 为 $45m^3/h$
	10.00	0.00	开 MS 阀，釜底 TIC212 升温
	10.00	0.00	调节 TIC211，控制釜温为 65℃
	10.00	0.00	调节 TIC211，控制釜温为 65℃
	10.00	0.00	调节 TIC211，控制釜温为 65℃
向 D202 加液态丙烯：过程起始条件不满足！	160.00	0.00	该过程历时 0s
	10.00	0.00	开 FIC221，向 D202 进液相丙烯
	10.00	0.00	开阀门 POP2134
	10.00	0.00	开阀门 POP2122
	10.00	0.00	开 LICA211，向 D202 进液相丙烯
	10.00	0.00	启动 D202 搅拌
	10.00	0.00	现场开 E202CWR 入口阀
	10.00	0.00	现场开 E207CW 入口阀
	10.00	0.00	开 C202 入口阀
	10.00	0.00	开 C202 出口阀
	10.00	0.00	启动 C202
	10.00	0.00	调节转速

续表

项　　目	应得	实得	操作步骤说明
	10.00	0.00	调节 FIC222 为 $40m^3/h$
	10.00	0.00	釜底 TIC222 升温，控制釜温为 60℃
	10.00	0.00	调节 FIC221 冲洗进料量为 500kg/h
	10.00	0.00	调节 FIC222 冲洗进料量为 40kg/h
	10.00	0.00	D201 液位达 30 以上。
向 D203 加液态丙烯：过程起始条件不满足！	90.00	0.00	该过程历时 0s
	10.00	0.00	开阀门 POP2127
	10.00	0.00	开阀门 POP2128
	10.00	0.00	开 LICA221，为 D203 进液相丙烯
	10.00	0.00	开 E203CWR 入口阀
	10.00	0.00	开 E208CWR 出口阀
	10.00	0.00	启动 P213
	10.00	0.00	开 MS 阀，釜底 TRC233 升温
	10.00	0.00	调整 TRC231，控制釜温为 80℃
	10.00	0.00	启动 P203A
加氢：过程起始条件不满足！	10.00	0.00	该过程历时 0s
	10.00	0.00	打开 FIC213，加氢至 D201
向系统加催化剂：过程起始条件不满足！	50.00	0.00	该过程历时 0s
	10.00	0.00	现场调节 C-Cat 进反应釜 D200
	10.00	0.00	打开 POP2083，加入阻聚剂 CO
	10.00	0.00	打开 POP2084，加入阻聚剂 CO
	10.00	0.00	现场调节 B-Cat 进反应釜 D200
	10.00	0.00	现场调节 A-Cat 进反应釜 D200
质量指标：过程正在评分	110.00	0.00	该过程历时 199s
	10.00	0.00	D201 反应釜温度控制 TIC211：70.0#2.0℃
	10.00	0.00	反应釜 D201 压力控制 PIA211：3.2#0.5MPa
	10.00	0.00	反应釜 D201 液位控制 LICA211：45.0#5.0℃
	10.00	0.00	D202 温度控制 TIC221：67.0#3.0℃
	10.00	0.00	D202 压力控制 PIAS221：3.0#0.5MPa
	10.00	0.00	D202 液位控制 LICA221：45.0#5.0%

续表

项　目	应得	实得	操作步骤说明
	10.00	0.00	D203 压力控制 PIC231：2.8#0.5MPa
	10.00	0.00	D203 温度控制 TRC231：80.0#5.0℃
	10.00	0.00	D201 反应釜 H_2 含量 AR211：0.21#0.05%
	10.00	0.00	D202 反应釜 H_2 含量 ARC221：0.25#.05%
	10.00	0.00	D203 反应釜 H_2 含量 AR231：0.20#.02%

二、装置正常停工过程

1. 停催化剂进料

① 停催化剂 A。

② 停催化剂 B。

③ 停催化剂 C。

④ 关 FIC213 停止氢进入 D201。

2. 维持三釜的平稳操作

① D201 夹套 CW 切换至 MS。

② 控制 D201 温度在 65～70℃。

③ D202 夹套 CW 切换至 MS。

④ 控制 D202 温度在 60～64℃。

⑤ D203 夹套 CW 切换至 MS。

⑥ 控制 D203 温度在 80℃左右。

3. D201、D202 排料

① 关闭丙烯进料阀 FIC201、FIC211、FIC221。

② 停 E200、D200 冷冻水。

③ D200 停搅拌。

④ 从 D201 向 D202 卸料。

⑤ 当 D201 倒空后，停止 D201 出料。

⑥ 停 D201 搅拌。

⑦ 停 C201A、C201B、停 E201 冷却水。

⑧ 从 D202 向 D203 卸料。

⑨ 当 D202 倒空后，停止 D202 出料。

⑩ 停 D202 搅拌。

⑪ 停 C202，停 E202 和 E207 冷却水。

⑫ 当 D203 倒空后，关闭 LICA231A。

⑬ 停 P203、停 E203 和 E208 冷却水。

⑭ 停 D203 搅拌。

⑮ 关闭 ARC-221，HC-231。

4. 放空

① 开 D200 放空阀。

② 开 D201 放空阀。

③ 开 D202 放空阀。

④ 开 D203 放空阀。

装置正常停车操作评分如表 3-4 所示。

表 3-4 装置正常停车操作评分

项　　目	应得	实得	操作步骤说明
停催化剂进料：过程正在评分	40.00	0.00	该过程历时 26s
	10.00	0.00	停催化剂 A
	10.00	0.00	停催化剂 B
	10.00	0.00	停催化剂 C
	5.00	0.00	停止氢进入 D201，关 FIC213
	5.00	0.00	停止氢进入 D201，关 AOA2040
维持三釜的平稳操作：过程起始条件不满足！	60.00	0.00	该过程历时 0s
	10.00	0.00	D201 夹套 CW 切换至 MS(TIC212. OP>50)
	10.00	0.00	控制 D201 温度在 65~70℃
	10.00	0.00	D202 夹套 CW 切换至 MS(TIC222. OP>50)
	10.00	0.00	控制 D202 温度在 60~64℃
	10.00	0.00	D203 夹套 CW 切换至 MS(TRC233. OP>50)
	10.00	0.00	控制 D203 温度在 80℃左右
D201，D202 排料：过程起始条件不满足！	250.00	0.00	该过程历时 0s
	10.00	0.00	关闭丙烯进料 FV201
	10.00	0.00	关闭丙烯进料 FV211

续表

项　　目	应得	实得	操作步骤说明
	10.00	0.00	关闭丙烯进料 FV221
	10.00	0.00	停 E200 冷冻水
	10.00	0.00	停 D200 冷冻水
	10.00	0.00	D200 停搅拌
	10.00	0.00	从 D201 向 D202 卸料
	10.00	0.00	当 D201 倒空后，停止 D201 出料
	10.00	0.00	停 D201 搅拌
	10.00	0.00	停 C201A
	10.00	0.00	停 C201B
	10.00	0.00	停 E201 冷却水
	10.00	0.00	从 D202 向 D203 卸料
	10.00	0.00	当 D202 倒空后，停止 D202 出料
	10.00	0.00	停 D202 搅拌
	10.00	0.00	停 C202
	10.00	0.00	停 E207 冷却水
	10.00	0.00	停 E202 冷却水
	10.00	0.00	当 D203 倒空后，关闭 LICA231A
	5.00	0.00	停 P203(1)
	5.00	0.00	停 P203(2)
	10.00	0.00	停 E203
	10.00	0.00	停 E208
	10.00	0.00	停 D203 搅拌
	10.00	0.00	关闭 AV221
	10.00	0.00	关闭 PV231
放空：过程起始条件不满足！	55.00	0.00	该过程历时 0s
	5.00	0.00	开 D200 放空阀(1)
	5.00	0.00	开 D200 放空阀(2)
	5.00	0.00	开 D201 放空阀(1)
	5.00	0.00	开 D201 放空阀(2)
	5.00	0.00	开 D201 放空阀(3)
	5.00	0.00	开 D202 放空阀(1)
	5.00	0.00	开 D202 放空阀(2)

续表

项　　目	应得	实得	操作步骤说明
	5.00	0.00	开 D202 放空阀(3)
	5.00	0.00	开 D203 放空阀(1)
	5.00	0.00	开 D203 放空阀(2)
	5.00	0.00	开 D203 放空阀(3)
质量指标：过程正在评分	10.00	0.00	该过程历时 26s
	10.00	0.00	D201 液位控制 LT211：0.0#5.0%

三、事故处理

1. 停电

事故现象：停电。

处理方法：紧急停车，评分如表 3-5 所示。

表 3-5　停电（紧急停车）操作评分

项　　目	应得	实得	操作步骤说明
紧急停车：过程正在评分	240.00	100.00	该过程历时 19s
	10.00	0.00	联锁旁路(全面停车按钮)
	10.00	0.00	现场 CO 截止阀关闭(D201)
	10.00	0.00	现场 CO 截止阀关闭(D202)
	10.00	10.00	控制 D201 温度在 65℃
	10.00	10.00	控制 D202 温度在 60℃
	10.00	10.00	保持 D201、D202 的压差
	10.00	10.00	关闭 FIC201
	10.00	10.00	关闭 FIC211
	10.00	0.00	停 E200 夹套冷冻水
	10.00	0.00	停 D200 夹套冷冻水
	10.00	0.00	当 D201 排净后，关闭 LICA211
	10.00	10.00	停 C201
	10.00	0.00	停 E201 冷却水
	10.00	10.00	开 HC211 放空
	10.00	0.00	排净 D202 后，关闭 LIC221
	10.00	10.00	停 C202
	10.00	0.00	停 E203 冷却水

续表

项　　目	应得	实得	操作步骤说明
	10.00	0.00	停 E207 冷却水
	10.00	10.00	开 HC221 放空
	10.00	0.00	当 D203 料位排完后，停止排料
	10.00	0.00	停 E203 冷却水
	10.00	0.00	停 E208 冷却水
	10.00	10.00	停 P203
	10.00	0.00	开 D203 放空阀 HC231

2. 停水

事故现象：冷却水停。

处理方法：紧急停车，评分如表 3-5 所示。

3. 停蒸汽

事故现象：蒸汽停。

处理方法：紧急停车，评分如表 3-5 所示。

4. IA 停

事故现象：仪表风停止供应，必须紧急停车，全系统联锁停车。

处理方法：紧急停车，评分如表 3-5 所示。

5. 原料中断

事故现象：原料停。

处理方法：紧急停车，评分如表 3-5 所示。

6. 氮气中断

事故现象：造成干燥闪蒸单元不能正常操作。

处理方法：

① 关闭 LICA231 阀，停止向干燥系统放料。

② D201 隔离进行自循环，停止出料。

③ D202 隔离进行自循环，停止出料。

④ D203 隔离进行自循环，停止出料。

氮气中断操作评分如表 3-6 所示。

7. 低压密封油中断

事故现象：低压密封油中断(LSO)，P812A/B 停泵出口压力下降很大，各个用户 FG、PG

指示下降。

处理方法：紧急停车，评分如表 3-5 所示。

表 3-6　氮气中断操作评分表

项　　目	应得	实得	操作步骤说明
事故处理：过程正在评分	40.00	0.00	该过程历时 29s
	10.00	0.00	关闭 LICA231 阀，停止向干燥系统放料
	10.00	0.00	D201 隔离进行自循环，停止出料
	10.00	0.00	D202 隔离进行自循环，停止出料
	10.00	0.00	D203 隔离进行自循环，停止出料

8. 高压密封油中断

事故现象：高压密封油中断。

处理方法：紧急停车，评分如表 3-5 所示。

9. A-CAT 不上量

事故现象：A-CAT 不上量。

处理方法：

① 减小 FIC201 的进料量。

② 维持 D201 温度，压力控制。

A-CAT 不上量操作评分如表 3-7 所示。

表 3-7　A-CAT 不上量操作评分

项　　目	应得	实得	操作步骤说明
事故处理：过程正在评分	20.00	20.00	该过程历时 29s
	10.00	10.00	减小 FIC201 的进料量
	10.00	10.00	维持 D201 温度、压力控制

10. 聚合反应异常

事故现象：聚合反应异常。

处理方法：

① 调整 A-Cat 的转动周期，减小 A 催化剂的量。

② 适当增加 FIC201 的流量。

聚合反应异常操作评分如表 3-8 所示。

表 3-8 聚合反应异常操作评分

项　　目	应得	实得	操作步骤说明
事故处理：过程正在评分	20.00	0.00	该过程历时 20 秒
	10.00	0.00	调整 A-Cat 的转动周期，减小 A 催化剂的量
	10.00	0.00	适当增加 FIC201 的流量

11. D201 的温度、压力突然升高

事故现象：D201 的温度、压力突然升高

处理方法：

① 提高 TIC212 的 CW 阀开度，减少蒸汽。

② 提高 FIC201 进料量。

D201 的温度、压力突然升高操作评分如表 3-9 所示。

表 3-9 D201 的温度、压力突然升高操作评分

项　　目	应得	实得	操作步骤说明
事故处理：过程正在评分	20.00	10.00	该过程历时 44s
	10.00	10.00	提高 TIC212 的 CW 阀开度，减少蒸汽
	10.00	0.00	提高 FIC201 进料量

12. D203 的温度、压力突然升高

事故现象：D203 的温度、压力突然升高

处理方法：

① 关闭 TRC231 前后手阀。

② 开副线阀调整流量。

D203 的温度、压力突然升高操作评分如表 3-10 所示。

表 3-10 D203 的温度、压力突然升高操作评分

项　　目	应得	实得	操作步骤说明
事故处理：过程正在评分	20.00	20.00	该过程历时 21s
	10.00	10.00	关闭 TRC231 前后手阀
	10.00	10.00	开副线阀调整流量

13. D203 下料系统堵塞

事故现象：D203 下料系统堵塞。

处理方法：紧急停车，评分如表 3-5 所示。

14. 浆液管线不下料

事故现象：浆液管线不下料

① 增大 TIC212 蒸汽量，提高夹套水温。

② D202 向 T302 泄压。

③ 最终调节 D201 比 D202 压差为 0.2MPa。

浆液管线不下料操作评分如表 3-11 所示。

表 3-11　浆液管线不下料操作评分

项　　目	应得	实得	操作步骤说明
事故处理：过程正在评分	30.00	30.00	该过程历时 27s
	10.00	10.00	增大 TIC212 蒸汽量，提高夹套水温
	10.00	10.00	D202 向 T302 泄压
	10.00	10.00	最终调节 D201 比 D202 压差为 0.2MPa

15. D201 液封突然消失

事故现象：D201 液封突然消失。

处理方法：紧急停车，评分如表 3-5 所示。

16. D201 搅拌停

事故现象：D201 搅拌停。

处理方法：紧急停车，评分如表 3-5 所示。

17. D201 至 D202 间 SL 管线全堵

事故现象：D201 至 D202 间 SL 管线全堵。

处理方法：

① 现场开另一条 D201 至 D202 浆液调节阀前后手阀。

② 开 D201 至 D203 浆液线调节阀前后手阀。

D201 至 D202 间 SL 管线全堵操作评分如表 3-12 所示。

表 3-12　D201 至 D202 间 SL 管线全堵操作评分

项　　目	应得	实得	操作步骤说明
事故处理：过程正在评分	40.00	0.00	该过程历时 52s
	10.00	0.00	现场开另一条 D201 至 D202 浆液调节阀前后手阀(1)
	10.00	0.00	现场开另一条 D201 至 D202 浆液调节阀前后手阀(2)
	10.00	0.00	开 D201 至 D203 浆液线调节阀前后手阀(1)
	10.00	0.00	开 D201 至 D203 浆液线调节阀前后手阀(2)

四、200 工段自动保护系统

① 当 D201 压力 PIAS211 超过 4.0MPa 时发出联锁信号，HC211 阀门自动打开。

② 当 D202 压力 PIAS221 超过 4.0MPa 时发出联锁信号，HC221 阀门自动打开。

③ 当 D201 因搅拌停止，压力和温度不正常升高或接收到 D202 停车信号及全面停车信号时，发出联锁信号，相应阀门开始动作：FIC201 阀门关，ARC211 阀门关闭，XV212A/B 阀门开，XV212C 关闭，TIC212B 关闭，TIC212A 开，LIC211 阀门关闭。

④ 当 D202 因搅拌停止，压力和温度不正常升高或接收到 D203 停车信号及全面停车信号时，发出联锁信号，相应阀门开始动作：XV222A/B 阀门开，XV222C 阀门关，FIC221 阀门关，ARC221 阀门关，TIC222B(MS)阀门关，TIC222A(CW)阀门开，LIC221 阀门关，同时 D201 系统停车，FIC201，FIC211，ARC211，TIC212B，LIC211 阀门关，TIC212A 阀门开。

⑤ 当 D203 因搅拌停止，压力和温度不正常升高或接受到全面停车信号时，发出联锁信号，相应阀门开始动作：HC231 阀门开，LIC231 阀门关，PIC231 阀门关，C301 停，XV232A/B 阀门开，XV232C 阀门关，TIC233B 阀门关，TIC233 阀门开，同时 D201、D202 系统停车。

习题

1. 如何获得高效催化剂？
2. 分析丙烯中微量杂质对高效催化剂活性的影响。
3. 催化剂计量单元 PK101 机组中 V1~V4 有何作用？
4. 环管反应器的温度是如何控制的？
5. 如何置换丙烯储罐氮气？

第四章 乙酸生产工艺

第一节 概 述

乙酸又名醋酸，英文名称为 acetic acid，是具有刺激气味的无色透明液体，无水乙酸在低温时凝固成冰状，俗称冰醋酸。在16.7℃以下时，纯乙酸呈无色结晶，其沸点是118℃。乙酸蒸气刺激呼吸道及黏膜(特别是眼睛的黏膜)，浓乙酸可灼烧皮肤。乙酸是重要的有机酸之一。其结构式是：

$$H_3C-\overset{\overset{\Large O}{\|}}{C}-OH$$

乙酸是稳定的化合物；但在一定的条件下，能引起一系列的化学反应。如：在强酸(H_2SO_4或 HCl)存在下，乙酸与醇共热，发生酯化反应：

$$CH_3COOH+C_2H_5OH \overset{H^+}{\rightleftharpoons} CH_3COOC_2H_5+H_2O$$

乙酸是许多有机物的良好溶剂，能与水、醇、酯和氯仿等溶剂以任意比例相混合。乙酸除用作溶剂外，还有广泛的用途，在化学工业中占有重要的位置，其用途遍及乙酸乙烯、乙酸纤维素、乙酸酯类等多种领域。乙酸是重要的化工原料，可制备多种乙酸衍生物如乙酸酐、氯乙酸、乙酸纤维素等，适用于生产对苯二甲酸、纺织印染、发酵制氨基酸，也作为杀菌剂。在食品工业中，乙酸作为防腐剂；在有机化工中，乙酸裂解可制得乙酸酐，而乙酸酐是制取乙酸纤维的原料。另外，由乙酸制得聚酯类，可作为油漆的溶剂和增塑剂；某些酯类可作为进一步合成的原料。在制药工业中，乙酸是制取阿司匹林的原料。利用乙酸的酸性，可作为天然橡胶制造工业中的胶乳凝胶剂、照相的显像停止剂等。

乙酸的生产具有悠久的历史，早期乙酸是由植物原料加工而获得或者通过乙醇发酵的方法制得，也有通过木材干馏而获得的。目前，国内外已经开发出了乙酸的多种合成工艺，成熟的乙酸生产工艺有乙炔乙醛法、乙醇乙醛法、乙烯乙醛法、丁烷氧化法和甲醇低压羰基合成法。乙炔乙醛法由于存在严重的汞污染已被淘汰；乙醇乙醛法因生产工艺落后、成本高，国外也已淘汰，国内尚有少量生产；乙烯乙醛法因需消耗乙烯资源，产品成本较高，国外已淘汰，但在我国目前还是主要生产工艺；丁烷氧化法仅适用于轻油比较丰富的地区，不具推广性。目前应用较广泛的为甲醇低压羰基合成法，依据催化剂体系不同，各公司开发出各具特色的甲醇低压羰基合成工艺技术。

第二节 乙酸典型生产工艺

1960 年，德国 BASF 公司成功开发了高压下经羰基化制乙酸的工业化方法，操作条件是反应温度 210~250℃，反应压力 65.0MPa，以羰基钴与碘组成催化体系。20 世纪 70 年代，美国孟山都(Monstanto)公司开发铑络合物催化剂(以碘化物作助催化剂)，使甲醇羰基化制乙酸在低压下进行，并实现了工业化。1970 年建成年生产能力 135kt 乙酸的甲醇低压羰基化装置。甲醇低压羰基化操作条件是反应温度 175℃，反应压力 3.0MPa。由于低压羰基化制乙酸技术经济、先进，从 20 世纪 70 年代中期新建的大厂多数采用孟山都公司的甲醇低压羰基化技术。

1. 甲醇高压羰基化法

甲醇与一氧化碳在碘化钴均相催化剂存在下，压力 63.7MPa，温度 250℃时进行反应，制得乙酸，即

$$CH_3OH+CO \longrightarrow CH_3COOH$$

其工艺流程如图 4-1 所示。液态甲醇原料经尾气洗涤塔(5)后，同二甲醚与一氧化碳一起连

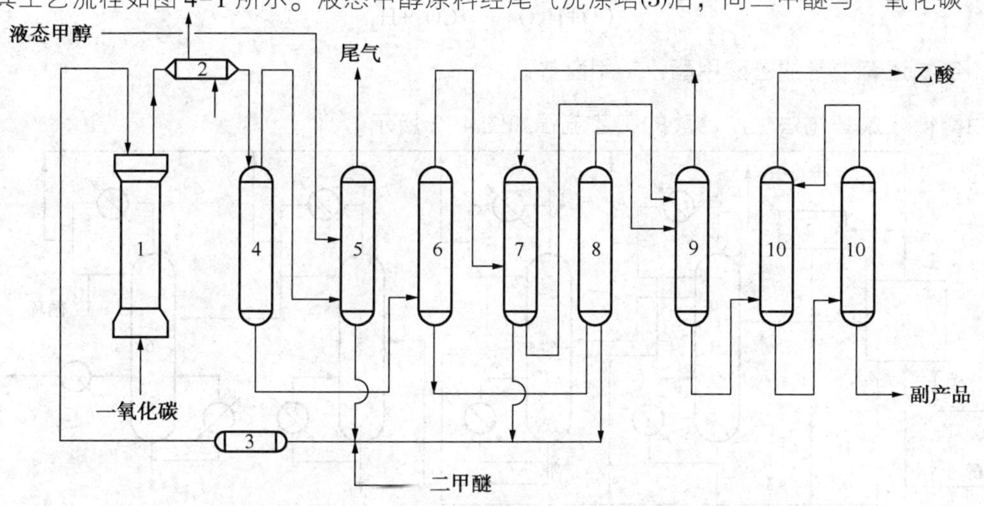

图 4-1 甲醇高压羰基化法生产乙酸的工艺流程示意图

1—反应器；2—冷却器；3—预热器；4—低压分离器；5—尾气洗涤塔；6—脱气塔；7—分离塔；8—催化剂分离器；9—共沸物蒸馏塔；10—精馏塔

续加入反应器(1)，由反应器顶部引出的粗乙酸及未反应的气体，经冷却器(2)冷却后进入低压分离器(4)。从低压分离器底部出来的粗乙酸送至脱气塔(6)，顶部出来的尾气送尾气洗涤塔(5)用进料甲醇洗涤以回收转化气中的甲基碘，经过洗涤的尾气用作燃料。

在脱气塔(6)中，除去低沸点组分，然后在催化剂分离器(8)中脱除碘化钴。碘化钴是在乙酸水溶液中作为塔底残余物除去。脱除催化剂的粗乙酸在共沸物蒸馏塔(9)中脱水并精制，所用夹带剂是一种随水蒸气蒸发的副产混合物，它是在反应过程中生成的，并在分离塔(7)中分离出来。共沸物蒸馏塔塔底得到不含水和甲酸的乙酸，再在两个精馏塔(10)中加工成纯度99.8%以上的纯乙酸。

甲醇高压羰基化制乙酸，其收率以甲醇计为90%。但此法存在的主要问题是反应压力高，副产物多，产品精制复杂。

2. 甲醇低压羰基化法

美国孟山都公司在20世纪70年代初开发成功的甲醇低压羰基化生产乙酸的方法，采用铑的羰基络合物与碘化物组成的催化体系。目前，对铑系、铱系、钴系和镍系等各种甲醇羰基化法制乙酸的催化体系还在不断进行研究。

甲醇低压羰基化法使甲醇和一氧化碳在水-乙酸介质中于压力2.9~3.9MPa，温度180℃左右的条件下反应，生成乙酸，即

$$CH_3OH+CO \longrightarrow CH_3COOH$$

由于催化剂的活性和选择性都很高，副产物很少，主要副反应为：

$$CO+H_2O \longrightarrow CO_2+H_2$$

副产物还有少量的乙酸甲酯、二甲醚等。

甲醇低压羰基化法生产乙酸的工艺流程如图4-2所示。

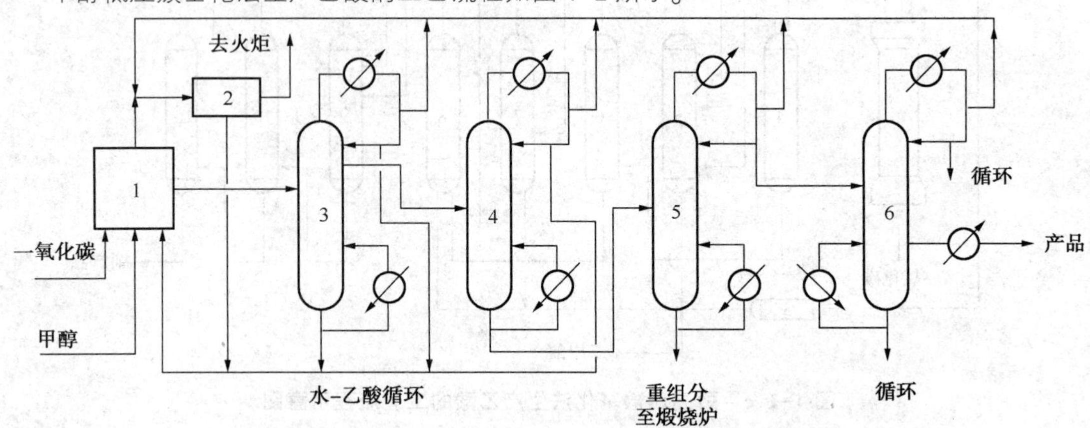

图4-2　甲醇低压羰基化法生产乙酸的工艺流程示意图

1—反应器；2—洗涤器；3—脱轻组分塔；4—脱水塔；5—脱重组分塔；6—精制塔

原料甲醇与一氧化碳和经过净化的反应尾气，进入反应器(1)进行羰基化反应，从反应系统上部出来的气体经洗涤器(2)洗涤，回收其中的粗组分(包括有机碘化物)，并循环回反应器中。从反应器中部出来的粗乙酸首先进入脱轻组分塔(3)，塔顶轻组分和塔底产物均循环回反应器。湿乙酸从脱轻组分塔侧线出料，然后在脱水塔(4)中采用普通蒸馏方法加以脱水干燥。脱水塔塔顶物即乙酸和水的混合物循环回反应器。由脱水塔塔底流出的无水乙酸送入脱重组分塔(5)，从塔底除去重组分丙酸，塔顶物在精制塔(6)中进一步提纯，采用气相侧线出料，从而得到高纯度的乙酸。精制塔的塔顶物和塔底物均循环使用。

习题

1. 乙酸在工业上的应用主要有哪些？
2. 乙酸的生产方法有哪些？
3. 叙述甲醇高压羰基化法的流程。
4. 叙述甲醇低压羰基化法的流程。
5. 写出乙醛氧化过程的反应原理。
6. 乙醛氧化产物有哪些？
7. 叙述乙醛氧化生产乙酸的工艺过程。
8. 为什么乙醛氧化反应采用鼓泡塔反应器？
9. 气液相反应器有哪几种，各有什么特征。
10. 叙述乙醛氧化反应的特征。
11. 乙醛氧化反应生产乙酸的反应机理是什么？

第五章 乙醛氧化法制备乙酸装置仿真

第一节 生产方法及反应机理

乙醛首先与空气或氧气氧化成过氧乙酸，而过氧乙酸很不稳定，在乙酸锰的催化下发生分解，同时使另一分子的乙醛氧化，生成二分子乙酸。氧化反应是放热反应。

$$CH_3CHO+O_2 \longrightarrow CH_3COOOH$$

$$CH_3COOOH+CH_3CHO \longrightarrow 2CH_3COOH$$

总的化学反应方程式为：

$$CH_3CHO + 1/2O_2 \longrightarrow CH_3COOH + 292.0kJ/mol$$

在氧化塔内，还有一系列的氧化反应，主要副产物有甲酸、甲酯、二氧化碳、水、乙酸甲酯等。

$$CH_3COOOH \longrightarrow CH_3OH+CO_2$$

$$CH_3OH+CO_2 \longrightarrow HCOOH+ H_2O$$

$$CH_3COOOH+ CH_3COOH \longrightarrow CH_3COOCH_3+ CO_2+ H_2O$$

$$CH_3OH+ CH_3COOH \longrightarrow CH_3COOCH_3+ H_2O$$

$$CH_3OH \longrightarrow CH_4+CO$$

$$CH_3CH_2OH+ CH_3COOH \longrightarrow CH_3COOC_2H_5+ H_2O$$

$$CH_3CH_2OH+ HCOOH \longrightarrow HCOOC_2H_5+ H_2O$$

$$3CH_3CHO+3O_2 \longrightarrow HCOOH+ 2CH_3COOH+ CO_2+ H2O$$

$$4CH_3CHO+5O_2 \longrightarrow 4CO_2+ 4H_2O$$

$$3CH_3CHO+2O_2 \longrightarrow CH_3CH(OCOCH_3)2+ H2O$$

$$2CH_3COOH \longrightarrow CH_3COCH_3+ CO_2+ H2O$$

$$CH_3COOH \longrightarrow CH_4+CO_2$$

乙醛氧化制乙酸的反应机理一般认为可以用自由基的链接反应机理来进行解释，常温下乙醛就可以自动地以很慢的速度吸收空气中的氧而被氧化生成过氧乙酸。

$$CH_3CHO+O_2 \longrightarrow H_3C-C(=O)-O-OH$$

过氧乙酸以很慢的速度分解生成自由基。

$$CH_3COOOH \longrightarrow H_3C-C(=O)-\overset{+}{O}\cdot OH$$

自由基 CH_3COO 引发下列的链锁反应：

$$H_3C-C(=O)-O\cdot + CH_3CHO \longrightarrow CH_3CO + \dot{C}H_3COOH$$

$$CH_3CO + O2 \longrightarrow H_3C-C(=O)-O-O\cdot$$

$$H_3C-C(=O)-O-O\cdot + CH_3CHO \longrightarrow H_3C-\overset{O}{\overset{\|}{C}} + \dot{C}H_3COOOH$$

$$H_3C-C(=O)-O-OH + CH_3CHO \longrightarrow 2CH_3COOH$$

自由基引发一系列的反应生成乙酸。但过氧乙酸是一个极不安定的化合物，积累到一定程度就会分解而引起爆炸。因此，该反应必须在催化剂存在下才能顺利进行。催化剂的作用是将乙醛氧化时生成的过氧乙酸及时分解成乙酸，而防止过氧乙酸的积累、分解和爆炸。

第二节 工艺流程简述

一、装置流程简述

本反应装置系统采用双塔串联氧化流程，主要装置有第一氧化塔 T101、第二氧化塔

T102、尾气洗涤塔 T103、氧化液中间储罐 V102、碱液储罐 V105。其中 T101 是外冷式反应塔，反应液由循环泵从塔底抽出，进入换热器中以水带走反应热，降温后的反应液再由反应器的中上部返回塔内；T102 是内冷式反应塔，它是在反应塔内安装多层冷却盘管，管内以循环水冷却。

乙醛和氧气首先在全返混型的反应器——第一氧化塔 T101 中反应(催化剂溶液直接进入 T101 内)，然后到第二氧化塔 T102 中，通过向 T102 中加氧气，进一步进行氧化反应(不再加催化剂)。第一氧化塔 T101 的反应热由外冷却器 E102A/B 移走，第二氧化塔 T102 的反应热由内冷却器移除，反应系统生成的粗乙酸送往蒸馏回收系统，制取乙酸成品。

蒸馏采用先脱高沸物，后脱低沸物的流程。

粗乙酸经氧化液蒸发器 E201 脱除催化剂，在脱高沸塔 T201 中脱除高沸物，然后在脱低沸塔 T202 中脱除低沸物，再经过成品蒸发器 E206 脱除铁等金属离子，得到产品乙酸。

从低沸塔 T202 顶出来的低沸物去脱水塔 T203 回收乙酸，含量 99%的乙酸又返回精馏系统，塔 T203 中部抽出副产物混酸，T203 塔顶出料去甲酯塔 T204。甲酯塔塔顶产出甲酯，塔釜排出废水去中和池处理。

二、 氧化系统流程简述

乙醛和氧气按配比流量进入第一氧化塔(T101)，氧气分两个入口入塔，上口和下口通氧量比约为 1∶2，氮气通入塔顶气相部分，以稀释气相中氧和乙醛。

乙醛与催化剂全部进入第一氧化塔，第二氧化塔不再补充。氧化反应的反应热由氧化液冷却器(E102A/B)移去，氧化液从塔下部用循环泵(P101A/B)抽出，经过冷却器(E102A/B)循环回塔中，循环比(循环量∶出料量)约(110~140)∶1。冷却器出口氧化液温度为 60℃，塔中最高温度为 75~78℃，塔顶气相压力 0.2MPa(表)，出第一氧化塔的氧化液中乙酸浓度在 92%~95%，从塔上部溢流去第二氧化塔(T102)。

第二氧化塔为内冷式，塔底部补充氧气，塔顶也加入保安氮气，塔顶压力 0.1MPa(表)，塔中最高温度约 85℃，出第二氧化塔的氧化液中乙酸含量为 97%~98%。

第一氧化塔和第二氧化塔的液位显示设在塔上部，显示塔上部的部分液位(全塔高 90%以上的液位)。

出氧化塔的氧化液一般直接去蒸馏系统，也可以放到氧化液中间储罐(V102)暂存。中间储罐的作用是：正常操作情况下做氧化液缓冲罐，停车或事故时存氧化液，乙酸成品不合格需要重新蒸馏时，由成品泵(P402)送来中间储存，然后用泵(P102)送蒸馏系统回炼。

两台氧化塔的尾气分别经循环水冷却的冷却器(E101)中冷却，凝液主要是乙酸，带少量乙醛，回到塔顶，尾气最后经过尾气洗涤塔(T103)吸收残余乙醛和乙酸后放空，洗涤塔下部为新鲜工艺水，上部为碱液，分别用泵(P103、P104)循环。洗涤液温度常温，洗涤液含乙酸达到一定浓度后(70%~80%)，送往精馏系统回收乙酸，碱洗段定期排放至中和池。

三、工艺技术指标

1. 控制指标(表 5-1)

表 5-1　乙醛氧化制备乙酸工艺控制指标

序号	名称	仪表信号	单位	控制指标	备注
1	T101 压力	PIC109A/B	MPa	0.19 ±0.01	
2	T102 压力	PIC112A/B	MPa	0.1 ±0.02	
3	T101 底温度	TI103A	℃	77 ±1	
4	T101 中温度	TI103B	℃	73 ±2	
5	T101 上部液相温度	TI103C	℃	68 ±3	
6	T101 气相温度	TI103E	℃	与上部液相温差大于 13℃	
7	E102 出口温度	TIC104A/B	℃	60 ±2	
8	T102 底温度	TI106A	℃	83 ±2	
9	T102 温度	TI106B	℃	85~70	
10	T102 温度	TI106C	℃	85~70	
11	T102 温度	TI106D	℃	85~70	
12	T102 温度	TI106E	℃	85~70	
13	T102 温度	TI106F	℃	85~70	
14	T102 温度	TI106G	℃	85~70	
15	T102 气相温度	TI106H	℃	与上部液相温差大于 15℃	
16	T101 液位	LIC101	%	35 ±15	
17	T102 液位	LIC102	%	35 ±15	
18	T101 加氮量	FIC101	m^3/h	150 ±50	
19	T102 加氮量	FIC105	m^3/h	75 ±25	

2. 分析项目(表 5-2)

表 5-2 乙醛氧化制备乙酸工艺分析项目

序号	名称	位号	单位	控制指标	备注
1	T101 出料含乙酸	AIAS102	%	92~95	
2	T101 出料含醛	AIAS103	%	<4	
3	T102 出料含乙酸	AIAS104	%	>97	
4	T102 出料含醛	AIAS107	%	<0. 3	
5	T101 尾气含氧	AIAS101A、B、C	%	<5	
6	T102 尾气含氧	AIAS105	%	<5	
7	T103 中含乙酸	AIAS106	%	<80	

四、工艺仿真画面

乙醛氧化制备乙酸工艺仿真画面如图 5-1~图 5-9 所示。

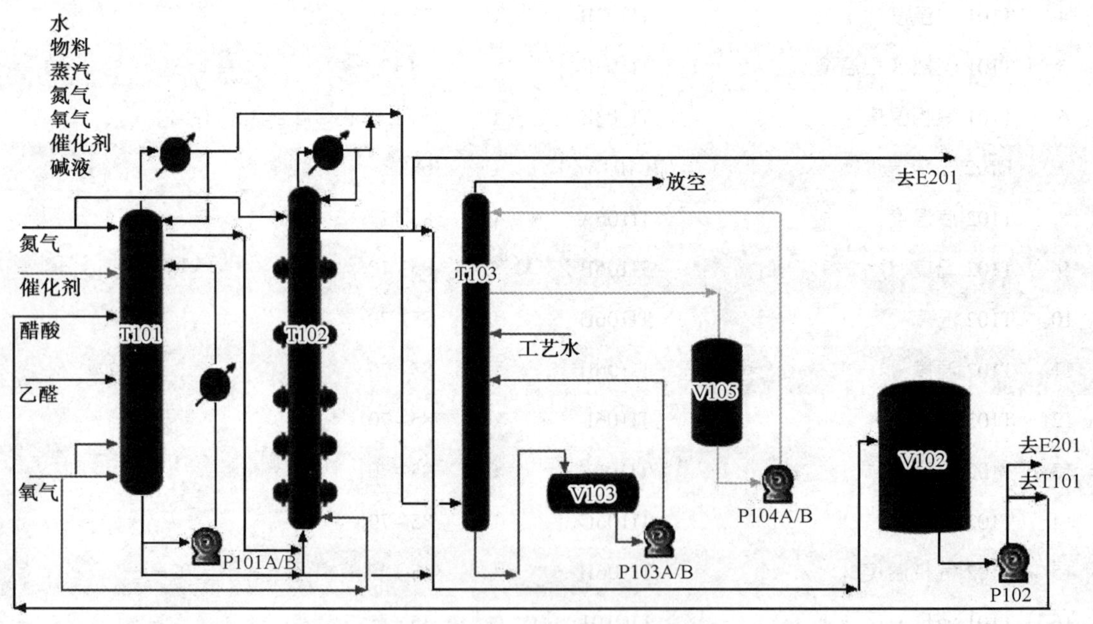

图 5-1 乙醛氧化工段流程图

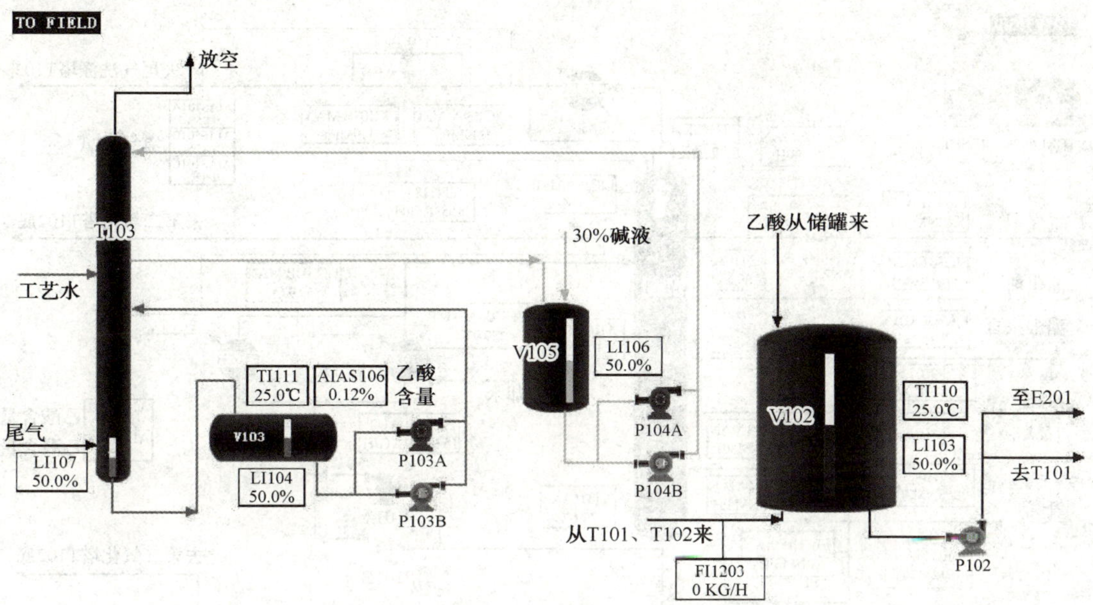

图 5-2 尾气洗涤塔和中间储罐 DCS 图

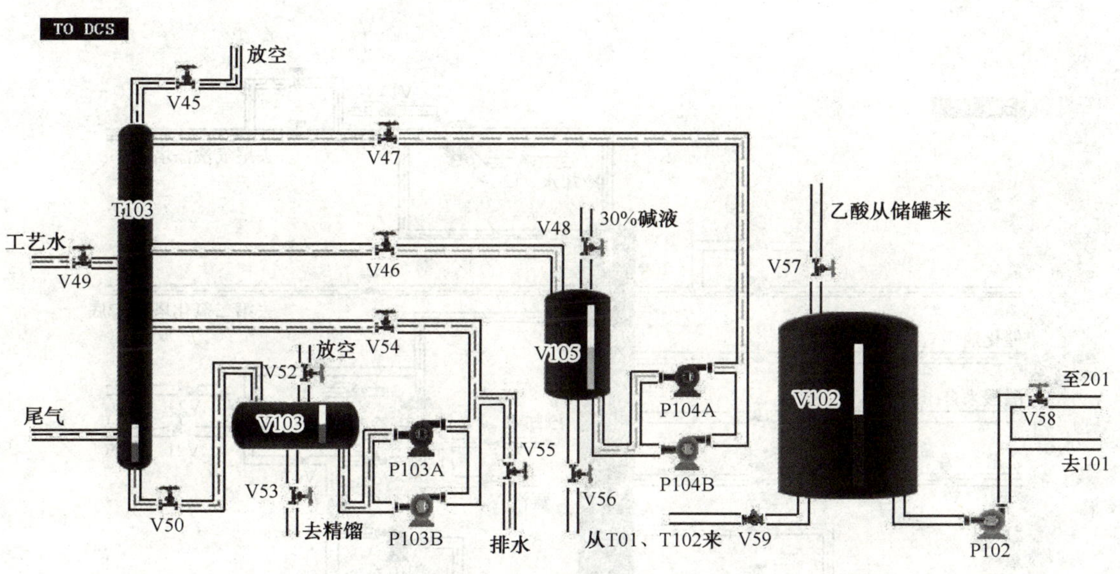

图 5-3 尾气洗涤塔和中间储罐现场图

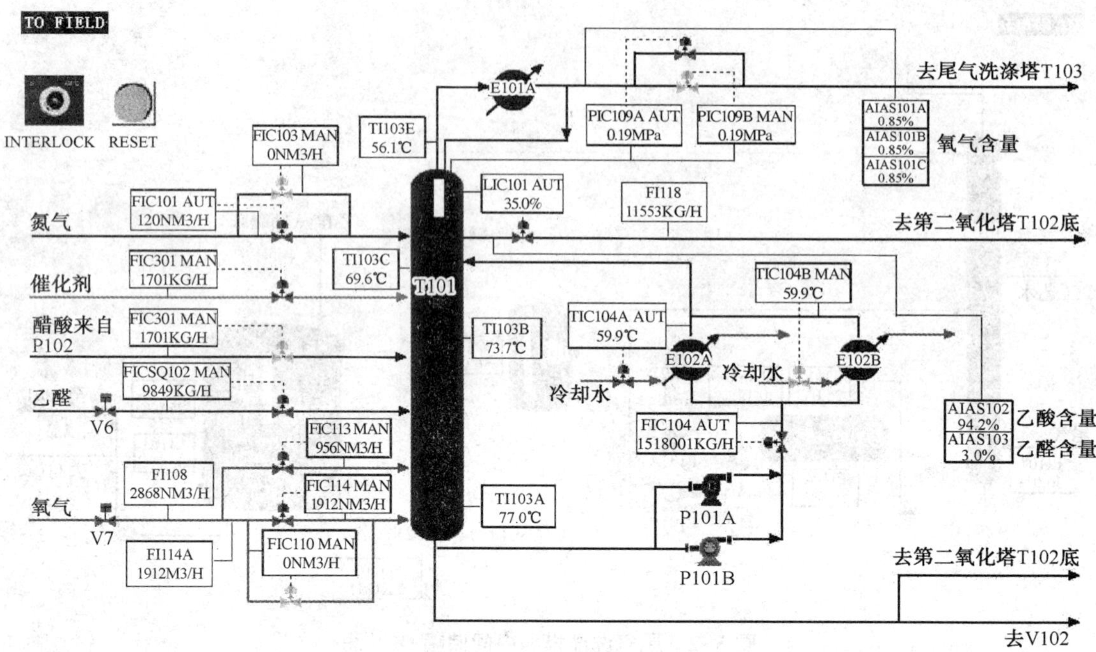

图 5-4　第一氧化塔 DCS 图

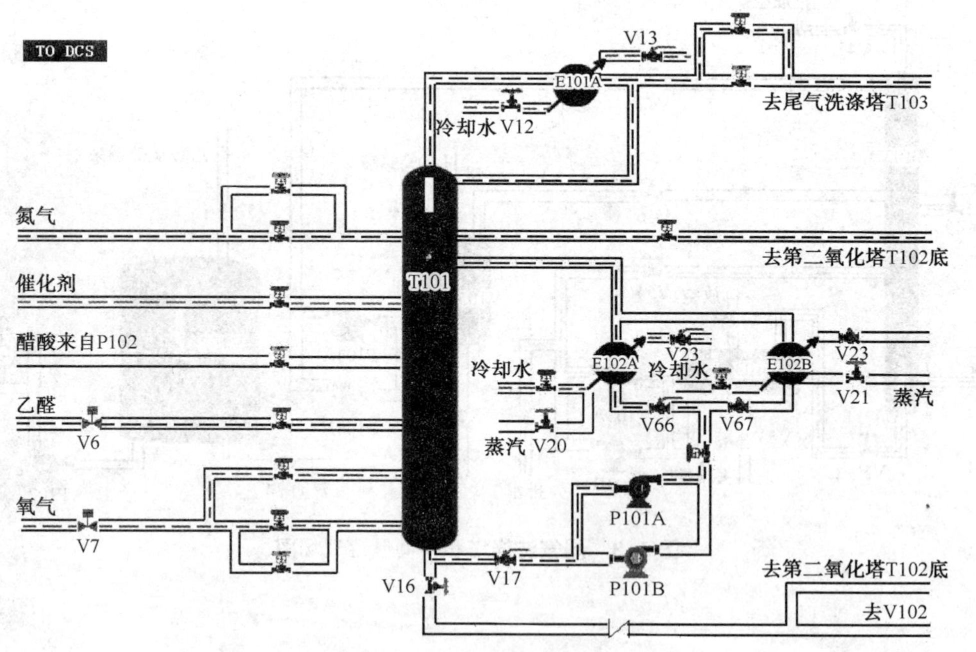

图 5-5　第一氧化塔现场图

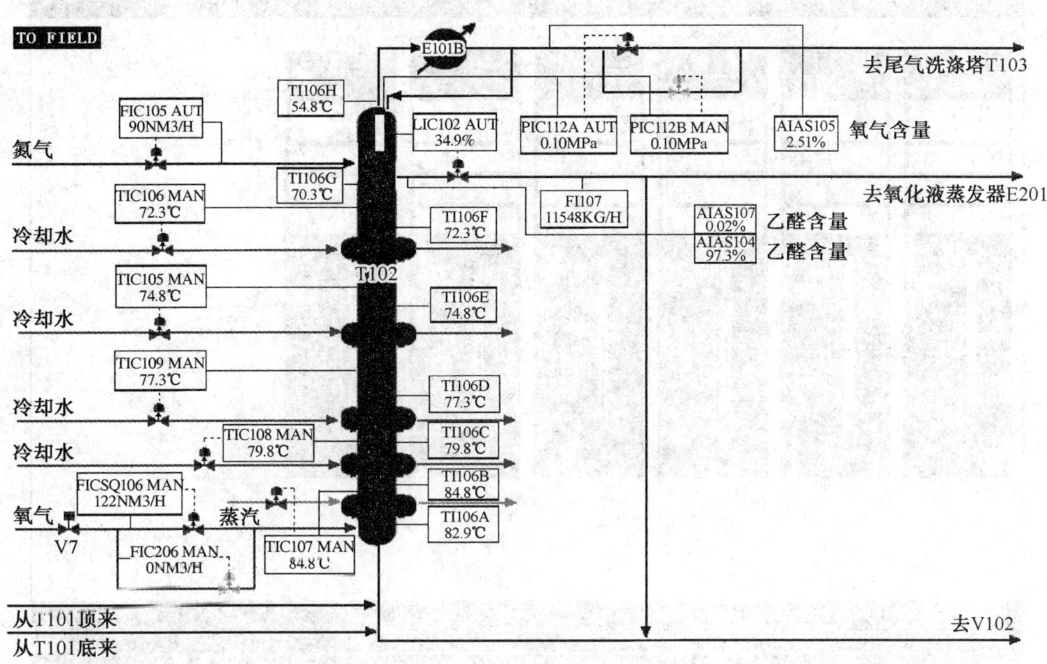

图 5-6　第二氧化塔 DCS 图

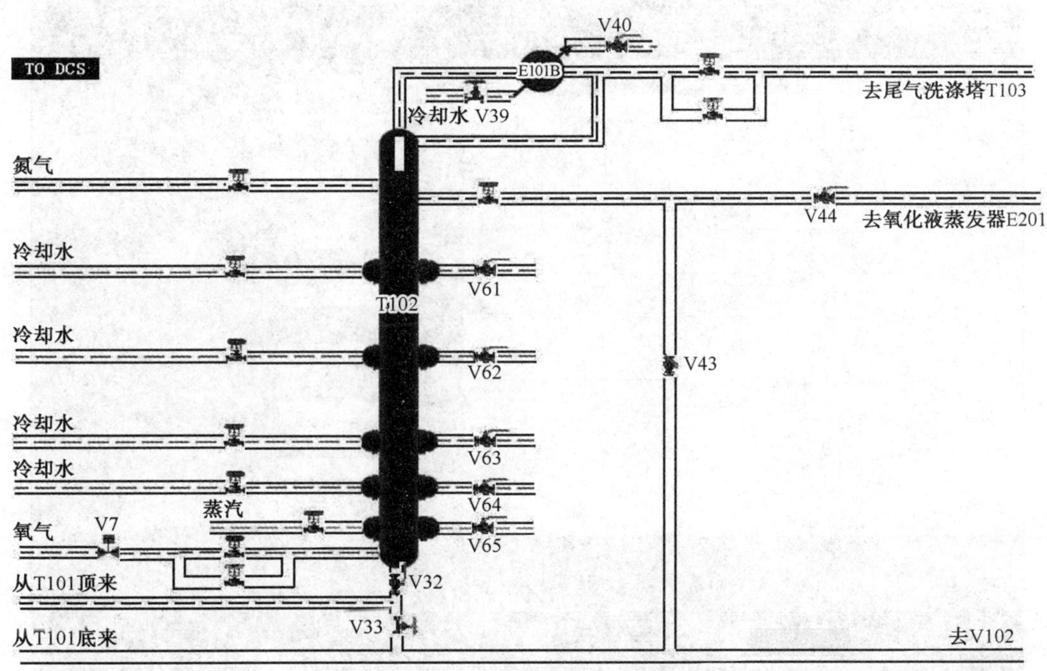

图 5-7　第二氧化塔现场图

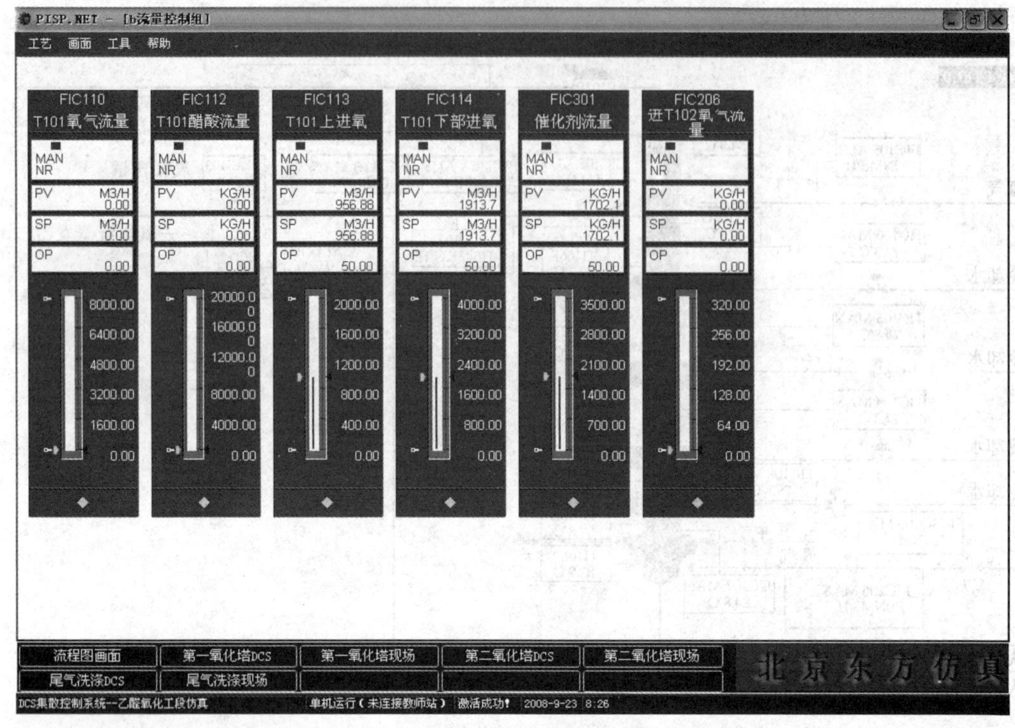

图 5-8　控制组画面

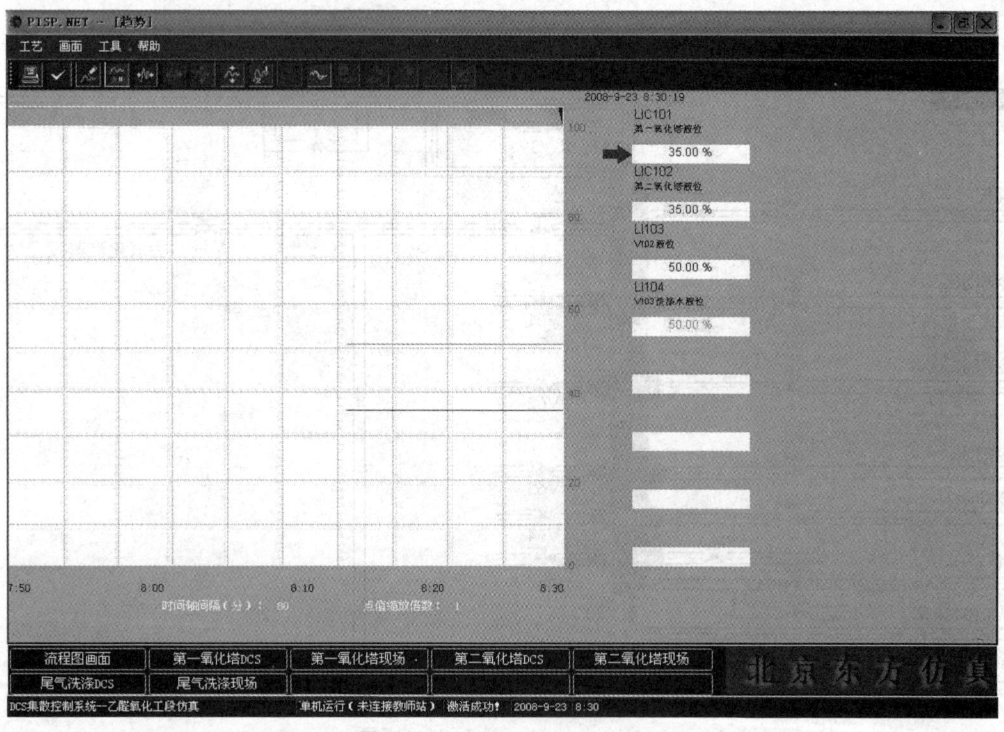

图 5-9　趋势画面

第三节 操作规程

一、冷态开车/装置开工

1. 开工应具备的条件

① 检修过的设备和新增的管线，必须经过吹扫、气密、试压、置换合格(若是氧气系统，还要脱酯处理)。

② 电气、仪表、计算机、联锁、报警系统全部调试完毕，调校合格、准确好用。

③ 机电、仪表、计算机、化验分析具备开工条件，值班人员在岗。

④ 备有足够的开工用原料和催化剂。

2. 引公用工程

3. N_2吹扫、置换气密

4. 系统水运试车

5. 酸洗反应系统

① 首先将尾气吸收塔 T103 的放空阀 V45 打开；从罐区 V402(开阀 V57)将酸送入 V102 中，而后由泵 P102 向第一氧化塔 T101 进酸，T101 见液位(约为 2%)后停泵 P102，停止进酸。

向 T101 灌乙酸时，选择"快速灌液"按钮，在 LIC101 有液位显示之前，灌液速度加速 10 倍，有液位显示之后，速度变为正常；对 T102 灌酸时类似。使用"快速灌液"只是为了节省操作时间，但并不符合工艺操作原则，由于是局部加速，有可能会造成液体总量不守衡，为保证正常操作，将"快速灌液"按钮设为一次有效性，即：只能对该按钮进行一次操作，操作后，按钮消失；如果一直不对该按钮操作，则在循环建立后，该按钮也消失。该加速过程只对"酸洗"和"建立循环"有效。

② 开氧化液循环泵 P101，循环清洗 T101。

③ 用 N_2将 T101 中的酸经塔底压送至第二氧化塔 T102，T102 见液位后关来料阀停止进酸。

④ 将 T101 和 T102 中的酸全部退料到 V102 中，供精馏开车。

⑤ 重新由 V102 向 T101 进酸，T101 液位达 30%后向 T102 进料，精馏系统正常出料，建立全系统酸运大循环。

具体步骤如下：

- 开启尾气吸收塔 T103 的放空阀 V45(50%)(为节省时间，可使用“快速灌液”)。
- 开启氧化液中间储罐 V102 的现场阀 V57(50%)，向其中注酸。
- 开启 V102 的输液泵 P102，向第一氧化塔 T101 注酸。
- 打开 T101 进酸控制阀 FIC112。
- V102 的液位 LI103 超过 50%后，关闭阀 V57，停止向 V102 注酸。
- T101 的液位 LIC101 大于 2%后，关闭泵 P102，停止向 T101 注酸。
- 关闭 T101 注酸控制阀 FIC112。
- 开启 T101 的循环泵 P101A/B 的前阀 V17。
- 开启泵 P101A，酸洗第一氧化塔 T101。
- 开启泵 P101B(备用)。
- 打开酸洗回路阀 V66。
- 打开酸洗回路的流量控制阀 FIC104(20%)。
- 关闭泵 P101A，停止酸洗。
- 关闭泵 P101B。
- 关闭酸洗回路的流量控制阀 FIC104。
- 开启 T101 的氮气控制阀 FIC101，将酸压至第二氧化塔 T102 中。
- 开启 T101 的氮气控制阀 FIC103(备用)。
- 开启 T101 底阀 V16，向 T102 压酸。
- 开启 T102 底阀 V32，由 T101 向 T102 压酸。
- 开启 T102 的底部控制阀 V33，由 T101 向 T102 压酸。
- T102 液位 LIC102 大于 0 后，关闭 T101 的进氮气控制阀 FIC101。
- 关闭 FIC103。
- 开启 T102 的进氮气控制阀 FIC105，向 V102 压酸。
- 开启 V102 的回酸阀 V59，将 T101、T102 中的酸打回 V102。
- 压酸结束后，关闭 T102 的进氮气控制阀 FIC105。
- 压酸结束后，关闭 T101 的底阀 V16。
- 压酸结束后，关闭 T102 底阀 V32。
- 压酸结束后，T102 的底部控制阀 V33。
- 压酸结束后，关闭 V102 的回酸阀 V59。
- 开启 T101 的压力调节阀 PIC109A，放空 T101 内的气体。
- 开启 PIC109B(备用)。

- 开启 T102 的压力调节阀 PIC112A，放空 T102 内的气体。
- 开启 PIC112B(备用)。
- 放空结束，关闭 T101 的压力调节阀 PIC109A。
- 放空结束，关闭 T101 的压力调节阀 PIC109B。
- 放空结束，关闭 T102 的压力调节阀 PIC112A。
- 放空结束，关闭 T102 的压力调节阀 PIC112B。

6. 全系统大循环和精馏系统闭路循环

① 氧化系统酸洗合格后，要进行全系统大循环：

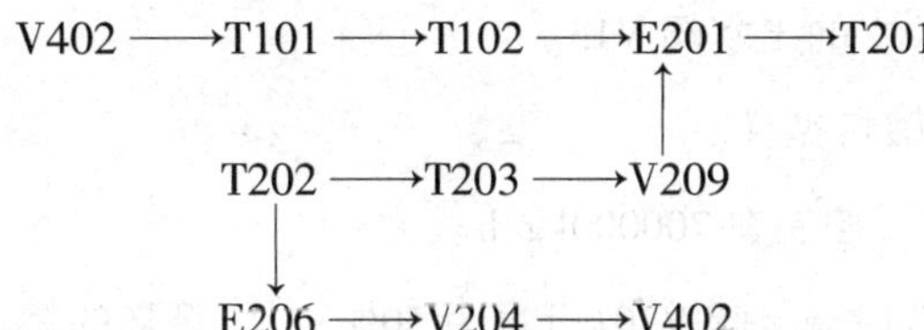

② 在氧化塔配制氧化液和开车时，精馏系统需闭路循环。脱水塔 T203 全回流操作，成品乙酸泵 P204 向成品乙酸储罐 V402 出料，P402 将 V402 中的酸送到氧化液中间罐 V102，由氧化液输送泵 P102 送往氧化液蒸发器 E201 构成下列循环(属另一工段)：

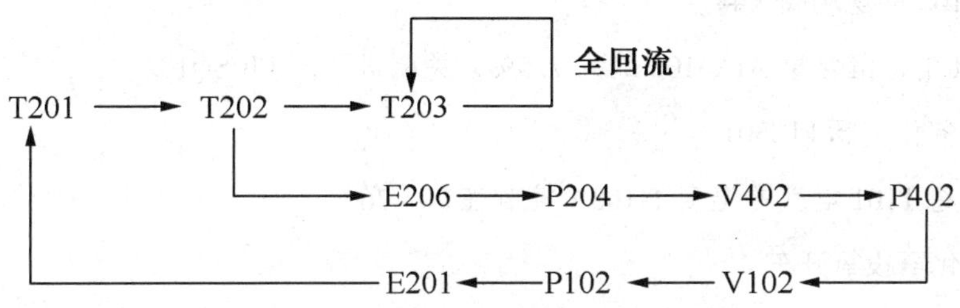

步骤如下：

- 开启泵 P102，由 V102 向 T101 中注酸。
- 全开 T101 注酸控制阀 FIC112。
- 当 LIC101 大于 30%时，开启 LIC101(开度约 50%)，根据 LIC101 液位随时调整。
- 开启 T102 底阀 V32，向 T102 进酸。
- 当 LIC102 大于 30%时，开启 LIC102(开度约 50%)，根据 LIC102 液位随时调整。
- 开启 T102 的现场阀 V44，向精馏系统出料，建立循环。

7. 第一氧化塔配制氧化液

向 T101 中加乙酸，见液位后(LIC101 约为 30%)，停止向 T101 进酸。向其中加入少量醛和催化剂，同时打开泵 P101A/B 打循环，开 E102A 为氧化液循环液通蒸汽加热，循环流量保持在 700000kg/h(通氧前)，氧化液温度保持在 70～76℃，直到使浓度符合要求(醛含量约为 7.5%)。

- 将 LIC101 调至 30%左右，停泵 P102。
- 关闭 T101 注酸控制阀 FIC112。
- 关闭 T101 的液位控制器 LIC101。
- 开启乙醛进料调节阀 FICSQ102（缓加，根据乙醛含量 AIAS103 来调整其开度），使 AIAS103 约为 7.5%。
- 开启催化剂进料调节阀 FIC301（缓加，根据乙醛进量调整其开度，使其流量约为 FICSQ102 的 1/6），向第一氧化塔 T101 中注入催化剂。
- 开启 T101 顶部冷却水的进水阀 V12。
- 开启 T101 顶部冷却水的出水阀 V13。
- 开启泵 P101A，将酸打循环。
- 打开 FIC104，将流量控制在 700000kg/h。
- 开换热器 E102 的入口调节阀 V20（开度为 50%），为循环的氧化液加热。
- 开启换热器 E102 的出口阀 V22，使液相温度 TI103A 升高。
- 关闭 T102 的液位调节器 LIC102。
- 关闭 T102 的现场阀 V44。
- 当 T101 的乙醛含量 AIAS103 约为 7.5%，关闭进醛阀 FICSQ102。
- 关闭进催化剂阀 FIC301。
- 通氧前将 T101 塔底的温度 TI103A 控制在 70~76℃。

8. 第一氧化塔投氧开车

① 投氧开车前将联锁投入自动。

② 投氧前氧化液温度保持在 70~76℃，氧化液循环量 FIC104 控制在 700000kg/h。

③ 控制 FIC101 使 N_2流量为 120m^3/h（备用）。

步骤如下：

- 投氧开车前，将联锁 INTERLOCK 打向 AUTO，使 T101、T102 的氧含量不高于 8%，液位不高于 80%。
- 开启 FIC101，使进氮气量为 120m^3/h。
- 开启 FIC103，使进氮气量为 120m^3/h（备用）。
- 将 T101 的塔顶压力调节器 PIC109A 投自动，设为 0.19MPa。
- 将 T101 的塔顶压力调节器 PIC109B 投自动，设为 0.19MPa。
- 投氧前将 T101 的液位 LIC101 调至 20%~30%。
- 关闭 T101 的液位控制器 LIC101。

④ 通氧。

步骤如下：

- 当 T101 的液相温度 TI103A 高于 70℃时，开启进氧气控制阀 FIC110，初始投氧量小于 $100m^3/h$。
- 开启 FICSQ102（根据投氧量来调整其开度），使 FICSQ102 的流量约为投氧量的 2.5～3 倍。
- 开启 FIC301（根据乙醛进量调整其开度，使其流量约为 FICSQ102 的 1/6）。

首先特别注意两个参数的变化：LIC101 液位上涨情况；尾气含氧量 AIAS101 三块表是否上升。

其次，随时注意塔底液相温度、尾气温度和塔顶压力等工艺参数的变化。

如果液位上涨停止然后下降，同时尾气含氧稳定，说明初始引发较理想，逐渐提高投氧量。

- 逐渐增大 FIC110 到 $320m^3/h$，并开 FIC114 投氧（开度小于 50%）。
- 逐渐增大 FIC114 到 $620m^3/h$，关闭小投氧阀 FIC110。
- FIC 114 投氧量达到 $1000m^3/h$ 后，可开启 FIC 113 上部通氧，FIC 113 与 FIC 114 的投氧比为 1∶2。

原则要求：投氧在 $0～400m^3/h$ 之内，投氧要慢。如果吸收状态好，要多次小量增加氧量。$400～1000m^3/h$ 之内，如果反应状态好要加大投氧幅度，特别注意尾气的变化及时加大 N_2 量。

- T101 塔液位过高时要及时向 T102 塔出料。当投氧到 $400m^3/h$ 时，将循环量逐渐加大到 850000kg/h；循环量要根据投氧量和反应状态的好坏逐渐加大。同时根据投氧量和酸的浓度适当调节醛和催化剂的投料量。

⑤ 调节方式：

a. 将 T101 塔顶保安 N_2 开到 $120m^3/h$，氧化液循环量 FIC104 调节为 500000～700000kg/h，塔顶 PIC109A/B 控制为正常值 0.2MPa。将氧化液冷却器（E102A/B）中的一台 E102A 改为投用状态，调节阀 TIC104B 备用。关闭 E102A 的冷却水，通入蒸汽给氧化液加热，使氧化液温度稳定在 70～76℃。调节 T101 塔液位为 25%±5%，关闭出料调节阀 LIC101，按投氧方式以最小量投氧，同时观察液位、气液相温度及塔顶、尾气中含氧量变化情况。当液位升高至 60%以上时需向 T102 塔出料降低一下液位。当尾气含氧量上升时要加大 FIC101 氮气量，若继续上升氧含量（体积分数）达到 5%打开 FIC103 旁路氮气，并停止提氧。若液位下降一定量后处于稳定，尾气含氧量下降为正常值后，氮气调回 $120m^3/h$，含氧仍小于 5%并有回降趋势，液相温度上升快，气相温度上升慢，有稳定趋势，此时小量增加通氧量，同时观察各项指标。若正常，继续适当增加通氧量，直至正常。

- 当换热器 E 102A 的出口温度上升至 85℃时，关闭阀 V20，停止蒸汽加热。
- 当 T101 的投氧量达到 1000m^3/h 时，且液相温度达到 90℃时，全开 TIC104A 投冷却水。
- LIC101 超过 60%且投氧正常后，将 LIC101 投自动设为 35%，向 T102 出料。

待液相温度上升至 84℃时，关闭 E102A 加热蒸汽。

当投氧量达到 1000m^3/h 以上时，且反应状态稳定或液相温度达到 90℃时，关闭蒸汽，开始投冷却水。开 TIC104A，注意开水速度应缓慢，注意观察气液相温度的变化趋势，当温度稳定后再提投氧量。投水要根据塔内温度勤调，不可忽大忽小。在投氧量增加的同时，要对氧化液循环量做适当调节。

b. 投氧正常后，取 T101 氧化液进行分析，调整各项参数，稳定一段时间后，根据投氧量按比例投醛，投催化剂。液位控制为 35%±5%向 T102 出料。

c. 在投氧后，来不及反应或吸收不好，液位升高不下降或尾气含氧增高到 5%时，关小氧气，增大氮气量后，液位继续上升至 80%或含氧继续上升至 8%，联锁停车，继续加大氮气量，关闭氧气调节阀。取样分析氧化液成分，确认无问题时，再次投氧开车。

关注：

- T101 的塔顶压力 PIC109A/B。
- T101 出料中乙酸的含量 AIAS102。
- T101 出料中醛的含量 AIAS103。
- T101 尾气中氧气的含量 AIAS101A。
- T101 尾气中氧气的含量 AIAS101B。
- T101 尾气中氧气的含量 AIAS101C。

9. 第二氧化塔投氧

- 开启 T102 顶部的冷却水进水阀 V39。
- 开启 T102 顶部的冷却水出口阀 V40。
- 开启 FIC105，使进氮气量为 90m^3/h。
- 将 T102 的塔顶压力调节器 PIC112A 投自动，设为 0. 1MPa。
- 将 T102 的塔顶压力调节器 PIC112B 投自动，设为 0. 1MPa(备用)。
- 开启蒸汽阀 TIC107 和 V65，使 TI106B 保持在 70~85℃。
- 开启 T102 的进氧控制阀 FICSQ106，投氧。
- 开启 TIC106 和 V61，使 TI106F 保持在 70~85℃。

- 开启 TIC105 和 V62，使 TI106E 保持在 70~85℃。
- 开启 TIC108 和 V64，使 TI106D 保持在 70~85℃。
- 开启 TIC109 和 V63，使 TI106C 保持在 70~85℃。
- T102 的塔顶压力 PIC112A/B。
- T102 出料中乙酸的含量 AIAS104。
- T102 出料中醛的含量 AIAS107。
- T102 尾气中氧气的含量 AIAS105。

10. 吸收塔投用

- 打开 T103 的进水调节阀 V49(50%)，将 LIC107 维持在 50%左右。
- 开启阀 V50，向 V103 中备工艺水，将 LIC104 维持在 50%左右。
- 氧化塔投氧前，开启泵 P103A。
- 开启泵 P103B(备用)。
- 开启调节阀 V54(50%)，投用工艺水。
- 开启排水阀 V55。
- 开启阀 V48，向碱液储罐 V105 中备料(碱液)。
- 当碱液储罐 V105 中的液位超过 50%时，关阀 V48。
- 投氧后开 P104A，向 T103 中投用吸收碱液。
- 开 P104B(备用)。
- 开启调节阀 V47，投用碱吸收液。
- 开启调节阀 V46，回流洗涤塔 T103 内的碱液。
- 将尾气吸收塔 T103 的液位 LI107 维持在 30%~70%。
- 将洗涤液储罐 V103 的液位 LI104 维持在 30%~70%。
- 将碱液储罐 V105 的液位 LI106 维持在 30%~70%。
- 如工艺水中乙酸含量达到 80%时，开阀 V51 向精馏系统排放工艺水。

11. 氧化塔出料

当氧化液符合要求时，开 LIC102，将 T102 的液位 LIC102 投自动，设为 35%；

开 T102 的现场阀 V44 向氧化液蒸发器 E201 出料。

注：调平衡要求

- 将 FICSQ102 投自动，设为 9582kg/h。
- 将 FIC301 投自动，设为 1702kg/h，约为进酸量的 1/6。

- 将 FIC114 投自动，设为 1914m^3/h，约为投醛量的 0.35~0.4 倍。
- 将 FIC113 投自动设为 957m^3/h，约为 FIC114 流量的 1/2。
- 将 FIC101 投自动，设为 120m^3/h。
- 将 FIC103 投自动，设为 120m^3/h(备用)。
- 将 FIC104 投自动，设为 1518000kg/h。
- 将 TIC104A 投自动，设为 60℃。
- 将 TIC107 投自动，设为 84℃。
- 将 FIC105 投自动，设为 90m^3/h。
- 将 FICSQ106 投自动，设为 122m^3/h。

冷态开车操作评分如表 5-3 所示。

表 5-3 冷态开车操作评分

项 目	应得	实得	操作步骤说明
开车前准备(酸洗反应系统)：过程正在评分	145.00	0.00	该过程历时 66s
	5.00	0.00	开启尾气吸收塔 T103 的放空阀 V45(50%)(为节省时间，可使用"快速灌液")
	5.00	0.00	开启氧化液中间储罐 V102 的现场阀 V57(50%)，向其中注酸
	5.00	0.00	开启 V102 的输液泵 P102，向第一氧化塔 T101 注酸
	5.00	0.00	打开 T101 进酸控制阀 FIC112
	5.00	0.00	V102 的液位 LI103 超过 50%后，关闭阀 V57，停止向 V102 注酸
	5.00	0.00	T101 的液位 LIC101 大于 2%后，关闭泵 P102，停止向 T101 注酸
	5.00	0.00	关闭 T101 注酸控制阀 FIC112
	5.00	0.00	开启 T101 的循环泵 P101A/B 的前阀 V17
	5.00	0.00	开启泵 P101A，酸洗第一氧化塔 T101
	5.00	0.00	开启泵 P101B(备用)
	5.00	0.00	打开酸洗回路阀 V66
	5.00	0.00	打开酸洗回路的流量控制阀 FIC104(20%)
	5.00	0.00	关闭泵 P101A，停止酸洗
	5.00	0.00	关闭泵 P101B
	5.00	0.00	关闭酸洗回路的流量控制阀 FIC104
	5.00	0.00	开启 T101 的氮气控制阀 FIC101，将酸压至第二氧化塔 T102 中

续表

项　　目	应得	实得	操作步骤说明
	5.00	0.00	开启 T101 的氮气控制阀 FIC103(备用)
	5.00	0.00	开启 T101 底阀 V16，向 T102 压酸
	5.00	0.00	开启 T102 底阀 V32，由 T101 向 T102 压酸
	5.00	0.00	开启 T102 的底部控制阀 V33，由 T101 向 T102 压酸
	5.00	0.00	T102 液位 LIC102 大于 0 后，关闭 T101 的进氮气控制阀 FIC101
	5.00	0.00	关闭 FIC103
	5.00	0.00	开启 T102 的进氮气控制阀 FIC105，向 V102 压酸
	5.00	0.00	开启 V102 的回酸阀 V59，将 T101、T102 中的酸打回 V102
	5.00	0.00	压酸结束后，关闭 T102 的进氮气控制阀 FIC105
	5.00	0.00	压酸结束后，关闭 T101 的底阀 V16
	5.00	0.00	压酸结束后，关闭 T102 底阀 V32
	5.00	0.00	压酸结束后，T102 的底部控制阀 V33
	5.00	0.00	压酸结束后，关闭 V102 的回酸阀 V59
	5.00	0.00	开启 T101 的压力调节阀 PIC109A，放空 T101 内的气体
	5.00	0.00	开启 PIC109B(备用)
	5.00	0.00	开启 T102 的压力调节阀 PIC112A，放空 T102 内的气体
	5.00	0.00	开启 PIC112B(备用)
	5.00	0.00	放空结束，关闭 T101 的压力调节阀 PIC109A
	5.00	0.00	放空结束，关闭 T101 的压力调节阀 PIC109B
	5.00	0.00	放空结束，关闭 T102 的压力调节阀 PIC112A
	5.00	0.00	放空结束，关闭 T102 的压力调节阀 PIC112B
建立循环：过程起始条件不满足!	30.00	0.00	该过程历时 0s
	5.00	0.00	开启泵 P102，由 V102 向 T101 中注酸
	5.00	0.00	全开 T101 注酸控制阀 FIC112
	5.00	0.00	当 LIC101 大于 30% 时，开启 LIC101(开度约 50%)，根据 LIC101 液位随时调整
	5.00	0.00	开启 T102 底阀 V32，向 T102 进酸
	5.00	0.00	当 LIC102 大于 30% 时，开启 LIC102(开度约 50%)，根据 LIC102 液位随时调整
	5.00	0.00	开启 T102 的现场阀 V44，向精馏系统出料，建立循环

续表

项　　目	应得	实得	操作步骤说明
配制氧化液：过程起始条件不满足！	85.00	0.00	该过程历时 0s
	5.00	0.00	将 LIC101 调至 30%左右，停泵 P102
	5.00	0.00	关闭 T101 注酸控制阀 FIC112
	5.00	0.00	关闭 T101 的液位控制器 LIC101
	5.00	0.00	开启乙醛进料调节阀 FICSQ102(缓加，根据乙醛含量 AIAS103 来调整其开度)，使 AIAS103 约为 7.5%
	5.00	0.00	开启催化剂进料调节阀 FIC301(缓加，根据乙醛进量调整其开度，使其流量约为 FICSQ102 的 1/6)，向第一氧化塔 T101 中注入催化剂
	5.00	0.00	开启 T101 顶部冷却水的进水阀 V12
	5.00	0.00	开启 T101 顶部冷却水的出水阀 V13
	5.00	0.00	开启泵 P101A，将酸打循环
	5.00	0.00	打开 FIC104，将流量控制在 700000kg/h
	5.00	0.00	开换热器 E102 的入口调节阀 V20(开度为 50%)，为循环的氧化液加热
	5.00	0.00	开启换热器 E102 的出口阀 V22，使液相温度 TI103A 升高
	5.00	0.00	关闭 T102 的液位调节器 LIC102
	5.00	0.00	关闭 T102 的现场阀 V44
	5.00	0.00	当 T101 的乙醛含量 AIAS103 约为 7.5%，关闭进醛阀 FICSQ102
	5.00	0.00	关闭进催化剂阀 FIC301
	10.00	0.00	通氧前将 T101 塔底的温度 TI103A 控制在 70~76℃
第一氧化塔投氧开车：过程起始条件不满足！	210.00	0.00	该过程历时 0s
	5.00	0.00	投氧开车前，将联锁 INTERLOCK 打向 AUTO，使 T101、T102 的氧含量不高于 8%，液位不高于 80%
	5.00	0.00	开启 FIC101，使进氮气量为 120m^3/h
	5.00	0.00	开启 FIC103，使进氮气量为 120m^3/h(备用)
	5.00	0.00	将 T101 的塔顶压力调节器 PIC109A 投自动，设为 0.19MPa
	5.00	0.00	将 T101 的塔顶压力调节器 PIC109B 投自动，设为 0.19MPa
	5.00	0.00	投氧前将 T101 的液位 LIC101 调至 20%~30%
	5.00	0.00	关闭 T101 的液位控制器 LIC101
	5.00	0.00	当 T101 的液相温度 TI103A 高于 70℃时，开启进氧气控制阀 FIC110，初始投氧量小于 100m^3/h

续表

项　　目	应得	实得	操作步骤说明
	5.00	0.00	开启 FICSQ102(根据投氧量来调整其开度)，使 FICSQ102 的流量约为投氧量的 2.5~3 倍
	5.00	0.00	开启 FIC301(根据乙醛进量调整其开度，使其流量约为 FICSQ102 的 1/6)
	5.00	0.00	逐渐增大 FIC110 到 $320m^3/h$，并开 FIC114 投氧(开度小于 50%)
	5.00	0.00	逐渐增大 FIC114 到 $620m^3/h$，关闭小投氧阀 FIC110
	5.00	0.00	增大 FIC114 到 $1000m^3/h$，开启 FIC113，使其流量约为 FIC114 的 1/2
	5.00	0.00	当换热器 E 102A 的出口温度上升至 85℃时，关闭阀 V20，停止蒸汽加热
	5.00	0.00	当 T101 的投氧量达到 $1000m^3/h$ 时，且液相温度达到 90℃时，全开 TIC104A 投冷却水
	5.00	0.00	LIC101 超过 60%且投氧正常后，将 LIC101 投自动设为 35%，向 T102 出料
	20.00	0.00	T101 的塔顶压力 PIC109A/B
	30.00	0.00	T101 出料中乙酸的含量 AIAS102
	30.00	0.00	T101 出料中醛的含量 AIAS103
	20.00	0.00	T101 尾气中氧气的含量 AIAS101A
	20.00	0.00	T101 尾气中氧气的含量 AIAS101B
	20.00	0.00	T101 尾气中氧气的含量 AIAS101C
第二氧化塔投氧开车：过程起始条件不满足！	150.00	0.00	该过程历时 0s
	5.00	0.00	开启 T102 顶部的冷却水进水阀 V39
	5.00	0.00	开启 T102 顶部的冷却水出口阀 V40
	5.00	0.00	开启 FIC105，使进氮气量为 $90m^3/h$
	5.00	0.00	将 T102 的塔顶压力调节器 PIC112A 投自动，设为 0.1MPa
	5.00	0.00	将 T102 的塔顶压力调节器 PIC112B 投自动，设为 0.1MPa(备用)
	5.00	0.00	开启蒸汽阀 TIC107 和 V65，使 TI106B 保持在 70~85℃
	5.00	0.00	开启 T102 的进氧控制阀 FICSQ106，投氧
	5.00	0.00	开启 TIC106 和 V61，使 TI106F 保持在 70~85℃
	5.00	0.00	开启 TIC105 和 V62，使 TI106E 保持在 70~85℃
	5.00	0.00	开启 TIC108 和 V64，使 TI106D 保持在 70~85℃
	5.00	0.00	开启 TIC109 和 V63，使 TI106C 保持在 70~85℃

续表

项　　目	应得	实得	操作步骤说明
	20.00	0.00	T102 的塔顶压力 PIC112A/B
	30.00	0.00	T102 出料中乙酸的含量 AIAS104
	30.00	0.00	T102 出料中醛的含量 AIAS107
	20.00	0.00	T102 尾气中氧气的含量 AIAS105
吸收塔投用：过程正在评分	80.00	0.00	该过程历时 66s
	5.00	0.00	打开 T103 的进水调节阀 V49(50%)，将 LIC107 维持在 50%左右
	5.00	0.00	开启阀 V50，向 V103 中备工艺水，将 LIC104 维持在 50%左右
	5.00	0.00	氧化塔投氧前，开启泵 P103A
	5.00	0.00	开启泵 P103B(备用)
	5.00	0.00	开启调节阀 V54(50%)，投用工艺水
	5.00	0.00	开启排水阀 V55
	5.00	0.00	开启阀 V48，向碱液储罐 V105 中备料(碱液)
	5.00	0.00	当碱液储罐 V105 中的液位超过 50%时，关阀 V48
	5.00	0.00	投氧后开 P104A，向 T103 中投用吸收碱液
	5.00	0.00	开 P104B(备用)
	5.00	0.00	开启调节阀 V47，投用碱吸收液
	5.00	0.00	开启调节阀 V46，回流洗涤塔 T103 内的碱液
	10.00	0.00	将尾气吸收塔 T103 的液位 LI107 维持在 30%~70%
	10.00	0.00	将洗涤液储罐 V103 的液位 LI104 维持在 30%~70%
	10.00	0.00	将碱液储罐 V105 的液位 LI106 维持在 30%~70%
氧化系统出料：过程起始条件不满足!	10.00	0.00	该过程历时 0s
	5.00	0.00	将 T102 的液位 LIC102 投自动，设为 35%
	5.00	0.00	开 T102 的现场阀 V44，向精馏系统出料
调至平衡：过程起始条件不满足!	50.00	0.00	该过程历时 0s
	5.00	0.00	将 FICSQ102 投自动，设为 9582kg/h
	5.00	0.00	将 FIC301 投自动，设为 1702kg/h，约为进酸量的 1/6
	5.00	0.00	将 FIC114 投自动，设为 1914m³/h，约为投醛量的 0.35~0.4 倍
	5.00	0.00	将 FIC113 投自动设为 957m³/h，约为 FIC114 流量的 1/2

续表

项　目	应得	实得	操作步骤说明
	5.00	0.00	将 FIC101 投自动，设为 120m³/h
	5.00	0.00	将 FIC103 投自动，设为 120m³/h(备用)
	5.00	0.00	将 FIC104 投自动，设为 1518000kg/h
	5.00	0.00	将 TIC104A 投自动，设为 60℃
	5.00	0.00	将 TIC107 投自动，设为 84℃
	5.00	0.00	将 FIC105 投自动，设为 90m³/h
	5.00	0.00	将 FICSQ106 投自动，设为 122m³/h
质量评分：过程正在评分	70.00	0.00	该过程历时 66s
	20.00	0.00	T101 的塔底温度 TI103A
	10.00	0.00	冷却器 E102 的出口温度 TI104A/B
	10.00	0.00	T101 的液位 LIC101
	10.00	0.00	T102 的液位 LIC102
	20.00	0.00	T102 的塔底温度 TI106A
扣分步骤：过程正在评分	0.00	0.00	该过程历时 66s
	20.00	0.00	氧化液中间储罐 V102 的液位 LI103 超过 95%
	20.00	0.00	洗涤液储罐 V103 中乙酸的含量 AIAS106 高于 80%
	20.00	0.00	碱液储罐 V105 的液位 LI106 超过 95%

二、正常停车

1. 氧化系统停车

- 关闭 T101 的进醛控制阀 FICSQ102，并逐渐减少进氧量。
- 关闭 T101 的进催化剂控制阀 FIC301。
- 当 T101 中醛的含量 AIAS103 降至 0.1%以下时，关闭其主进氧阀 FIC114。
- 关闭 T101 的副进氧阀 FIC113。
- 关闭 T102 的进氧阀 FICSQ106。
- 关闭 T102 的蒸汽控制阀 TIC107 和 V65。
- 醛被氧化完后，开启 T101 塔底阀门 V16。
- 开启 T102 塔底阀门 V33，逐步退料到 V102 中。
- 开启氧化液中间储罐 V102 的回料阀 V59。
- 开泵 P102。

- 开阀 V58，送精馏处理。
- 将 T101 的循环控制阀 FIC104 设为手动，关闭。
- 关闭 T101 的泵 P101A，停循环。
- 将 T101 的换热器 E102A 的冷却水控制阀 TIC104A 设为手动，关闭。
- 将 T101 液位控制阀 LIC101 设为手动，关闭。
- 将 T102 液位控制阀 LIC102 设为手动，关闭。
- 关闭 V44。
- 关闭 T102 的冷却水控制阀 TICC106 和 V61。
- 关闭 T102 的冷却水控制阀 TIC105 和 V62。
- 关闭 T102 的冷却水控制阀 TIC109 和 V63。
- 关闭 T102 的冷却水控制阀 TIC108 和 V64。
- 将 T101 的进氮气阀 FIC101 设为手动，关闭。
- 将 T101 压力控制阀 PIC109A 设为手动，关闭。
- 将 T102 的进氮气阀 FIC105 设为手动，关闭。
- 将 T102 压力控制阀 PIC112A 设为手动，关闭。
- 将联锁打向“BP”。

2. 洗涤塔停车

- 关工艺水入口阀 V49。
- 关阀 V54。
- 关阀 V55。
- 停泵 P103A。
- 开阀 V53，将洗涤液送往精馏工段。
- T103 排空后，关闭阀 V50。
- T103 和 V103 都排空后，关闭阀 V53。
- 关闭 V47，停止碱循环。
- 停泵 P104A。
- T103 中碱液全排至 V105 后，关阀 V46。

三、 事故处理

1. T101 液面波动

事故现象：T101 液面波动

处理方法：

① 开启 T101 的打循环泵 P101B。

② 关闭泵 P101A，调节液位至正常值。

2. T101 内温度波动

事故现象：T101 内温度波动

处理方法：

① 开启 T101 的换热器 E102B 的调节阀 TIC104B。

② 关闭换热器 E102A 的调节阀 TIC104A，调节温度至正常值。

3. T101 进醛流量不稳

事故现象：T101 进醛流量不稳。

处理方法：

① 将 INTERLOCK 打向 BP。

② 将 T101 的进醛控制阀 FICSQ102 切至手动，关闭，停止进醛。

③ 关闭 T101 的进催化剂控制阀 FIC301。

④ 当 T101 中醛的含量 AIAS103 降至 0.1%以下时，关闭其主进氧阀 FIC114。

⑤ 关闭 T101 的副进氧阀 FIC113。

⑥ 关小 T102 的进氧阀 FICSQ106。

⑦ 关闭 T102 的蒸汽控制阀 TIC107 和 V65。

⑧ 醛被氧化完后，开启 T101 塔底阀门 V16。

⑨ 开启 T102 塔底阀门 V33，逐步退料到 V102 中。

⑩ 开启 V102 的回料阀 V59。

⑪ 关闭 T101 的泵 P101A，停循环。

⑫ 将 T101 的换热器 E102A 的冷却水控制阀 TIC104A 设为手动。

⑬ 关闭换热器 E102A 的冷却水控制阀 TIC104A。

⑭ 退料结束后，关闭 T102 的冷却水控制阀 TIC106 和 V61、TIC105 和 V62、TIC109 和 V63、TIC108 和 V64。

⑮ 将 T101 的进氮气阀 FIC101 设为手动，关闭 T101 的进氮气阀 FIC101。

⑯ 将 T102 的进氮气阀 FIC105 设为手动，关闭 T102 的进氮气阀 FIC105。

4. T101 含醛高/氧吸收慢

事故现象：T101 含醛高/氧吸收慢。

处理方法：开大第一氧化塔 T101 的进催化剂控制阀 FIC301，使其开度大于 70%，增加催化剂的用量。

5. T101 顶压力升高

事故现象：T101 顶压力升高。

处理方法：

① 打开 T101 的塔顶压力控制阀 PIC109B。

② 关闭 PIC109A，用 PIC109B 调节压力。

6. T101 T102 尾气中含氧高

事故现象：T101 T102 尾气中含氧高。

处理方法：

开大 T101 的进催化剂控制阀 FIC301，增加催化剂的用量。

7. T102 顶压力升高

事故现象：T102 顶压力升高

处理方法：

① 打开 T102 的塔顶压力控制阀 PIC112B。

② 关闭 PIC112A，用 PIC112B 调节压力。

四、 岗位操作法

1. 第一氧化塔

塔顶压力 0.18~0.2MPa(表)，由 PIC109A/B 控制。

循环比(循环量与出料量之比)为 110~140 之间，由循环泵进出口跨线截止阀控制，由 FIC104 控制，液位 35%±15%，由 LIC101 控制。

进醛量满负荷为 9.86t 乙醛/h，由 FICSQ102 控制，根据经验最低投料负荷为 66%，一般不许低于 60%负荷，投氧不许低于 1500m^3/h。

满负荷进氧量设计为 2871m^3/h，由 FI108 来计量。进氧、进醛配比(质量比)为氧：醛 = 0.35~0.4，根据分析氧化液中含醛量，对氧配比进行调节。氧化液中含醛量(质量分数)一般控制为 3%~4%。

上下进氧口进氧的配比约为 1：2。

塔顶气相温度控制与上部液相温差大于 13℃，主要由充氮量控制。

塔顶气相中的含氧量小于 5%，主要由充氮量控制。

塔顶充氮量根据经验一般不小于 80m^3/h，由 FIC101 调节阀控制。

循环液(氧化液)出口温度 TI103F 为 60℃±2℃，由 TIC104 控制 E102 的冷却水量来控制。

塔底液相温度 TI103A 为 77℃±1℃，由氧化液循环量和循环液温度来控制。

2. 第二氧化塔(T102)

塔顶压力为 0.1MPa±0.02MPa，由 PIC112A/B 控制。

液位 35%±15%，由 LIC102 控制。

进氧量：0~160m^3/h，由 FICSQ106 控制。根据氧化液含醛来调节。

氧化液含醛为 0.3%以下。

塔顶尾气含氧量小于 5%，主要由充氮量来控制。

塔顶气相温度 TI106H 控制与上部液相温差大于 15℃，主要由氮气量来控制。

塔中液相温度主要由各节换热器的冷却水量来控制。

塔顶 N_2流量根据经验一般不小于 60m^3/h 为好，由 FIC105 控制。

3. 洗涤液罐

V103 液位控制 0~80%，含酸大于 70%~80%就送往蒸馏系统处理。送完后，加盐水至液位 35%。

五、 联锁说明

开启 INTERLOCK，当 T101、T102 的氧含量高于 8%或液位高于 80%，V6、V7 关闭，联锁停车。

取消联锁的方法：

若联锁条件没消除(T101、T102 的氧含量高于 8%或液位高于 80%)，点击“INTERLOCK”按钮，使之处于弹起状态，然后点击“RESET”按钮即可。

若联锁条件已消除(T101、T102 的氧含量低于 8%且液位低于 80%)，直接点击“RESET”按钮即可。

习题

1. 乙醛氧化工段的主要设备有哪些？
2. 鼓泡塔反应器的换热方式有哪些，该工段采用了哪种换热方式？
3. 乙醛氧化反应器应具备的条件是什么？
4. 氧化工段的冷态开车过程由哪几部操作过程组成？
5. 系统开工应具备的条件是什么？
6. 冷态开车过程中的扣分项主要有哪些？
7. 酸洗反应系统的作用是什么？

8. 如何酸洗第一氧化塔?

9. 如何酸洗第二氧化塔?

10. 第一氧化塔氧化液循环系统如何酸洗?

11. 尾气系统是否需要酸洗，为什么?

12. 如何判断系统压酸结束?

13. 什么是比值调节系统，指出该系统中的一个比值调节系统?

14. T101 塔的尾气主要有哪些成分?

15. T103 塔为什么采用两段吸收?

16. 中间储罐 V102 的作用是什么?

17. 写出第一氧化塔的主要控制指标。

18. 写出第二氧化塔的主要控制指标。

19. 写出 LIC101 在不同操作过程中的控制指标?

20. 写出 LIC102 在不同操作过程中的控制指标?

21. 氧化塔尾气中氧含量超标的原因是什么?

22. 如何建立第一氧化塔的循环过程?

23. 如何建立第二氧化塔的循环过程?

24. T101 塔氧化液如何配制，合格指标是多少?

25. 当酸循环过程建立后，为维持循环过程应如何操作?

26. 画出 T101 塔的换热流程。

27. 画出整个工艺系统的酸洗循环过程。

28. 画出乙醛氧化生产乙酸的工艺流程。

29. 联锁启动的原因是什么?

30. 联锁启动后的现象是什么?

31. 操作中联锁启动后，如何消除?

32. 尾气吸收系统为什么要在投氧前准备就绪?

33. 快速灌液阀的作用是什么?

34. T101 塔氧化液配制的作用是什么?

35. T102 塔是否需要进行氧化液的配制?

36. T101 塔温度升高如何调节?

37. 第一氧化塔投氧前，必备的操作条件是什么?

38. 第一氧化塔的操作温度是多少，投氧前如何达到?

39. 第一氧化塔尾气氧含量超标如何调整?

40. 第一氧化塔反应时如何进行换热？

41. 第一氧化塔如何进行投氧操作？

42. 第一氧化塔投氧操作时注意事项是什么？

43. 第一氧化塔开车时如何调节控制氧量、乙醛及催化剂量？

44. 第二氧化塔投氧前，必备的操作条件是什么？

45. 第二氧化塔的操作温度是多少，投氧前如何达到？

46. 第二氧化塔尾气氧含量超标如何调整？

47. 第二氧化塔反应时如何进行换热？

48. 第二氧化塔如何进行投氧操作？

49. 第二氧化塔投氧操作时注意事项是什么？

50. T102 塔温度升高如何调节？

51. 停车操作时的注意事项是什么？

52. 如何投用尾气吸收塔？

第六章　原油常减压装置仿真

化工生产的原料多数是由原油常减压分离而得到的，所以必须掌握原油常减压精馏及油品生产的相关理论及操作。本章内容就是介绍原油常减压蒸馏以及相关仿真操作。

第一节　概　述

常减压蒸馏是常压蒸馏和减压蒸馏的合称，基本属物理过程，即原料油在蒸馏塔里按蒸发能力分成沸点范围不同的油品(称为馏分)。这些油品有的经调和、加添加剂后以产品形式出厂，相当大的部分是后续加工装置的原料。

常减压蒸馏是炼油厂石油加工的第一道工序，称为原油的一次加工，包括三个工序：原油的脱盐、脱水→常压蒸馏→减压蒸馏。

一、　原油的组成

石油又称原油，是从地下深处开采的棕黑色可燃黏稠液体。石油是古代海洋或湖泊中的生物经过漫长的演化形成的混合物，与煤一样属于化石燃料。石油的性质因产地而异，密度为 0.8~1.0g/cm^3，黏度范围很宽，凝点差别很大(-60~30℃)，沸点范围为常温到500℃以上，可溶于多种有机溶剂，不溶于水，但可与水形成乳状液。组成石油的化学元素主要是碳(83%~87%)、氢(11%~14%)，其余为硫(0.06%~0.8%)、氮(0.02%~1.7%)、氧(0.08%~1.82%)及微量金属元素(镍、钒、铁等)。由碳和氢化合形成的烃类构成石油的主要组成部分，约占95%~99%，含硫、氧、氮的化合物对石油产品有害，在石油加工中应尽量除去。不同产地的石油中，各种烃类的结构和所占比例相差很大，但主要属于烷烃、环烷烃、芳香烃三类。通常以烷烃为主的石油称为石蜡基石油；以环烷烃、芳香烃为主的称环烃基石油；介于二者之间的称中间基石油。我国主要原油的特点是含蜡较多，凝点高，硫含量低，镍、氮含量中等，钒含量极少。除个别油田外，原油中汽油馏分较少，渣油占1/3。组成不同的石油，加工方法有差别，产品的性能也不同，应当物尽其用。大庆原油的主要特点是含蜡量高，凝点高，硫含量低，属低硫石蜡基原油。

二、 我国原油的类型

根据原油中含硫及酸值的高低，可将我国原油分为以下四种类型：

① 低硫低酸值原油（原油含硫 0.1%~0.5%，酸值≤0.5mgKOH/g），如大庆原油。

② 低硫高酸值原油（原油含硫 0.1%~0.5%，酸值>0.5mgKOH/g），如辽河原油、新疆原油。

③ 高硫低酸值原油（原油含硫>0.5%，酸值≤0.5mgKOH/g），如胜利原油。

④ 高硫高酸值原油（原油含硫>0.5%，酸值>0.5mgKOH/g），如孤岛原油和“管输原油”。

三、 原油蒸馏的基本原理及特点

从石油中提炼出各种燃料、润滑油和其他产品的基本途径是：将原油按沸点分割成不同馏分，然后根据油品使用要求，除去馏分中的非理想组分，或经化学反应转化成所需要的组分，从而获得合格石油产品。

1. 概念

蒸馏是利用原油混合物中各个物质沸点的不同，将其分离的方法。

由于原油中物质的种类很多，而且很多物质的沸点相差不大，这样就使得原油中各个组分的完全分离十分困难。然而对原油加工来说，并不需要进行精确的分离，因此可以按一定的沸点范围，把原油分离成不同的馏分，再送往二次加工装置进行加工。

2. 馏分

是指用分馏方法把原油分成的不同沸点范围的组分。

① 石油是一个多组分的复杂混合物，每个组分有其各自不同的沸点。

② 用分馏的方法，可以把石油馏分分成不同温度段，如<200℃、200~350℃等，称为石油的一个馏分。

③ 馏分不等同于石油产品，馏分必须经过进一步加工，达到油品的质量标准，才能称为合格的石油产品。

3. 石油馏分组成

原油经过常、减压蒸馏可得到沸点范围不同的馏分，如汽油 、煤油、柴油等轻质馏分油和常压重油，这些产品仍然是复杂的混合物（其质量是靠一些质量标准来控制的）。

① 从常压蒸馏开始馏出的温度（初馏点）到小于 200℃的馏分为汽油馏分（也称轻油或石脑油馏分）。

② 常压蒸馏 200~350℃的馏分为煤、柴油馏分(也称常压瓦斯油，AGO)。

由于原油从 350℃开始有明显的分解现象，所以对于沸点高于 350℃的馏分，需在减压下进行分馏，在减压下蒸出馏分的沸点再换算成常压沸点。

③ 沸点相当于常压下 350~500℃的馏分为减压馏分(也称减压瓦斯油，VGO)。

④ 沸点相当于常压下大于 500℃的馏分为减渣馏分(VR)。

不同原油的各馏分含量差别很大。与国外原油相比，我国主要油田原油中>500℃的减压渣油含量都较高，<200℃的汽油馏分含量较少(一般低于 10%)。

4. 蒸馏形式

蒸馏有多种形式，可归纳为闪蒸(平衡汽化或一次汽化)、简单蒸馏(渐次汽化)和精馏三种方式。简单蒸馏常用于实验室或小型装置上，如恩氏蒸馏；而闪蒸和精馏是在工业上常用的两种蒸馏方式，前者如闪蒸塔、蒸发塔或精馏塔的汽化段等，精馏过程通常在精馏塔中进行。

(1) 闪蒸(flash distillation)

加热某一物料至部分汽化，经减压设施，在容器(如闪蒸罐、闪蒸塔、蒸馏塔的汽化段等)的空间内，于一定温度和压力下，气、液两相分离，得到相应的气相和液相产物，叫做闪蒸。如图 6-1 所示。

闪蒸只经过一次平衡，其分离能力有限，常用于只需粗略分离的物料。如石油炼制和石油裂解过程中的粗分。

(2) 简单蒸馏(simple distillation)

作为原料的液体混合物被放置在蒸馏釜中加热。在一定的压力下，当被加热到某一温度时，液体开始汽化，生成了微量的蒸气，即开始形成第一个汽泡。此时的温度，即为该液相的泡点温度，液体混合物到达了泡点状态。生成的气体当即被引出，随即冷凝，如此不断升温，不断冷凝，直到所需要的程度为止。这种蒸馏方式称为简单蒸馏。如图 6-2 所示。

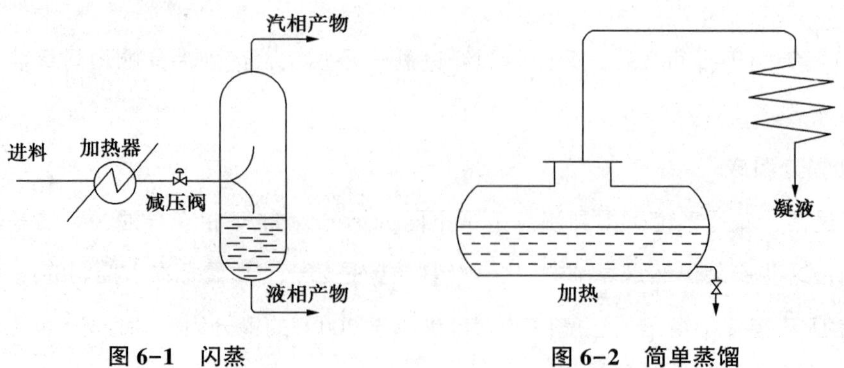

图 6-1 闪蒸　　图 6-2 简单蒸馏

（3）精馏(rectification)

精馏是分离液相混合物的有效手段，它是在多次部分汽化和多次部分冷凝过程的基础上发展起来的一种蒸馏方式。

炼油厂中大部分的石油精馏塔，如原油精馏塔、催化裂化和焦化产品的分馏塔、催化重整原料的预分馏塔以及一些工艺过程中的溶剂回收塔等，都是通过精馏这种蒸馏方式进行操作的。精馏塔如图 6-3 所示。

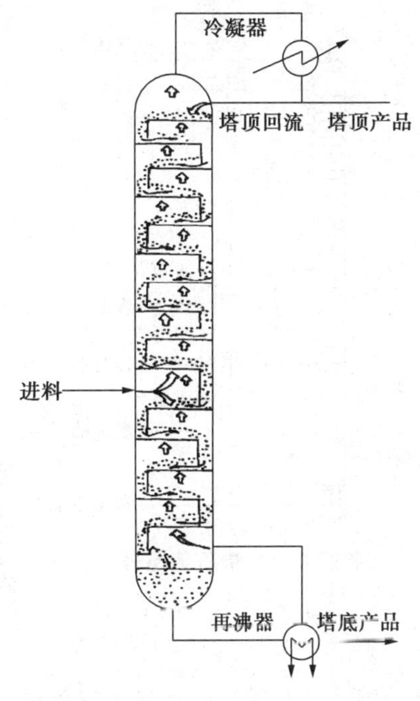

图 6-3　精馏塔

由于塔顶液相回流和塔底气相回流的作用，沿精馏塔高度建立了两个梯度，自塔底至塔顶逐级下降的温度梯度；气、液相中轻组分自塔底至塔顶逐级增大的浓度梯度。

精馏塔内沿塔高的温度梯度和浓度梯度的建立及接触设施的存在，是精馏过程得以进行的必要条件。

由于两个梯度的存在，在塔中每一个气、液两相的接触级中，由下而上的较高温度和较低轻组分浓度的气相，与由上而下的较低温度和较高轻组分部的液相存在差别，因此气、液两相在接触前处于不平衡状态，形成相间推动力，使气、液两相在接触过程中进行相间的传热和扩散传质，最终使气相中的轻组分和液相中的重组分分别得到提纯。经过多次气、液相逆流接触，最后在塔顶得到较纯的轻组分，在塔底得到较纯的重组分。

精馏的实质是气、液两相进行连续多次的平衡汽化和平衡冷凝，精馏的分离效果要远远优于平衡汽化和简单蒸馏。

第二节　原油常减压蒸馏

常减压装置是对原油进行一次加工的蒸馏装置，即将原油分馏成汽油(gasoline)、煤油(kerosene)、柴油(diesel)、蜡油(wax oil)、渣油(residual oil)等组分的加工装置。

一、常压蒸馏

原油蒸馏一般包括常压蒸馏(Atmospheric distillation)和减压蒸馏(Vacuum distillation)两

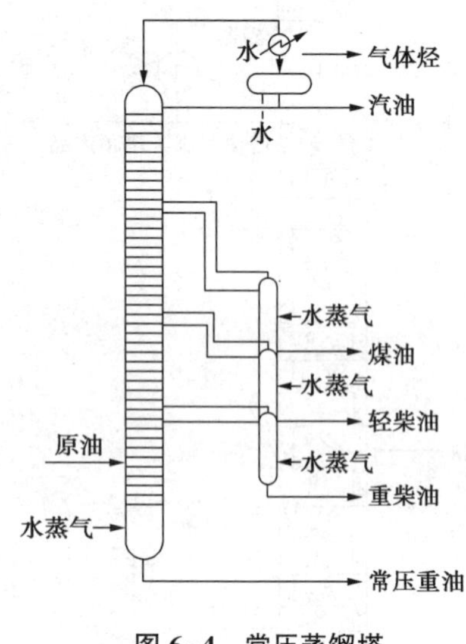

图 6-4　常压蒸馏塔

部分。

原油的常压蒸馏，即原油在常压(或稍高于常压)下进行的蒸馏，所用的蒸馏设备为原油常压精馏塔(或称常压塔 atmospheric tower)，如图 6-4 所示。

由于原油常压精馏塔的原料和产品不同于一般精馏塔，因此它具有以下工艺特点(其他的石油精馏塔也常常具有与之相似的工艺特点)：

为了使原油中的重质油在较低的温度下沸腾、汽化，除采用减压蒸馏外，还可在蒸馏过程中，向待蒸馏原油中通入高温蒸汽，即汽提。汽提实际上降低了油气的分压，与减压作用相同，而且操作更简便，因此在原油蒸馏工艺中得到了广泛的应用。但汽提要消耗大量蒸汽，且增加了冷却水的用量，因此与减压配合使用，效果更好。

对石油精馏塔，提馏段的底部常常不设再沸器，因为塔底温度较高，一般在 350℃ 左右。在这样的高温下，很难找到合适的再沸器热源，因此，通常向底部吹入少量过热蒸汽，以降低塔内的油气分压，使混入塔底重油中的轻组分汽化。汽提所用的蒸汽通常是 400~450℃，约为 3MPa 的过热蒸汽。

在复合塔内，汽油、煤油、柴油等产品之间只有精馏段而没有提馏段，这样侧线产品中会含有相当数量的轻馏分，这样不仅影响本侧线产品的质量，而且降低了较轻馏分的收率。

所以，通常在常压塔的旁边设置若干个侧线汽提塔，这些汽提塔重叠起来，但相互之间是隔开的，侧线产品从常压塔中部抽出，送入汽提塔上部，从该塔下注入蒸汽进行汽提，汽提出的低沸点组分同蒸汽一道从汽提塔顶部引出返回主塔，侧线产品由汽提塔底部抽出送出装置。

常压塔常设置中段循环回流，即从精馏塔上部的精馏段引出部分液相热油(或者是侧线产品)，经与其他冷流换热或冷却后再返回塔中，返回口比抽出口通常高 2~3 层塔板。其作用是保证各产品分离效果的前提下，取走精馏塔中多余的热量。具有在相同的处理量下可缩小塔径，或者在相同的塔径下可提高塔的处理能力；可回收利用这部分温度较高的热源的优点。

二、减压蒸馏

常压蒸馏剩下的重油组分相对分子质量大、沸点高，且在高温下易分解，使馏出的产品变质并生产焦炭，破坏正常生产。因此，为了提取更多的轻质组分，往往通过降低蒸馏压力，使被蒸馏的原料油沸点范围降低。这一在减压下进行的蒸馏过程叫做减压蒸馏。

减压蒸馏是在压力低于 100kPa 的负压状态下进行的蒸馏过程。由于物质的沸点随外压的减小而降低，因此在较低的压力下加热常压重油，高沸点馏分就会在较低的温度下汽化，从而避免了高沸点馏分的裂解。塔底得到的是沸点在 500℃ 以上的减压渣油。减压渣油（vacuum residuum）是延迟焦化、减黏裂化等二次加工的原料，经加工后可生产重质润滑油、沥青，也可做燃料油。

减压蒸馏的核心设备是减压塔和它的抽真空系统。减压塔的基本要求是尽量提高拔出率，对馏分组成要求不是很严格，而提高拔出率的关键是提高减压塔的真空度。减压蒸馏的原理与常压蒸馏相同，关键是减压塔顶采用了抽真空设备，使塔顶的压力降到几千帕。

抽真空设备的作用是将塔内产生的不凝气（主要是裂解气和漏入的空气）和吹入的蒸汽连续地抽走，以保证减压塔的真空度要求。减压塔常用的抽真空设备是蒸汽喷射器（steam ejector，也称蒸汽吸射泵）或机械真空泵（mechanical vacuum pump）。其中机械真空泵只在一些干式减压蒸馏塔和小炼油厂的减压塔中采用，而广泛应用的是蒸汽喷射器。

与一般的精馏塔和原油常压精馏塔相比，减压精馏塔具有如下特点：

（1）减压精馏塔分燃料型和润滑油型两种

燃料型减压塔主要生产二次加工如催化裂化、加氢裂化等原料，它对分离精确度要求不高，希望在控制杂质含量的前提下，如残炭值低、重金属含量少等，尽可能提高馏分油拔出率。

润滑油型减压塔以生产润滑油馏分为主，希望得到颜色浅、残炭值低、馏程较窄、安定性好的减压馏分油。因此不仅要求拔出率高，而且具有较高的分离精确度。

（2）减压精馏塔的塔径大、板数少、压降小、真空度高

由于对减压塔的基本要求是在尽量减少油料发生裂解反应的条件下，尽可能多地拔出馏分油。因此要求尽可能提高塔顶的真空度，降低塔的压降，进而提高汽化段的真空度。

塔内的压力低，一方面使气体体积增大，塔径变大；另一方面由于低压下各组分之间的相对挥发度变大，易于分离。所以与常压塔相比，减压塔的塔板数有所减少。如前所述，燃料型减压塔的塔板数可进一步减少，亦利于减少压降。

（3）减小塔径、缩短渣油在减压塔内的停留时间

减压塔底的温度一般在 390℃ 左右，减压渣油在这样高的温度下，如果停留时间过长，其分解和缩合反应会显著增加，导致不凝气增加，使塔的真空度下降，塔底部结焦，影响塔的正常操作。为此，减压塔底常采用减小塔径（即缩径）的办法，以缩短渣油在塔底的停留时间。

另外，由于在减压蒸馏的条件下，各馏分之间比较容易分离和分离精确度要求不高，加之一般情况下塔顶不出产品，所以中段循环回流取热量较多，减压塔的上部气相负荷较小，通常

也采用缩径的办法，使减压塔成为一个中间粗、两头细的精馏塔。

由于上述各项工艺特征，从外形来看，减压塔比常压塔显得粗而短。图 6-5 所示为某炼油厂常减压蒸馏装置图。

图 6-5　某炼油厂常减压蒸馏装置图

为了提高原油的拔出深度，同时避免原油在高温时分解，现代化的原油蒸馏装置都采用在常压和减压下操作，即常减压蒸馏。

由于常减压蒸馏是原油加工的第一步，并为以后的二次加工提供原料，所以常减压蒸馏装置的处理量也就是炼油厂的处理量。因此，常减压装置高效率的正常操作，对整个炼油厂的生产至关重要。

第三节　工艺流程

原油蒸馏流程，就是将用于原油蒸馏生产的炉、塔、泵、换热设备、工艺管线及控制仪表等，按原料生产的流向和加工技术要求的内在联系而形成的有机组合。将此种内在的联系用简单的示意图表达出来，即成为原油蒸馏的流程图。

原油蒸馏过程中，在一个塔内分离一次称一段汽化。原油经过加热汽化的次数，称为汽化段数。

汽化段数一般取决于原油性质、产品方案和处理量等。原油蒸馏中，常见的是三段汽化。

原油的常减压蒸馏工艺流程如图6-6所示。原油经预热至200~240℃后，进入初馏塔。轻汽油和蒸汽由塔顶蒸出，冷却到常温后，入分离器分离掉水和不凝气体，得轻汽油(国外称“石脑油”)。不凝气体称为“原油拔顶气”，占原油质量的0.15%~0.4%，其中乙烷2%~4%，丙烷约30%，丁烷约50%，其余为C_5及C_5以上组分，可用作燃料或生产烯烃的裂解原料。初馏塔底油料，经常压加热炉加热至360~370℃，进入常压塔。常压塔顶出汽油，第一侧线出煤油，第二侧线出柴油。为了与油品的二次加工所得汽油、煤油和柴油区分开来，在它们前面冠以“直馏”两字，以表示它们是由原油直接蒸馏得到的。将常压塔釜重油在加热炉中加热至380~400℃，进入减压蒸馏塔。采用减压操作是为了避免在高温下重组分的分解(裂解)。减压塔侧线油和常压塔三、四线油，总称“常减压馏分油”，用作炼油厂催化裂化等装置的原料。

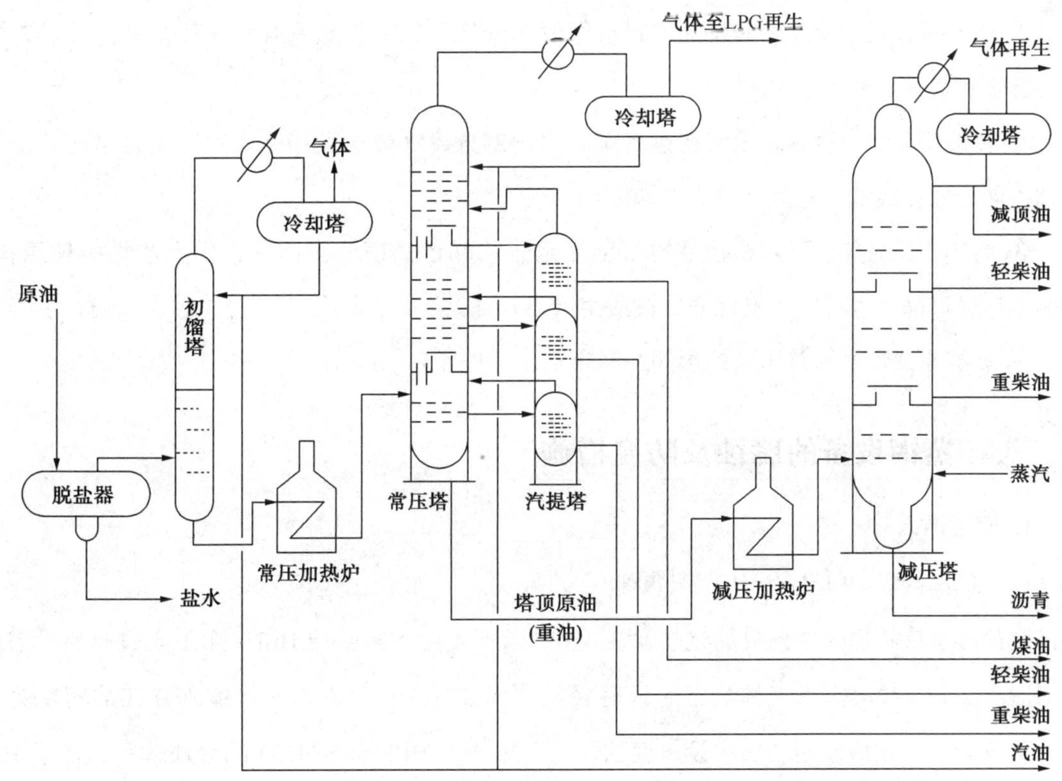

图6-6 原油三段汽化工艺流程

一、三段汽化原油蒸馏工艺流程的特点

① 初馏塔顶的产品轻汽油一般作催化重整装置进料。由于原油中含砷的有机物质，随着

原油温度的升高而分解汽化，因而初馏塔顶汽油的砷含量较低，而常压塔顶汽油含砷量很高。砷是重整催化剂的有害物质，因而一般含砷量高的原油生产重整原料均采用初馏塔。

② 常压塔可设 3~4 个侧线，生产溶剂油、煤油(或喷气燃料)、轻柴油、重柴油等馏分。

③ 减压塔侧线出催化裂化或加氢裂化原料，产品较简单，分馏精度要求不高，故只设 2~3 个侧线，可不设汽提塔。

④ 减压蒸馏可以采用干式减压蒸馏工艺。主要特点是塔内元件采用填料代替了塔盘，从而使全塔的压降大大降低；抽真空系统一般采用带增压器的三级蒸汽喷射器，可使闪蒸区的残压降到 4kPa(30mmHg)以下，低于湿式蒸馏时的烃分压。故没有必要向塔内吹入蒸汽以降低油气的分压，实现了干式减压蒸馏的操作。

二、 初馏塔的作用

① 提高装置处理量。尤其是加工轻质原油时降低了原油换热系统和常压炉的压降，降低了常压炉的负荷。

② 转移塔顶低温腐蚀。设置初馏塔可以将一部分腐蚀转移到初馏塔顶，减轻常压塔顶的腐蚀，这样做在经济上较为合理。

③ 增加产品品种。可以将较轻的石脑油组分从初馏塔顶分离出来，作为乙烯裂解原料、重整原料等产品，也可以从初馏塔的侧线生产溶剂油。

④ 缓解原油带水对常压塔的影响，稳定常压塔操作。

三、 蒸馏设备的腐蚀及防腐措施

1. 腐蚀原因

(1) 低温部位 $HCl-H_2S-H_2O$ 型腐蚀

脱盐不彻底的原油中残存的氯盐，在 120℃以上发生水解生成 HCl，加工含硫原油时塔内有 H_2S，当 HCl 和 H_2S 为气体状态时只有轻微的腐蚀性。一旦进入有液体水存在的塔顶冷凝区，不仅因 HCl 生成盐酸会引起设备腐蚀，而且形成了 $HCl-H_2S-H_2O$ 的介质体系，由于 HCl 和 H_2S 相互促进构成的循环腐蚀会引起更严重的腐蚀。反应式如下：

$$Fe + 2HCl \longrightarrow FeCl_2 + H_2$$

$$Fe + H_2S \longrightarrow FeS + H_2$$

$$FeS + 2HCl \longrightarrow FeCl_2 + H_2S$$

这种腐蚀多发生在初馏塔、常压塔顶部和塔顶冷凝、冷却系统的低温部位。

（2）高温部位硫腐蚀

原油中的硫可按对金属作用的不同分为活性硫化物和非活性硫化物。非活性硫在160℃开始分解，生成活性硫化物，在达到300℃以上时分解尤为迅速。高温硫腐蚀从250℃左右开始，随着温度升高而加剧，最严重腐蚀在340~430℃。活性硫化物的含量越多，腐蚀就越严重。反应式如下：

$$Fe + S \longrightarrow FeS$$

$$Fe + H_2S \longrightarrow FeS + H_2$$

$$Fe + RCH_2SH \longrightarrow FeS + RCH_3$$

高温硫腐蚀常发生在常压炉出口、炉管及转油线、常压塔进料部位上下塔盘、减压炉至减压塔的转油线、进料段塔壁与内部构件等。

腐蚀程度不仅与温度、含硫量、H_2S浓度有关，而且与介质的流速和流动状态有关。介质的流速越高，金属表面上由腐蚀产物FeS形成的保护膜越容易被冲刷而脱落，因界面不断被更新，金属的腐蚀也就进一步加剧，称为冲蚀。

（3）高温部位环烷酸腐蚀

原油中所含的有机酸主要是环烷酸。我国辽河、新疆、大港原油中的有机酸95%以上是环烷酸，胜利原油中的有机酸40%是环烷酸。环烷酸的相对分子质量为180~350，它们集中于常压馏分油（相当于柴油）和减压馏分油中，在轻馏分和渣油中的含量很少。环烷酸的沸点在230~300℃及330~400℃两个温度区间，在第一个温度区间内环烷酸与铁作用，使金属被腐蚀：

$$2C_nH_{2n-1}COOH + Fe \longrightarrow Fe(C_nH_{2n-1}COO)_2 + H_2$$

在第二个温度区间，环烷酸与高温硫腐蚀所形成的FeS作用，使金属进一步遭到腐蚀，生成的环烷酸铁可溶于油被带走，游离出的H_2S又与无保护膜的金属表面再起反应，反应不断进行而加剧设备腐蚀：

$$2C_nH_{2n-1}COOH + FeS \longrightarrow Fe(C_nH_{2n-1}COO)_2 + H_2S$$

$$Fe + H_2S \longrightarrow FeS + H_2$$

环烷酸严重腐蚀部位大都发生在塔的进料段壳体、转油线和加热炉出口炉管等处，尤其是气液流速非常高的减压塔汽化段。

因为这些部位受到油气的冲刷最为激烈，使金属表面的腐蚀产物硫化亚铁和环烷酸铁不能形成保护膜，露出的新表面又不断被腐蚀和冲蚀，形成恶性循环。所以在加工既含硫又含酸的原油时，腐蚀尤为剧烈，应该尽量避免含硫原油与含酸原油的混炼。

2. 防腐蚀措施

目前普遍采取的工艺防腐措施是："一脱三注"，即原油深度电脱盐、挥发线注氨、挥发线注缓蚀剂、挥发线注水。高温腐蚀的工艺防腐采取：①混炼；②注高温缓蚀剂。实践证明，这一防腐措施基本消除了氯化氢的产生，抑制了对常减压蒸馏馏出系统的腐蚀。

(1) 防腐原理

除去原油中的杂质，中和已生成的酸性腐蚀介质，改变腐蚀环境，在设备表面形成防护屏障。

(2) 原油深度电脱盐

充分脱除原油中氯化物盐类，减少水解后产生的 HCl，是控制三塔塔顶及冷凝冷却系统氯离子腐蚀的关键。

自地下采出的石油一般都含有水分，这些水中都溶解有 NaCl、$CaCl_2$、$MgCl_2$等盐类。一般在油田上都先采取沉降法除去部分水和固体杂质(泥沙、固体盐类等)。但是由于在采油和集输过程中的剧烈扰动，油和水形成了乳状液，单凭沉降是不能把水脱干净的。为此，在油田和炼油厂都设有脱盐脱水装置，对原料进行预处理以达到加工要求。

原油脱盐脱水的途径和方法，取决于盐和水在原油中存在的状态。原油中存在的结晶颗粒状盐类，可用加入热淡水将其溶解的方法洗掉；溶解在原油所含水中的盐类，若能将水分除去，盐分也将随之被除掉。因此，原油预处理的主要问题是脱水。

一般来说，水在原油中几乎不溶解，水和油可形成明显的两相，这样，只要经过一段静置沉降过程，便可将沉在储罐下面的水分分离除掉。对油水形成的乳化液就再不能以沉降法将水分离了，而原油的脱水在实际上便成了破乳化问题。

破乳化方法一般可归纳为机械法、化学法和电场法三种。机械法包括加热沉降法、离心法和过滤法。化学法是通过加入破乳剂的方法来达到破乳化的目的。电场法脱盐脱水实质上是电场—化学破乳—热沉降的联合过程，此方法在我国各油田和炼厂中广泛使用。

(3) 注氨—塔顶馏出线

硫化氢和残余氯化氢引起的严重腐蚀，可采用注氨中和这些酸性物质抑制腐蚀。注入位置应在水的露点以前，这样，氨与氯化氢气体才能充分混合，生成的氯化铵被水洗后带出冷凝系统。注入量按冷凝水的 pH 值来控制，维持 pH 在 7~9。注氨时会生成氯化铵沉积，既影响传热效果又会造成垢下腐蚀，因氯化铵在水中的溶解度很大，故可用连续注水的办法洗去。

(4) 注缓蚀剂

缓蚀剂是一种表面活性剂，分子内部既有 S、N、O 等强极性基团，又有烃类结构基团，极性基团一端吸附在金属表面上，另一端烃类基团与油介质之间形成一道屏障，将金属和腐蚀性水相隔离开，从而保护了金属表面，使金属不受腐蚀。

将缓蚀剂配成溶液，注入到塔顶管线的注氨点之后，保护冷凝冷却系统，也可注入塔顶回流管线内，以防止塔顶部腐蚀。

原油深度电脱盐、向塔顶馏出线注氨、注缓蚀剂和注碱性水是行之有效的低温轻油部位的防腐措施。对于高温部位的抗硫腐蚀和抗环烷酸腐蚀，则须依靠合理的材质选择和结构设计加以解决。

第四节 油品质量指标

一、常减压蒸馏装置能控制的车用汽油质量指标

常减压蒸馏装置能控制车用汽油的馏程，包括10%点、50%点、90%点、干点(终馏点)。

根据车用汽油的使用要求规定了各馏出点的温度。规定10%点馏出温度不高于70℃，这是保证发动机冷启动的性能；50%点馏出温度规定不高于120℃，它是保证汽油的均匀蒸发分布，达到良好的加速性和平稳性，以及保证最大功率和爬坡性能的重要指标；一般车用汽油90%点馏出温度不得超过190℃，是控制车用汽油中重质组分的指标，用以保证良好蒸发和完全燃烧，并防止积炭和生成酸性物质等，同时也保证不致稀释机油，以保证完全气化和燃烧；干点是保证车用汽油不致因含重质成分而造成不完全燃烧，在燃烧室内结焦和积炭的指标，同时也是保证不稀释润滑油指标，它对停开车次数频繁的汽车更为重要。

但是常减压蒸馏装置所生产的直馏汽油辛烷值较低，一般约为50~60，故需和其他装置的高辛烷值组分调合后才能作为汽油成品出厂。

二、常减压蒸馏装置能控制的轻柴油质量指标

常减压蒸馏装置能控制轻柴油的馏程、凝固点、闪点等质量指标。

柴油馏程是一个重要的质量指标。柴油机的速度越高，对燃料的馏程要求就越严。一般来说，馏分轻的燃料启动性能好，蒸发和燃烧速度快，但是燃料馏分过轻，自燃点高，燃烧延缓期长，且蒸发程度大，易在汽缸中引起爆震。燃料过重则会使喷射雾化不良，蒸发慢，不完全燃烧的部分在高温下受热分解，生成炭渣而弄脏发动机零件，使排气中有黑烟，增加燃料的单位消耗量。所以，轻柴油规格要求50%馏出温度不高于300℃，95%馏出温度不高于365℃。柴油的馏程和凝固点、闪点也有密切的关系。

凝固点也是柴油的重要质量指标。轻柴油的规格就是按其凝固点分为10号、0号、-10

号、-20 号、-35 号、-50 号六个品种。通常柴油的馏程越轻，凝固点越低。

轻柴油的闪点是根据安全防火的要求而规定的一个重要指标。柴油的闪点在规格中规定为不低于 65℃。柴油的馏程越轻，则其闪点越低。

三、常减压蒸馏装置能控制的重柴油质量指标

常减压蒸馏装置能控制重柴油的馏程、密度、闪点、黏度等性质。

重柴油的馏程大致为 300~400℃，即常三线或四线、减压一线油能出重柴油。

重柴油的密度不宜过大，太大时含沥青质和胶质太多，不易完全燃烧；密度太小时含轻馏分过多，会使闪点过低，保证不了使用安全。

重柴油的闪点是由它的轻馏分含量控制的。闪点要求不低于 65℃，若轻馏分含量较多，则闪点较低，在储存和运输中不安全。尤其是凝固点较高的重柴油在使用时需经预热，因而要求较高的闪点。为确保重柴油的使用安全，同时规定预热温度不得超过闪点的三分之二。

重柴油在低中速柴油机中使用，黏度过大时，会使油泵压力下降，输油管内起泡，发生油阻，并影响喷油，雾化不良，以致不能完全燃烧而冒黑烟，不但浪费了燃料而且污染了环境；黏度太小时，会引起喷油距离太短和雾化混合不良而影响燃烧。因而一般大、中型低速柴油机用重柴油的最低黏度应当控制在 8.6mm^2/s 以上。

重柴油的密度、闪点、黏度都是通过常减压蒸馏装置操作中馏分的切割来控制的，通常馏分越轻则密度越小，闪点和黏度越低。

四、常减压蒸馏装置控制的常压重油质量指标

当常压重油用作重油催化裂化装置的原料时，常减压蒸馏装置需控制常压重油的钠离子含量。重油催化裂化装置要求原料中的钠含量在 1~2mg/kg 以下，因为沉积在催化剂上的钠会“中和”催化剂的酸中心，并和催化剂基体形成低熔点的共熔物，造成催化剂的永久失活。因此要求常减压装置进行深度脱盐。通常，常减压蒸馏装置脱盐深度达到 3mg/L 时，就能满足常压重油的钠离子含量小于 1mg/kg 的要求。

五、减压蜡油作为催化裂化原料时应满足的要求

减压蜡油残炭过大时，催化裂化生焦量会过多，使再生器负荷过大，甚至造成超温。但残炭过小时，又会使再生器热量不足，造成反应热量不够，需向再生器补充燃料。减压蜡油中的重金属在催化裂化时会沉积在催化剂上，使催化剂失活，导致脱氢反应增多，气体及生焦量增

大。因此各厂对催化裂化原料油的质量都有一定要求。

当催化裂化采用掺炼渣油的工艺时(如重油催化裂化工艺)，减压蜡油的残炭、重金属含量等指标，主要影响渣油掺入量。若减压蜡油残炭、重金属含量低，则可掺炼较多的渣油；若减压蜡油残炭、重金属含量高，则只能掺入较少的渣油。因此，重油催化裂化工艺对原料油的残炭和重金属含量也是有一定要求的。

六、 常减压蒸馏装置在全厂加工总流程中的重要作用

常减压装置将原油用蒸馏的方法分割成为不同沸点范围的组分，以适应产品和下游工艺装置对原料的要求。常减压蒸馏是炼油厂加工原油的第一个工序，即原油的一次加工，在炼油厂加工总流程中有重要作用，常被称之为"龙头"装置。

一般来说，原油经常减压装置加工后，可得到直馏汽油、航空煤油、灯用煤油、轻、重柴油和燃料油等产品，某些富含胶质和沥青质的原油，经减压深拔后还可直接生产出道路沥青。在上述产品中，除汽油由于辛烷值较低，目前已不再直接作为产品外，其余一般均可直接或经过适当精制后作为产品出厂。常减压装置的另一个主要作用是为下游二次加工装置或化工工装置提供质量较高的原料。例如，重整原料、乙烯裂解原料，催化裂化、加氢裂化或润滑油加工装置的原料，焦化、氧化沥青、溶剂脱沥青或减黏裂化装置的原料等。近年来，随着重油催化裂化技术的发展，某些原油的常压塔底重油也可直接作为催化裂化装置的原料。因此，常减压蒸馏装置的操作，直接影响着下游二次加工装置和全厂的生产状况。

第五节 常减压装置仿真操作

本装置为常减压蒸馏装置，原油用原油泵抽送到换热器，换热至110℃左右，加入一定量的破乳剂和洗涤水，充分混合后进入一级电脱盐罐。同时，在高压电场的作用下，使油水分离。脱水后的原油从一级电脱盐罐顶部集合管流出后，再注入破乳剂和洗涤水充分混合后进入二级电脱盐罐，同样在高压电场作用下，进一步油水分离，达到原油电脱盐的目的。然后再经过换热器加热到一般大于200℃进入初馏塔，在初馏塔拔出一部分轻组分。

拔头油再用泵抽送到换热器继续加热到280℃以上，然后去常压炉升温到368℃进入常压塔。在常压塔拔出重柴油以前组分，高沸点重组分再用泵抽送到减压炉升温到385℃进减压塔，在减压塔拔出润滑油料，塔底重油经泵抽送到换热器冷却后出装置。

一、工艺流程简述

1. 原油系统换热

罐区原油(65℃)由原油泵(P101/1，2)抽入装置后，首先与初顶、常顶汽油(H-101/1-4)换热至80℃左右，然后分两路进行换热。一路原油与减一线(H-102/1，2)、减三线(H-103/1，2)、减一中(H-105/1，2)换热至140℃左右；二路原油与减二线(H-106/1，2)、常一线(H-107)、常二线(H-108/1，2)、常三线(H-109/1，2)换热至140℃左右，然后两路汇合后进入电脱盐罐(R-101/1，2)进行脱盐脱水。

脱盐后原油(130℃左右)从电脱盐罐出来分两路进行换热，一路原油与减三线(H-103/3，4)、减渣油(H-104/3-7)、减三线(H-103/5，6)换热至235℃；二路原油与常一中(H-111/1-3)、常二线(H-108/3)、常三线(H-109/3)、减二线(H-106/5，6)、常二中(H-112/2，3)、常三线(H-109/4)换热至235℃左右；两路汇合后进入初馏塔(T-101)。也可直接进入常压炉(F-101)。

初馏塔顶油气以180℃左右进入常压塔第28层塔板上或直接进入汽油换热器(H-101/1-4)和空冷器(L-101/1-3)。

拔头原油经拔头原油泵(P102/1，2)抽出与减四线(H-113/1)换热后分两路：一路与减二中(H-110/2-4)，减四线(H-113/2)换热至281℃左右；二路与减压渣油(H-104/8-11)换热至281℃左右，两路汇合后与减渣油(H-104/12-14)换热至306.8℃左右，分两路进入常压炉(F-101)对流室加热，然后再进入常压炉辐射室加热至要求温度(368℃)后，进入常压塔(T-102)进料段进行分馏。

2. 常压塔

常压塔顶油先与原油(H-101/1-4)换热后进入空冷(L-101/1，2)，再入后冷器(L-103/3)冷却，然后进入汽油回流罐(R-102)进行脱水，切出的水放入下水道。汽油经过汽油泵(P103/1，2)一部分打顶回流，一部分外放。不凝气则由R-102引至常压瓦斯罐(R-103)，冷凝下来的汽油由R-103底部返回R-102，瓦斯由R-103顶部引至常压炉作自产瓦斯燃烧，或放空。

常一线从常压塔第32层(或30层)塔板上引入常压汽提塔(T-103)上段，汽提油气返回常压塔第34层塔板上，油则由泵(P106/1，2)自常一线汽提塔底部抽出，与原油换热(H-107)后经冷却器(L-102)冷却至70℃左右出装置。

常二线从常压塔第22层(或20层)塔板上引入常压汽提塔(T-103)中段，汽提油气返回常压塔第24层塔板上，油则由泵(P107，P106/2)自常二线汽提塔底部抽出，与原油换热(H-

108/1，2）后经冷却器（L-103）冷却至 70℃左右出装置。

常三线从常压塔第 11 层（或 9 层）塔板上引入常压汽提塔（T-103）下段，汽提油气返回常压塔第 14 层塔板上，油则由泵（P108/1，2）自常三线汽提塔底部抽出，与原油换热（H-109/1-4）后经冷却器（L-104）冷却至 70℃左右出装置。

常压一中油自常压塔顶第 25 层板上由泵（P110/1，2）抽出与原油换热（H-111/1-3）后返回常压塔第 29 层塔板上。

常压二中油自常压塔顶第 15 层板上由泵（P110/2，P111）抽出与原油换热（H-112/2，3）后返回常压塔第 19 层塔板上。

常压渣油经塔底泵（P109/1，2）自常压塔 T-102 底抽出，分两路去减压炉（F-102，103）对流室、辐射室加热后合为一路，以工艺要求温度（385℃）进入减压塔（T-104）进料段进行减压分馏。

3. 减压塔

减顶油气二级抽真空系统后，不凝气自冷却器（L-110/1，2）放空或入减压炉（F-102）作自产瓦斯燃烧。冷凝部分进入减顶油水分离器（R-104）切水，切出的水放入下水道，污油进入污油罐进一步脱水后由泵（P118/1，2）抽出装置，或由缓蚀剂泵抽出去闪蒸塔进料段或常一中进行回炼。

减一线油自减压塔上部集油箱由减一线泵（P112/1，2）抽出与原油换热（H-102/1，2）后，经冷却器（L-105/1，2）冷却至 45℃左右，一部分外放，另一部分去减顶作回流用。

减二线油自减压塔引入减压汽提塔（T-105）上段，油气返回减压塔，油则由泵（P113，P112/1）抽出与原油换热（H-106/1-6）后，经冷却器（L-106）冷却至 50℃左右出装置。

减三线油自减压塔引入减压汽提塔（T-105）中段，油气返回减压塔，油则由泵（P114/1，2）抽出与原油换热（H-103/1-6）后，经冷却器（L-107）冷却至 80℃左右出装置。

减四线油自减压塔引入减压汽提塔（T-105）下段，油气返回减压塔，油则由泵（P115，P114/2）抽出，一部分先与原油换热（H-113/1，2），再与软化水换热（H-113/3，4->H-114/1，2）后，经冷却器（L-108）冷却至 50~85℃左右出装置；另一部分打入减压塔四线集油箱下部作净洗油用。

冲洗油自减压塔由泵（P116/1，2）抽出后与冷却器（L-109/2）换热，一部分返塔作脏洗油用，另一部分外放。

减一中油自减压塔一、二线之间由泵（P110/1，2）抽出与软化水换热（H-105/3），再与原油换热（H-105/1，2）后返回减压塔。

减二中油自减压塔三、四线之间由泵（P111，P110/2）抽出与原油换热（H-110/2-4）后返回减压塔。

减压渣油自减压塔底由泵(P117/1，2)抽出与原油换热(H-104/3-14)后，经冷却器(L-109)冷却后出装置。

二、 主要设备工艺控制指标（表6-1~表6-4）

表6-1　初馏塔T-101工艺控制指标

名称	温度/℃	压力(表)/MPa	流量/(t/h)
进料流量	235		126.262
塔底出料	228		121.212
塔顶出料	230		5.05

表6-2　常压塔T-102工艺控制指标

名称	温度/℃	压力(表)/MPa	流量/(t/h)
常顶回流出塔	120	0.058	
常顶回流返塔	35		10.9
常一线馏出	175		6.3
常二线馏出	245		7.6
常三线馏出	296		9.4
进料	345		121.2121
常一中出/返	210/150		24.499
常二中出/返	270/210		28.0
常压塔底	343		101.8

表6-3　减压塔T-104工艺控制指标

名称	温度/℃	压力/MPa	流量/(t/h)
减顶出塔	70	0.09	
减一线馏出/回流	150/50		17.21/13.
减二线馏出	260		11.36
减三线馏出	295		11.36
减四线馏出	330		10.1
进料	385		
减一中出/返	220/180		59.77

续表

名称	温度/℃	压力/MPa	流量/(t/h)
减二中出/返	305/245		46.687
脏油出/返			
减压塔底	362		61.98

表 6-4 常压炉 F-101、减压炉 F-102、F-103 工艺控制指标

名称	氧含量/%	炉膛负压/mmHg	炉膛温度/℃	炉出口温度/℃
F-101	3~6	2.0	610.0	368.0
F-102	3~6	2.0	770.0	385.0
F-103	3~6	2.0	730.0	385.0

三、装置冷态开工过程

1. 开工具备的条件

① 与开工有关的修建项目全部完成并验收合格。

② 设备、仪表及流程符合要求。

③ 水、电、汽、风及化验能满足装置要求。

④ 安全设施完善，排污管道具备投用条件，操作环境及设备要清洁整齐卫生。

2. 开工前的准备

① 准备好黄油、破乳剂、20#机械油、液氨、缓蚀剂、碱等辅助材料。

② 原油含水不大于 1%，油温不高于 50℃，原油与付炼联系，外操做好从罐区引燃料油的工作。

③ 准备好开工循环油、回流油、燃料气(油)。

3. 装油

装油的目的是进一步检查机泵情况，检查和发现仪表在运行中存在的问题，脱去管线内积水，建立全装置系统的循环。

(1) 常减压装油流程及步骤

① 常压装油流程：

a 原油罐→P101/1，2→H-101/1，4→

$$\left\{\begin{array}{l}\to H\text{-}106/1,2\to H\text{-}107\to H\text{-}108/1,2\to H\text{-}109/1,2\to H\text{-}106/3,4\\ \to H\text{-}102/1,2\to H\text{-}103/1,2\to H\text{-}105/1,2\end{array}\right\}$$

→R-101/1，2

$$\text{b. R-101/1，2}\rightarrow\left\{\begin{array}{l}\rightarrow\text{H-111/1，2}\rightarrow\text{H-108/3}\rightarrow\text{H-109/3}\rightarrow\text{H-106/5，6}\\ \rightarrow\text{H-112/2，3}\rightarrow\text{H-109/4}\rightarrow\text{H-103/3，4}\rightarrow\text{H-104/3-7}\\ \rightarrow\text{H-103/5，6}\end{array}\right\}\rightarrow\text{T-101}$$

$$\text{c. T-101 底}\rightarrow\text{P102/1，2}\rightarrow\text{H-113/1}\rightarrow\left\{\begin{array}{l}\rightarrow\text{H-110/2-4}\rightarrow\text{H-113/2}\\ \rightarrow\text{H-104/8-11}\end{array}\right\}\rightarrow\text{H-104/12-14}$$

→炉-101 对流室→炉-101 辐射室 →T102

② 常压装油步骤：

• 启动原油泵 P-101/1，2(在泵图页面上点 P-101/1，2 一下，其中一个泵变绿色，表示该泵已经开启)，打开调节阀 FIC-1101、TIC-1101，开度为 50%，将原油引入装置。

• 原油一路经换热器 H-105/2，另一路经 H-106/4；现场打开 VX0001、VX0002、VX0007，开度为 100%。

• 两路混合后经含盐压差调节阀 PDIC-1101(开度为 50%)到电脱盐罐 R-101/1。

• 再打开 PDIC-1102，开度为 50%。将油引到电脱盐 R-101/2，后经两路换热器 H-109/4 一路和 H-103/6 一路。

• 打开温度调节阀 TIC-1103，开度 50%。使原油到初馏塔(T-101)，建立初馏塔塔底液位。

• 待初馏塔 T-101 底部液位 LIC-1103 达到 50%时，启动初馏塔底泵 P102/1，2。

• 打开塔底流量调节阀 FIC-1104(逐渐开大到 50%)，打开 TIC1102(开度为 50%)，流经换热器组 H-113/1、H-113/2 和 H-104/11、H-104/14。

• 分两股进入常压炉(F-101)；在常压炉的 DCS 画面上打开进入常压炉流量调节阀 FIC1106、FIC1107(开度各为 50%)。

• 原油经过常压炉(F-101)的对流室、辐射室。

• 两股出料合并为一股进入到常压塔(T-102)进料段(即显示的 TO T102)。

• 观察常压塔塔底液位 LIC1105 的值，并调节初馏塔进出流量阀，控制初馏塔塔底液位 LIC1103 为 50%左右(即 PV=50)。

(2) 减压装置流程及步骤

① 减压装油流程：

T-102 →P109/1，2 →炉-102，103 →T-104

② 减压装油步骤：

• 待常压塔 T-102 底部液位 LIC1105 达到 50%时(即 PV=50)，启动常压塔底泵 P109/1，2 其中的一个。

• 打开 FIC-1111 和 FIC-1112(开度逐渐开大到 50%左右，调节 LIC1105 为 50%)，分两路

进入减压炉 F-102 和 F-103 的对流室、辐射室。

- 经两炉 F-102 和 F-103 后混合成一股进料，进入减压塔 T-104。

- 待减压塔 T-104 底部液位 LIC1201 达到 50%时(即 PV=50 左右)，启动减压塔底 P117/1，2 其中的一个。

- 打开减压塔塔底抽出流量控制阀 FIC1207(开度逐渐开大，控制塔底液位为 50%左右)。并到减压系统图现场打开开工循环线阀门 VX0040，然后停原油泵；装油完毕。

注：a. 首先看现场图的手阀是否打开，确认该路管线畅通。

b. 然后到 DCS 画面上，先开泵，再开泵后阀，建立液位。进油同时注意电脱盐罐 R101/1，2 切水，即间断打开 LIC1101、LIC1102 水位调节阀，控制不超过 50%。

4. 冷循环

冷循环目的主要是检查工艺流程是否有误，设备、仪表是否有误，同时脱去管线内部残存的水。

待切水工作完成，各塔底液面偏高后(50%左右)，便可进行冷循环。

① 冷循环具体步骤与装油步骤相同，流程不变。

② 冷循环时要控制好各塔液面稍过 50%左右(即 LIC1103、LIC1105、LIC1201)，并根据各塔液面情况进行补油。

③ R-101/1，2 底部要经常反复切水，间断打开 LIC1101、LIC1102 水位调节阀，控制不超过 50%。

④ 各塔底用泵切换一次，检查机泵运行情况是否良好(在该仿真中不做具体要求)。

⑤ 换热器、冷却器副线稍开，让油品自副线流过(在该仿真中不做具体要求)。

⑥ 各调节阀均为手动，随时调节流量大小。

⑦ 检查塔顶汽油、瓦斯流程是否打开，防止憋压(即常压塔现场图打开初馏塔顶 VX0008，常压塔顶部 VX0042、VX0017、VX0020、VX0018 和从初馏塔出来到常压塔中部偏上进气线 VX0019)。

⑧ 启用全部有关仪表显示。

⑨ 如果循环油温(即 TI1109)低于 50℃时，炉 F-101 可以间断点火，但出口温度(即 TI1113 或 TI1112)不高于 80℃。

⑩ 冷循环工艺参数平稳后(主要是将 3 个塔的液位控制在 50%左右，运行时间不少于 4h)，在此做好热循环的各项准备工作。

加热炉简单操作步骤(以常压炉为例)：在常压炉的 DCS 图中打开烟道挡板 HC1101，开度 50%，打开风门 ARC1101，开度为 50%左右；打开 PIC1102，开度逐渐开大到 50%；调节炉膛负压，到现场图打开自然风阀门 VX0013，开度为 50% 左右；点燃点火棒，现场图点击 IGNITION 为开状态。再在 DCS 画面中稍开瓦斯气流量调节阀 TIC1105，逐渐开大调节温度，见到加热炉底部出现火燃标志图，证明加热炉点火成功。

调节时可调节自然风风门、瓦斯及烟道挡板的开度，来控制各指标。

实际加热炉的操作包括烘炉等细节，仿真这里不做具体要求。

5. 热循环

当冷循环无问题处理完毕后，开始热循环，流程不变。

(1) 热循环前准备工作

① 分别到各自现场图中打开 T-101、T-102、T-104 的顶部阀门，防止塔内憋压(部分在前面已经开启)。

② 在现场图(泵图)中启动空冷风机 K-1，2。

到 3 号和 5 号图的现场画面中打开各冷凝冷却器给水阀门，检查 T-102、T-104 馏出线流程是否完全贯通，防止塔内憋压。即：

常压塔现场图上打开 VX0050、VX0051、VX0052、VX0053，开度为 50%。

减压塔现场图上打开 VX0054、VX0055、VX0056、VX0057、VX0058、VX0059、VX0060 开度为 50%。

③ 循环前在 2 号图的现场画面将原油入电脱盐罐副线阀门全开，开 VX0079，关 VX0001、VX0002、VX0007，甩开电脱盐罐 R101/1 和 R101/2，防止高温原油烧坏电极棒。

(2) 热循环升温、热紧过程

① 炉 F-101、F-102、F-103 开始升温，起始阶段以炉膛温度为准，前两小时温度不得大于 300℃，两小时后以 F-101 出口温度为主，以每小时 20~30℃ 速度升温(只要适当控制升温速度即可，不要太快，步骤②~③可省去，实际在工厂要严格按升温曲线进行升温操作。)

② 当炉 F-101 出口温度升至 100~120℃ 时恒温两小时脱水，升温至 150℃ 恒温 2~4 小时脱水。

③ 恒温脱水至塔底无水声，回路罐中水减少，进料段温度与塔底温度较为接近时，F-101 开始以每小时 20~25℃ 速度升温至 250℃ 时恒温，全装置进行热紧。

④ 炉 F-102、103 出口温度 TIC1201、TIC1203 始终保持与炉 F-101 出口温度 TIC1104 平衡，温差不得大于 30℃。

⑤ 常压塔顶温度 TIC1106 升至 100~120℃ 时，联系轻质油引入汽油开始打顶回流(在常压塔塔顶回流现场图中打开轻质油线阀 VX0081，启动泵 P103；根据塔顶温度 TIC1106 的变化，调节 FIC1110 开度。此时严格控制水液面，严禁回流带水。)

⑥ 常压炉 F-101 出口温度升至 300℃时，常压塔自上而下开侧线，开中段回流(到现场图中打开手阀及机泵，在 DCS 操作画面中打开各调节阀)。即：

依次打开 FIC1116、FIC1115、FIC1114，开度均为 50%；FIC1108、TIC1107、FIC1109、TIC1108，开度均为 50%；启动泵 P104、P105、P106、P107、P108。

升温阶段即脱水阶段，塔内水分在相应的压力下开始大量汽化，所以必须加倍注意，加强巡查，严防 P102/1，2、P109/1，2、P117/1，2 泵抽空。同时再次检查塔顶汽油线是否导通，以免憋压。

(3) 热循环过程注意事项

① 热循环过程中要注意整个装置的检查，以防泄漏或憋压。

② 各塔底泵运行情况，发现异常及时处理。

③ 严格控制好各塔底液位。

④ 升温同时打开炉 F-101、102、103 过热蒸汽(分别在 4 号和 6 号的 DCS 画面中打开 PIC1203、PIC1202、PIC1205，开度为 50%)，并放空，防止炉管干烧。

6. 常压系统转入正常生产

(1) 切换原油

① T-102 自上而下开完侧线后，启动原油泵。将渣油改出装置，启用渣油冷却器 L-109/2，将渣油温度控制在 160℃以内，在 5 号图的现场打开 VX0078，关闭开工循环线 VX0040，原油量控制在 70~80t/h。

② 导好各侧线、冷换热设备及外放流程，关闭放空，待各侧线来油后，联系调度和轻质油，并启动侧线泵(前面已经打开)侧线外放。

③ 当过热蒸汽温度超过 350℃时，缓慢打开 T-102 底吹汽，现场开启 VX0014 和 VX0080，关闭过热蒸汽放空阀。

④ 待生产正常后缓慢将原油量提至正常(参数见指标表格)。

(2) 常压塔正常生产

① 切换原油后，炉 F-101 以 20℃/h 的速度升温至工艺要求温度。

② 炉 F-101 抽空温度正常后，常压塔自上而下开常一中、常二中回流(前面已经做开启了)。

③ 原油入脱盐罐温度低于 140℃时，将原油入脱盐罐副线开关关闭。

④ 司炉工控制好炉 F-101 出口温度，常压技工按工艺指标和开工方案调整操作，使产品尽快合格，及时联系调度室将合格产品改入合格罐。

⑤ 根据产品质量条件控制侧线吹汽量。

(3) 注意事项

① 控制好 V-102 汽油液面及油水界面，待汽油液面正常后停止补汽油，用本装置汽油打回流。

② 过热蒸汽压力控制在 0.30~0.35MPa，温度控制在 380~450℃。开塔顶部吹汽时要先放净管线内冷凝水，再缓慢开汽，防止蒸汽吹翻塔盘。

③ R-101/1，2 送电，脱盐工做好脱盐罐切水工作，防止原油含水过大影响操作。

④ 严格控制好侧线油出装置温度。

⑤ 通知化验室按时作分析。

7. 减压系统转入正常生产

（1）开侧线

① 当常压开侧线后，减压炉开始以 20℃/h 的速度升温至工艺指标要求的范围内。

② 当过热蒸汽温度超过 350℃时开减压塔底吹汽，现场打开 VX0082 和 VX0083，关过热蒸汽放空（仿真中没做）。

③ 当炉 F-102、103 出口温度升至 350℃时，炉 F-102，103 开炉管注汽，打开 VX0021、VX0026，减压塔开始抽真空。

抽真空分三段进行：第一段 0~200mmHg；

第二段 200~500mmHg；

第三段 500mmHg~最大。

操作步骤：在抽真空系统图上，先打开冷却水现场阀 VX0086，然后依次打开 VX0084、VX0085 各级抽真空阀门，并打开 VX0034 和泵 P118/1，2。

④ T-104 顶温度超过工艺指标（70℃）时，将常三线油倒入减压塔顶打回流，待减一线有油后改减一线本线打回流，常三线改出装置，控制塔顶温度在指标范围内。

⑤ 减压塔自上而下开侧线。操作方法同常压步骤，基本相同。

（2）调整操作

① 当炉 F-102、103 出口温度达到工艺指标后，自上而下开中段回流，开回流时先放净设备管线内存水，严禁回流带水。

② 侧线有油后联系调度室，启动侧线泵将侧线油改入催化料罐或污油罐。

③ 倒好侧线流程，启动 P116/1，2，开脏洗油系统，同时启用净洗油系统。

④ 根据产品质量调节侧线吹汽流量。

⑤ 司炉工稳定炉出口温度，减压技工根据开工方案要求尽快调整产品使其合格，将合格产品改进合格罐。

⑥ 将软化水引入装置，启用蒸汽发生器系统。自产汽先排空，待蒸汽合格不含水后，再并入低压蒸汽网络或引入蒸汽系统。

（3）注意事项

① 开炉管注汽、塔部吹气应先放净管线内冷凝存水。

② 过热蒸汽压力控制在0.25~0.30MPa，温度控制在380~450℃范围内。

③ 抽真空前先检查抽真空系统流程是否正确。抽真空后，检查系统是否有泄漏，控制好R-105液面。

④ 控制好蒸汽发生器水液面，自产蒸汽压力不大于0.6MPa。

⑤ 开净洗油、脏洗油系统，应先放尽过滤器、调节阀等低点冷凝水。应缓慢开启，防止吹翻塔盘。

⑥ 将常三线油引入减顶，打回流前必须检查常三线油颜色，防止黑油污染减压塔。打回流时减一线流量计、外放调节阀走副线。

8. 投用一脱三注

① 生产正常后，将原油入电脱盐温度控制在120~130℃，压力控制在0.8~1.0MPa，电流不大于150A。然后开始注入破乳剂、水。

② 常顶开始注氨、注破乳剂。

操作步骤：

在电脱盐图现场图开破乳剂泵P120和水泵P119，然后打开出口阀VX0037和VX0087，开度为50%；在DCS图上，打开FIC1117、FIC1118，开度都为50%。

注：生产正常，各项操作工艺指标达到要求后，主要调节阀所处状态如下：

① 原油进料流量FIC1101投自动，SP=125。

② 初馏塔塔底液位LIC1103投自动，SP=50；初馏塔底出料FIC1104投自动，SP=121。

③ 常压炉出口温度TIC1104投自动，SP=368；炉膛温度TIC1105投串级；风道含氧量ARC1101投自动，SP=4；炉膛负压PIC1102投自动，SP=-2；烟道挡板开度HC1101投手动，OP=50。

④ 常压塔塔底液位LIC1105投自动，SP=50；塔底出料FIC1111，FIC1112都投串级，塔顶温度TIC1106投自动，SP=120；塔顶回流量FIC1110投串级；塔顶分液罐V-102油液位LIC1106投自动，SP=50；水液位LIC1107投自动，SP=50。

⑤ 减压炉出口温度TIC1201和TIC1202投自动，SP=385；炉膛温度TIC1203和TIC1202投串级；风道含氧量ARC1201和ARC1202投自动，SP=4；炉膛负压PIC1201和PIC1204投自动，SP=-2；烟道挡板开度HC1201和1202投手动，OP=50。

⑥ 减压塔塔底液位LIC1201投自动，SP=50；塔底出料FIC1207投串级；塔顶温度TIC1205投自动，SP=70；塔顶回流量FIC1208投串级；LIC1202投自动，SP=50。

⑦ 现场各换热器、冷凝器手阀开度为50%，即OP=50；各塔底注气阀开度为50%；抽真

空系统蒸汽阀开度为50%；泵的前后手阀开度为50%。

四、 装置正常停工过程

1. 降量

① 降量前先停电脱盐系统

a. 打开R-101/1，2原油副线阀门，关闭R-101/1，2进出口阀门，停止注水、注剂。静止送电30min后开始排水，使原油中水分充分沉降。

b. 待R-101/1，2内污水排净后，启动P119/1，2，将R-101/1，2内原油自原油循环线打入原油线回炼。

注：待R-101/1，2罐内无压力后打开罐顶放空阀。

c. R-101/1，2内原油退完后，将常二线油自脱盐罐冲洗线倒入R-101/1，2内进行冲洗。在罐底排污线放空。

d. 各冲洗1h。

② 降量分多次进行，降量速度为10~15t/h。

③ 降量初期保持炉出口温度不变，调整各侧线油抽出量，保证侧线产品质量合格。

④ 降量过程中注意控制好各塔底液面，调节各冷却器用水量，将侧线油品出装置温度控制在正常范围内。

2. 降量关侧线阶段：

① 当原油量降至正常指标的60%~70%时开始降炉温。炉出口温度以25~30℃/h的速度均匀降温。

② 降温时将各侧线油品改入催化料罐或污油罐，常减压各侧线及汽油回流罐控制高液面，作洗塔用。

③ 炉F-101出口温度降到280℃左右时，T-102开始自上而下关侧线，停中段回流，各侧线及汽油停止外放。

④ 炉F-102、103出口温度降到320℃左右时，T-104开始自上而下关侧线，停中段回流，各侧线及汽油停止外放。

减压塔破真空分三个阶段进行：

第一阶段：正常值　~500mmHg

第二阶段：正常值　500~250mmHg

第三阶段：正常值　250~0mmHg

破真空时应关闭L-10/3，4顶部瓦斯放空阀。

⑤ 当过热蒸汽出口温度降至300℃时，停止所有塔部吹气，进行放空。

3. 装置打循环及炉子熄火。

① T-102关完侧线后，立即停原油泵，改为循环流程进行全装置循环。

② T-104关侧线后，将减压侧线油自分配台倒入减压塔打回流洗塔。减侧线油打完后将常压各侧线倒入减压塔顶回流洗塔，直到各侧线油打完为止。

注意：将侧线油倒入减一线打回流时应打开减一线流量计和外放调节阀的副线阀门。

③ 常压技工将汽油回流罐内汽油全部打入常压塔顶洗常压塔，塔顶温度过低时停空冷。

④ 炉子对称关火嘴，继续降温，炉出口温度降至180℃时停止循环，炉子熄火，风机不停。待炉膛温度降至200℃时停风机，打开防爆门，加速冷却，过热蒸汽停掉。

⑤ 炉子熄火后，将各塔底油全部打出装置。

五、紧急停车

① 加热炉立即熄火。

② 停止原油进料，关各馏出阀、注气阀，破真空，认真退油，关塔部吹气，过热蒸汽改为放空。

③ 将不合格油品改进污油罐。

④ 对局部着火部位应及时切断火源，加强灭火。

⑤ 尽量维持局部循环，尽量按正常的停工方法处理。

注意：减压破真空时，不能太快，要关闭瓦斯放空阀。

六、事故处理

1. 原油中断

原因：原油泵故障。

现象：塔液面下降，塔进料压力降低，塔顶温度升高。

处理方法：①切换原油泵；

②不行按停工处理。

2. 供电中断

原因：供电线路发生故障。

现象：各泵运转停止。

处理方法：① 来电后，相继启动顶回流泵、原油泵、初底泵、常底泵、中断回流泵及侧线泵。

② 各岗位按生产工艺指标调整操作至正常。

3. 循环水中断

原因：供水单位停电或水泵出故障不能正常供水。

现象：① 油品出装置温度升高；

② 减顶真空度急剧下降。

处理方法：① 停水时间短，降温降量，维持最低量生产，或循环。

② 停水时间长，按紧急停工处理。

4. 供汽中断

原因：锅炉发生故障，或因停电不能正常供汽。

现象：① 流量显示回零，各塔、罐操作不稳；

② 加热炉操作不稳；

③ 减顶真空度下降。

处理方法：① 如果只停汽而没有停电，则改为循环；

② 如果既停汽又停电，按紧急停工处理。

5. 净化风中断

原因：空气压缩机发生故障。

现象：仪表指示回零。

处理方法：① 短时间停风，将控制阀改副线，用手工调节各路流量、温度、压力等；

② 长时间停风，按降温降量循环处理。

6. 加热炉着火

原因：炉管局部过热结焦严重，结焦处被烧穿。

现象：炉出口温度急剧升高，冒大量黑烟。

处理方法：熄灭全部火嘴，并向炉膛内吹入灭火蒸汽。

7. 常压塔底泵停

原因：泵出故障，被烧或供电中断。

现象：① 泵出口压力下降，常压塔液面上升；

② 加热炉熄火，炉出口温度下降。

处理方法：切换备用泵。

8. 阀卡（常顶回流阀）10%

原因：阀使用时间太长。

现象：塔顶温度上升，压力上升。

处理方法：开旁通阀。

9. 换热器 H-109/4 故障

原因：换热器 H-109/4 层堵。

现象：炉进料温度下降，进料流量下降。

处理方法：开大换热器副线，控制炉出口温度。

10. 闪蒸塔底泵抽空

原因：泵本身故障。

现象：泵出口压力下降，塔底液面迅速上升，炉膛温度迅速上升。

处理方法：切换备用泵，注意控制炉膛温度。

11. 减压炉熄火

原因：燃料中断。

现象：炉堂温度下降，炉出口温度下降，火灭。

处理方法：① 减压部分按停工处理；

② 常渣出装置。

12. 抽-1 故障

原因：真空泵本身故障。

现象：减压塔压力上升。

处理方法：加大抽-2 蒸汽量。

13. 低压闪电

原因：供电不稳。

现象：全部或部分低压电机停转，操作混乱。

处理方法：① 如时间短，切换备用泵，顺序是顶回流，中段回流，处理量调节。

② 及时联系电修部门送电，按工艺指标调整操作。

14. 高压闪电

原因：供电不稳。

现象：全部或部分高压电机停转，初馏塔和常压塔进料中断，液面下降。

处理方法：① 如时间短，切换备用泵。

② 及时联系电修部门送电，按工艺指标调整操作。

15. 原油含水

原因：原油供应紧张。

现象：原油泵可能抽空，初馏塔液面下降，压力上升。

处理方法：加强电脱盐罐操作，加强切水。

七、原油常减压装置现场及 DCS 图（图 6-7～图 6-20）

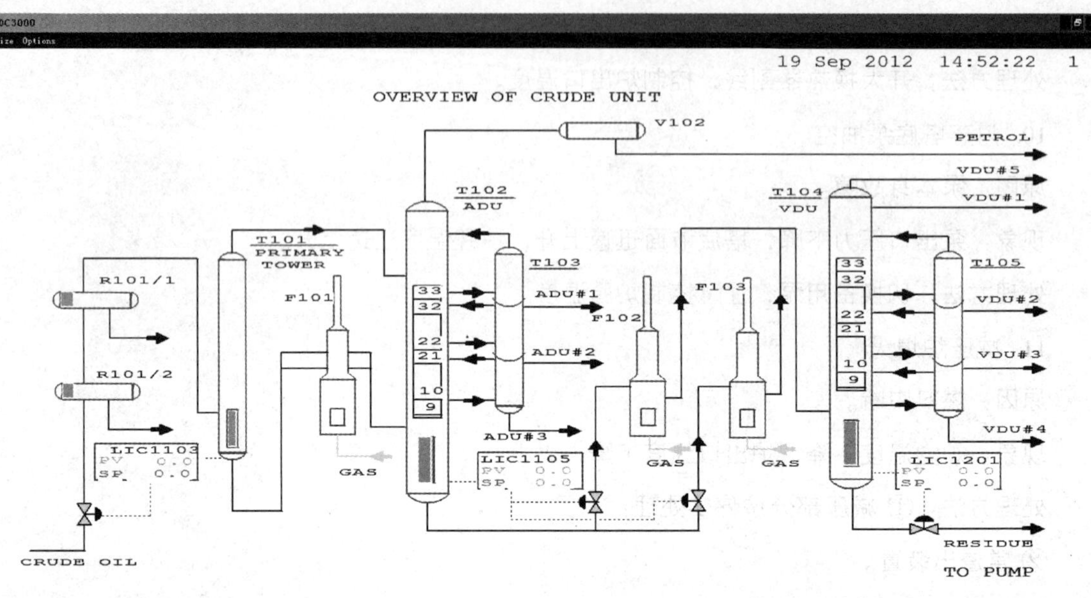

图 6-7 总貌图

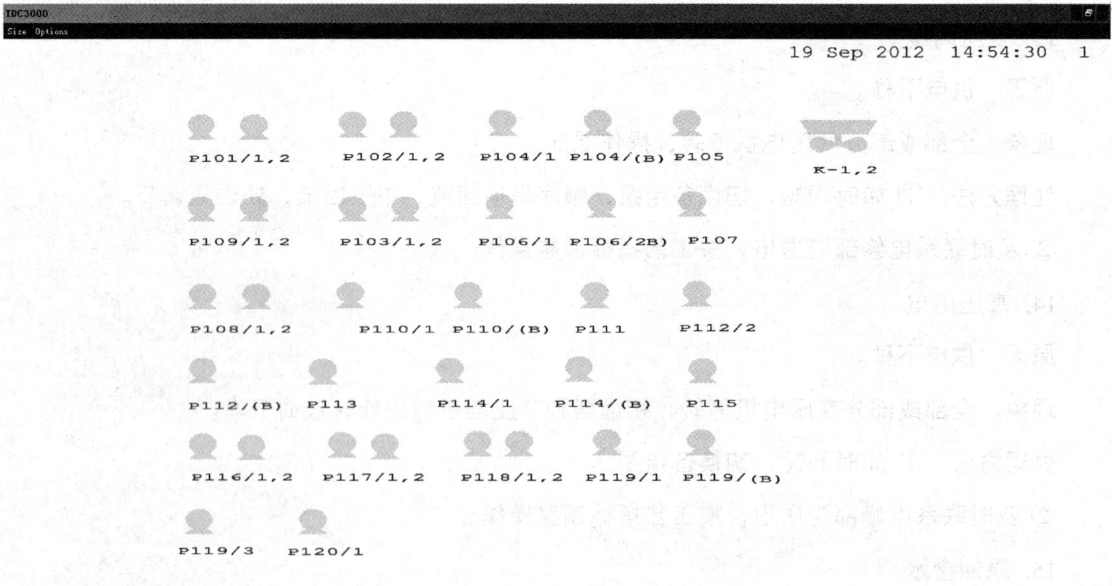

图 6-8 泵图

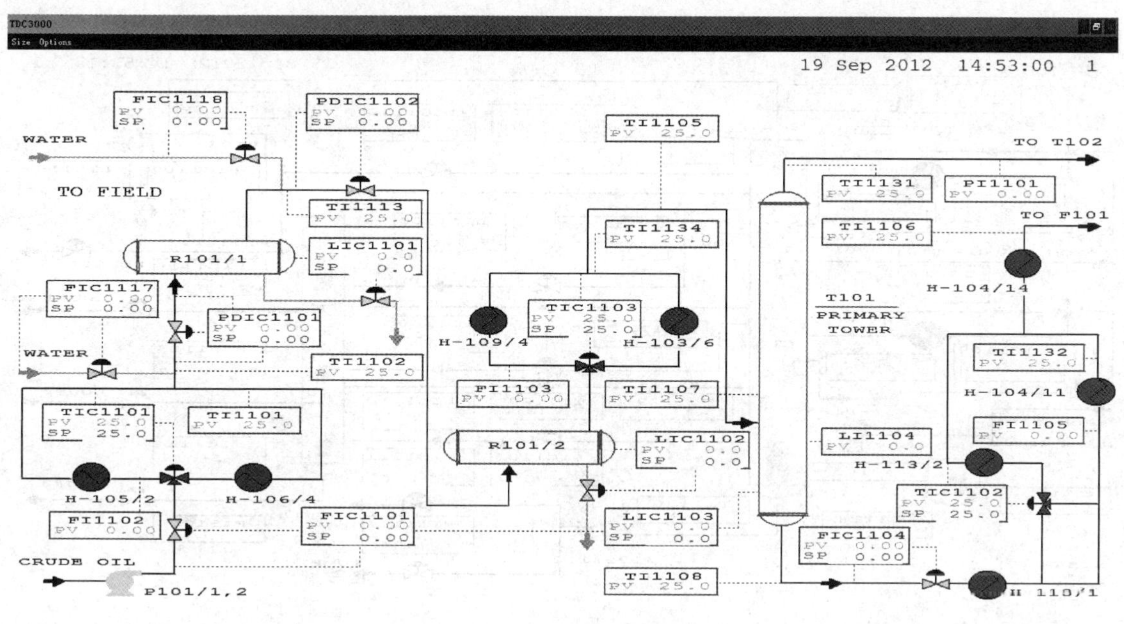

图 6-9 初馏塔 DCS 图

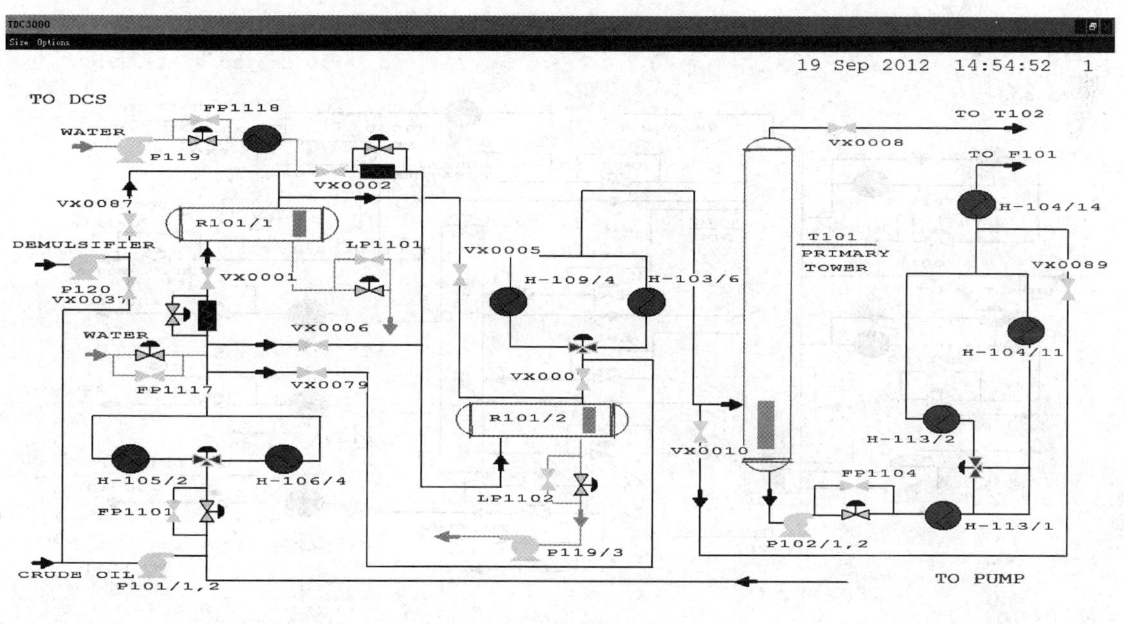

图 6-10 初馏塔现场图

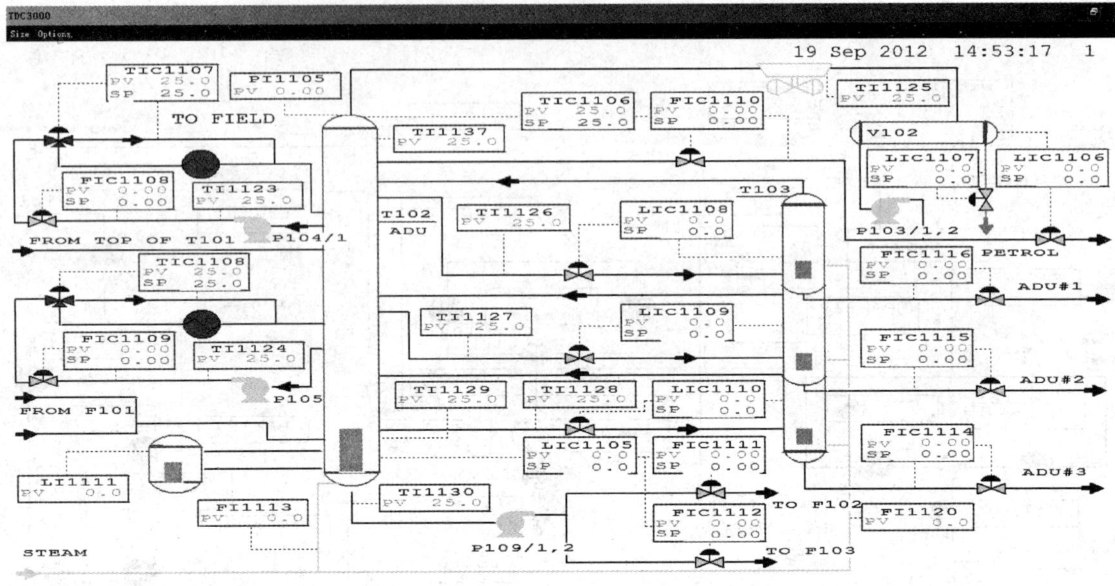

图 6-11　常压塔 DCS 图

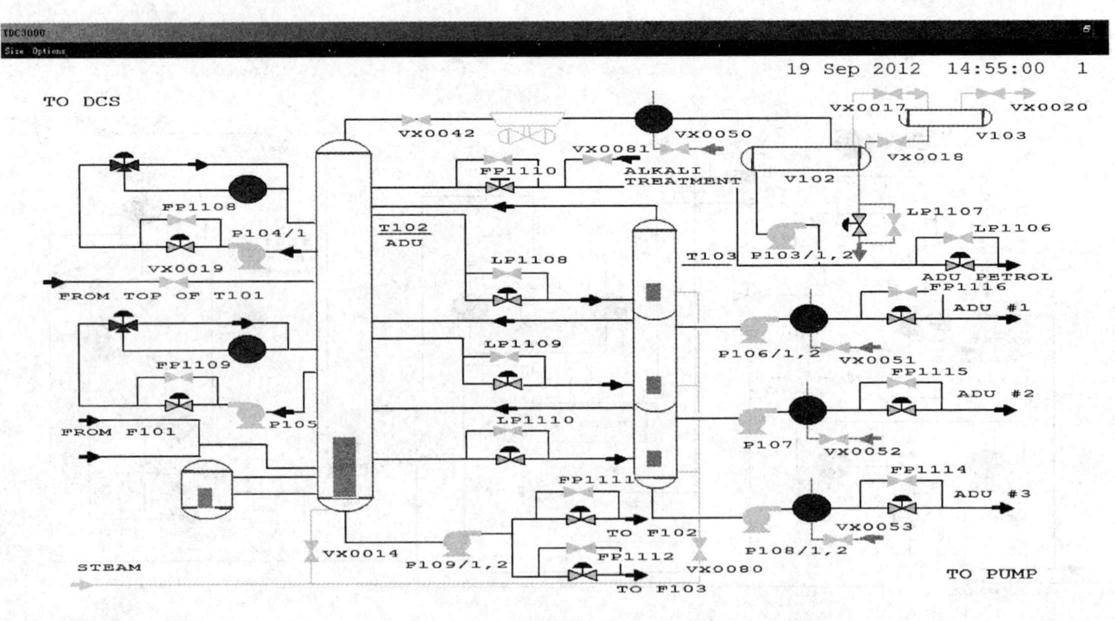

图 6-12　常压塔现场图

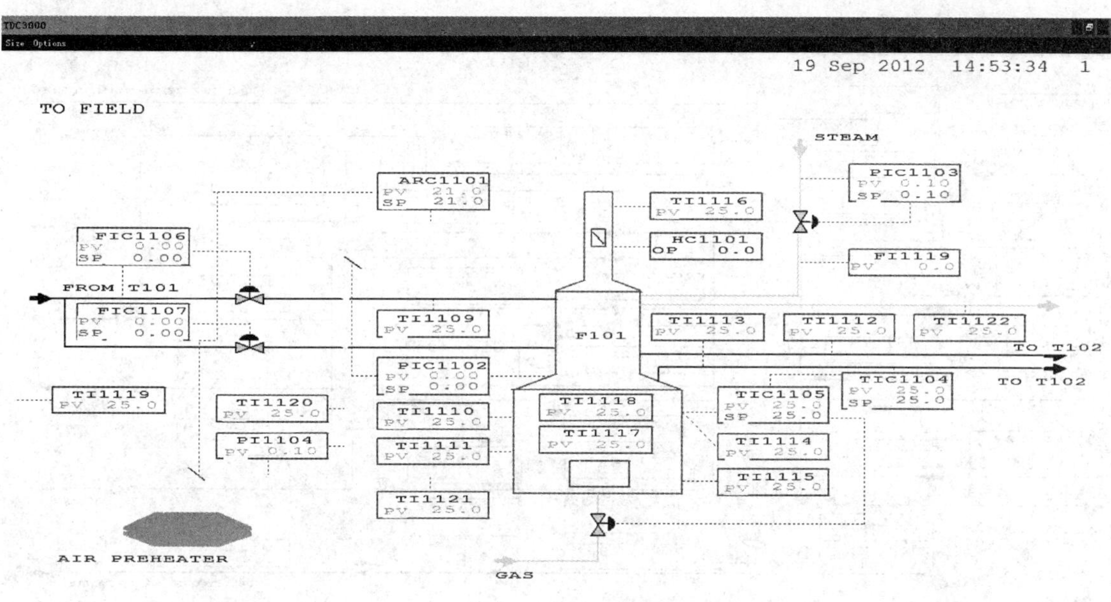

图 6-13 常压炉 DCS 图

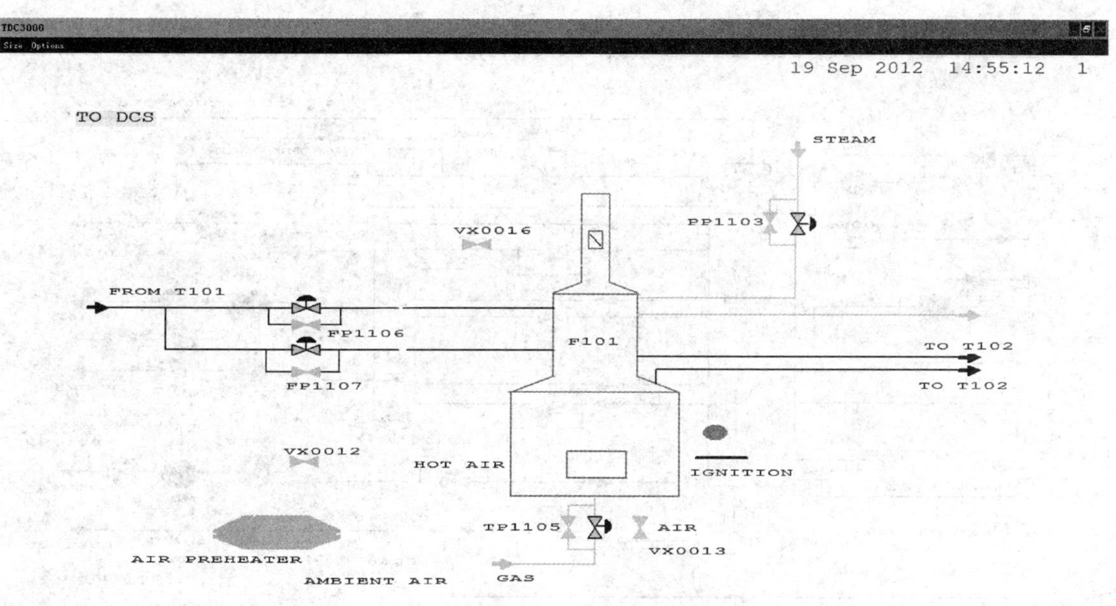

图 6-14 常压炉现场图

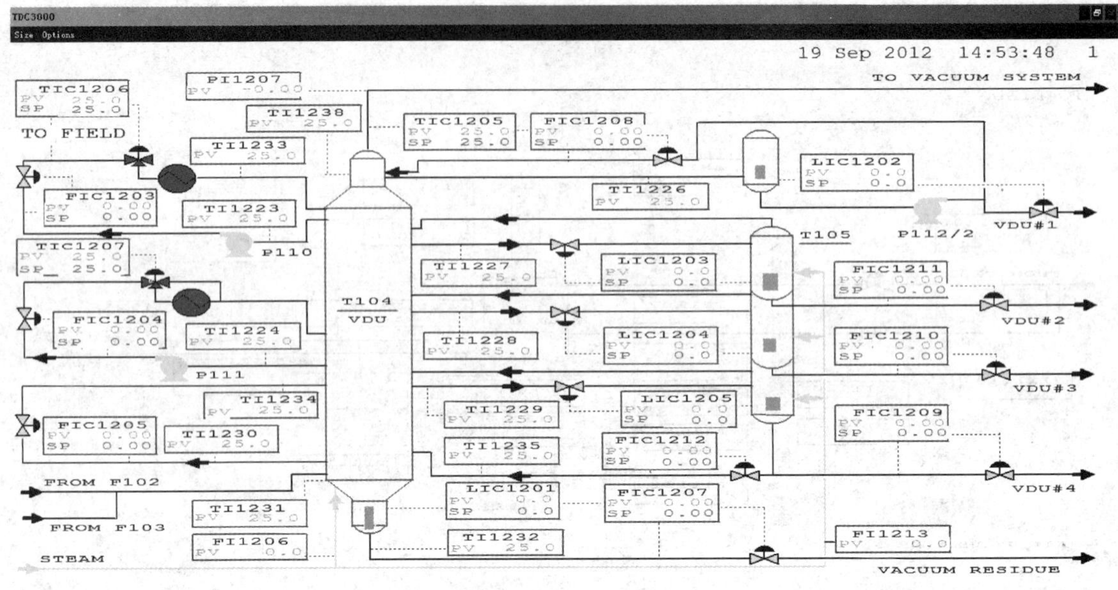

图 6-15　减压塔 DCS 图

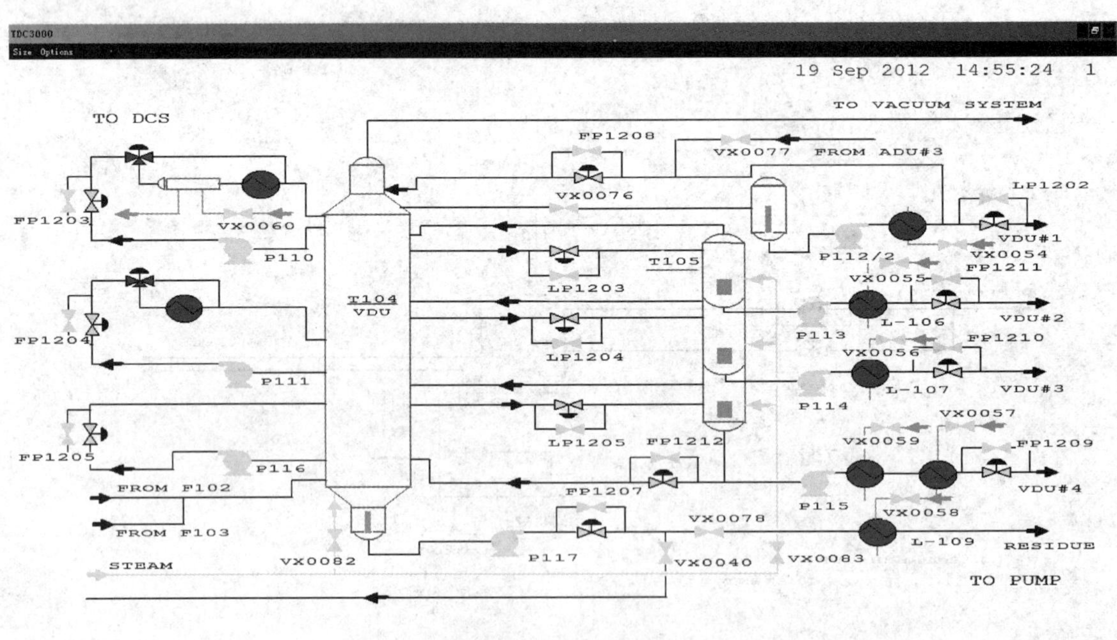

图 6-16　减压塔现场图

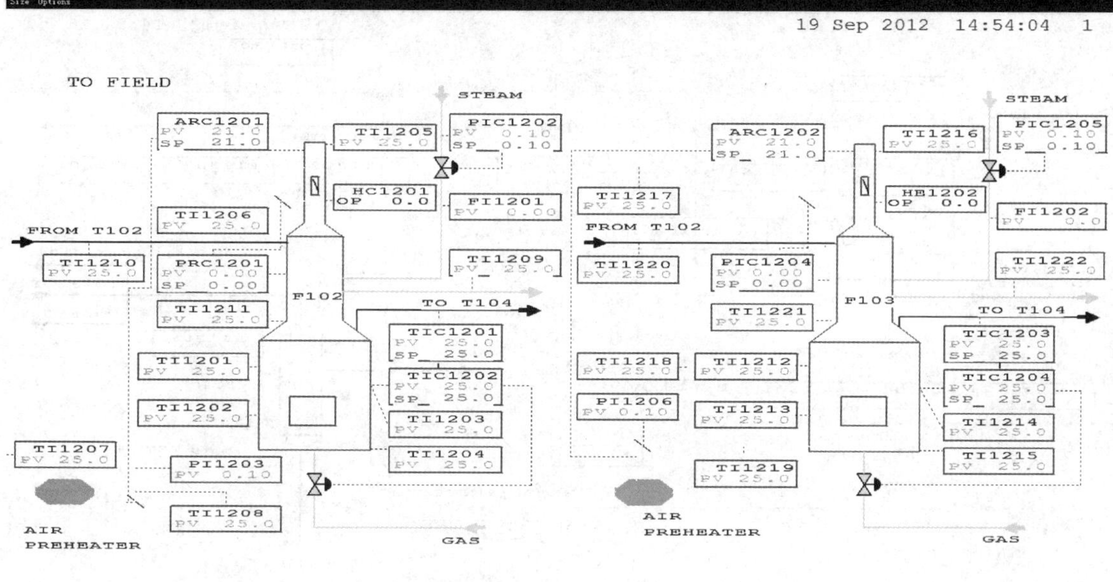

图 6-17 减压塔 DCS 图

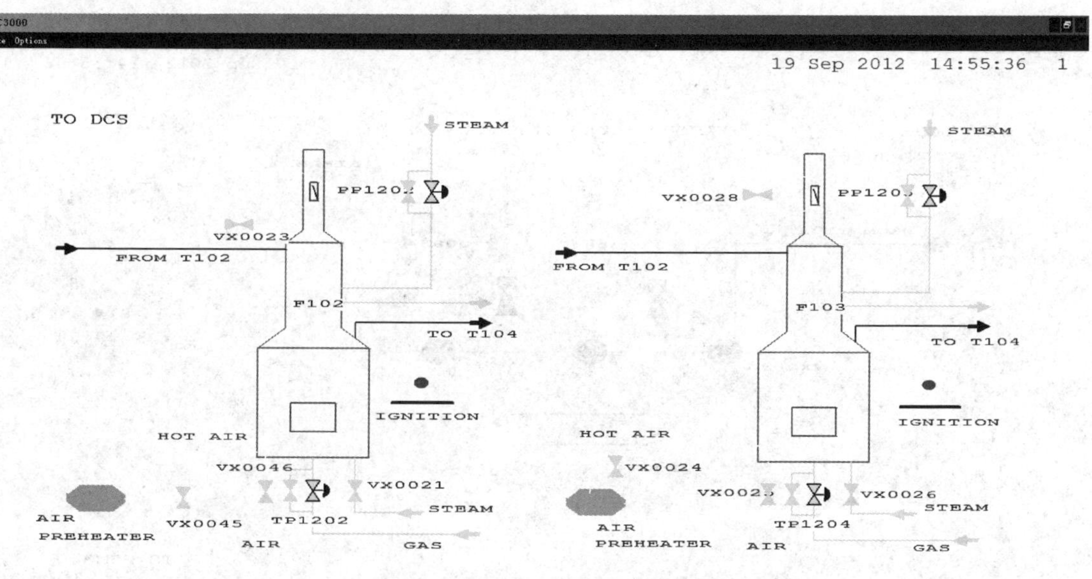

图 6-18 减压塔现场图

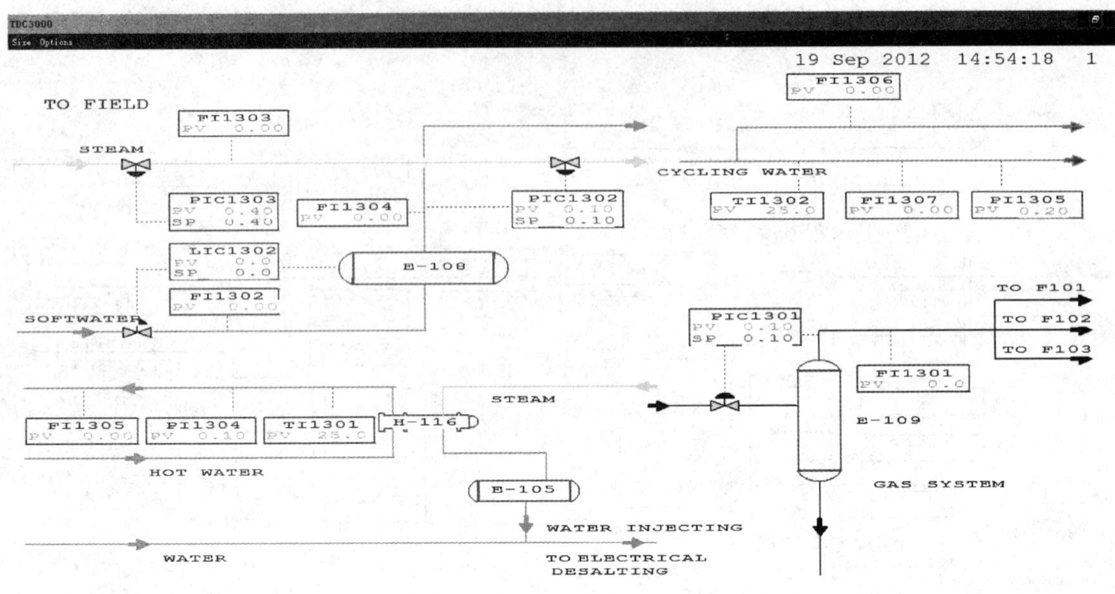

图 6-19 抽真空 DCS 图

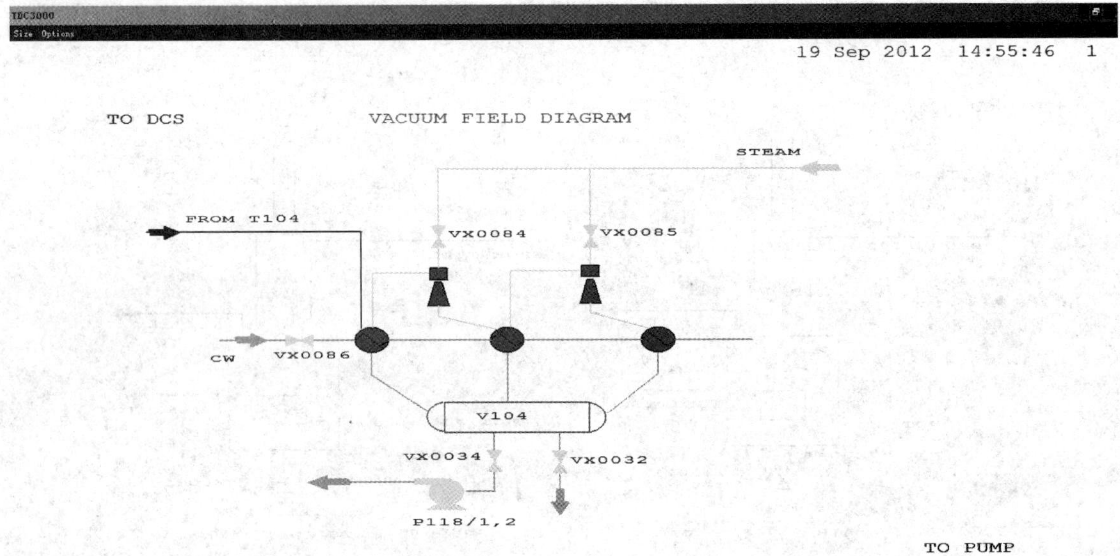

图 6-20 抽真空现场图

习题

1. 影响常压塔底液面的因素主要有哪些？
2. 如何才能保持塔底液面平稳？
3. 为什么减底液面装高，真空度下降？
4. 吹汽量大或液面装高引起侧线油变色有哪些现象？
5. 塔顶压力的变化对侧线产品分离精确度有何影响？
6. 炉出口温度波动的原因有哪些？
7. 简述过剩空气系数和加热炉燃烧的关系。
8. 简述常压炉日常检查和注意事项。
9. 烘炉前的检查内容有哪些？
10. 简述加热炉开工点火前的准备工作。
11. 简述减压炉管内油品的流速太低有何不好。
12. 简述炉管吹汽的作用。
13. 减压塔顶温度为什么不能过高？
14. 影响减压真空度主要因素有哪些？真空度是如何变化的？
15. 汽油的干点为什么高于塔顶温度？
16. 装置开工为什么要进行恒温热紧？
17. 简述常压塔的作用。
18. 简述初馏塔(闪蒸塔)的作用。
19. 简述减压塔的作用。
20. 简述换热系统在常压系统中的作用。
21. 水冷却器是控制入口水量好还是出口水量好？
22. 换热流程的一般安排原则是什么？
23. 简述炉出口温度波动的原因。
24. 简述造成闪蒸塔顶温度变化的原因。
25. 简述中和缓蚀剂的作用机理。
26. 用化学方程简述塔顶露点腐蚀及缓蚀剂防腐的基本原理。
27. 简述加热炉火嘴使用蒸汽雾化的目的及出现的现象。
28. 一次进原油的目的及应具备的条件？
29. 冷循环的目的有哪些？
30. 开始放常渣时有什么注意事项？

31. 简述烘炉的目的。

32. 简述点瓦斯的步骤。

33. 简述点火注意事项。

34. 简述管壳式冷凝、冷却器的启用步骤。

35. 简述空冷器的启用步骤。

36. 简述侧线油干点、凝固点的影响因素。

37. 简述侧线油闪点低的原因及调节方法。

38. 论述汽油干点的影响因素及调节方法。

39. 简述常压塔顶压力升高的原因。

40. 简述真空度变化的原因。

41. 原油入塔前为什么要有一定的过汽化度？

42. 影响减顶温度的因素有哪些？

43. 加热炉有哪些主要控制指标？为什么要强调多点考虑？

44. 减压塔顶不出产品的原因是什么？

45. 装置开工时热循环的目的是什么？

46. 点火时应注意的事项有哪些？

47. 原油含盐含水对加工装置有何影响？

48. 原油中盐类的存在形式有哪些？

第七章　乙烯裂解装置仿真

乙烯是石化工业的龙头，55%以上的乙烯用于生产聚乙烯。乙烯其他重要的下游产品有环氧乙烷、乙二醇、二氯乙烯、氯乙烯单体、乙苯、苯乙烯单体及乙酸等。生产乙烯的蒸汽裂解装置还联产丙烯、丁二烯、苯、甲苯和二甲苯等产品。这些一级、二级衍生物的主要下游产品是塑料、纤维、合成橡胶等合成材料及表面活性剂、黏合剂、涂料。其中塑料是占比例最大的下游产品，约占乙烯消费量的80%。这些产品的终端用户是包装、农业、建筑、电子电器、机械和汽车等部门。

我国乙烯产量将由2002年541万吨增加到2006年900万吨、2010年1300万吨，而乙烯当量需求量将从2002年1300万吨增加到2006年1800万吨、2010年2500万吨。乙烯产量是衡量一个国家石油化工发展水平的重要标志之一。中国乙烯工业正在从中、小型规模装置向大型规模装置的转变。我国大型化乙烯装置的建设，将改变我国历史上乙烯装置规模较小的弊端，不断增强乙烯工业的竞争力。

第一节　乙烯的生产方法

由于烯烃的化学性质很活泼，因此乙烯在自然界中独立存在的可能性很小。制取乙烯的方法很多，其中以管式炉裂解技术最为成熟，其他技术包括催化裂解、合成气制乙烯等。

一、管式炉裂解技术

反应器与加热炉融为一体，称为裂解炉。原料在辐射炉管内流过，管外通过燃料燃烧的高温火焰、产生的烟道气经过炉墙辐射加热，将热量经辐射管管壁传给管内物料，裂解反应在管内高温下进行，管内无催化剂，也称为石油烃热裂解。为降低原料烃分压，目前大多采用加入稀释蒸汽，故也称为蒸汽裂解技术。

二、 催化裂解技术

催化裂解即烃类裂解反应在有催化剂存在下进行，可以降低反应温度，提高选择性和产品收率。

据俄罗斯有机合成研究院对催化裂解和蒸汽裂解的技术经济比较，认为催化裂解单位乙烯和丙烯生产成本比蒸汽裂解降低 10% 左右，单位建设费用降低 13%～15%，原料消耗降低 10%～20%，能耗降低 30%。

催化裂解技术具有的优点，使其成为改进裂解过程最有前途的工艺技术之一。

三、 合成气制乙烯（MTO）

MTO 合成路线，是以天然气或煤为主要原料，先生产合成气，合成气再转化为甲醇，然后由甲醇生产烯烃的路线，完全不依赖于石油。在石油日益短缺的 21 世纪有望成为生产烯烃的重要路线。

采用 MTO 工艺可对现有的石脑油裂解制乙烯装置进行扩能改造。由于 MTO 工艺对低级烯烃具有极高的选择性，烷烃的生成量极低，可以非常容易分离出化学级乙烯和丙烯，因此可在现有乙烯工厂的基础上提高乙烯生产能力 30% 左右。

到目前为止，世界乙烯 95% 都是由管式炉裂解技术生产的，其他工艺路线由于经济性或者存在技术“瓶颈”等问题，至今仍处于技术开发或工业化实验的水平，没有或很少有常年运行的工业化生产装置。

第二节 石油烃热裂解的原料

一、 裂解原料来源和种类

裂解原料的来源主要有两个方面，一是天然气加工厂的轻烃，如乙烷、丙烷、丁烷等，二是炼油厂的加工产品，如炼厂气、石脑油、柴油、重油等，以及炼油厂二次加工油，如加氢焦化汽油、加氢裂化尾油等。

二、 合理选择裂解原料

乙烯生产原料的选择是一个重大的技术经济问题，原料在乙烯生产成本中占 60%～80%。

因此，原料选择正确与否对于降低成本有着决定性的意义。裂解生产乙烯的各种原料如图 7-1 所示。原料的选择主要考虑以下几方面。

1. 石油和天然气的供应状况和价格

世界各地乙烯的生产原料配置各不相同，大洋洲、北美、中东等地区由于天然气资源丰富且价格较为低廉，主要采用天然气凝析液(主要是乙烷)作为生产乙烯的原料，所占比例分别高达 82%、73%和 73%，剩余部分主要以粗柴油和石脑油为原料；亚洲、拉美和欧洲的乙烯生产商则主要以石脑油作为裂解的原料，分别占 86%、70%和 64%。

以美国为例，20 世纪 70 年代初，大部分裂解原料是以轻质烃(乙烷或丙烷)为原料，主要是由于美国有丰富的湿性天然气资源，富含轻质烷烃。70 年代后期，由于天然气资源日益减少，几乎新增加的乙烯装置都是采用石脑油和柴油。但当石油输出国大幅度提高油价后，原油价格的增长高于天然气平均价格的增长，绝大多数乙烯装置又转向以天然气为原料。90 年代，提高了汽油质量要求，使原来用于催化重整的石脑油又成为乙烯裂解的原料。

由上可见，石油和天然气的供应状况和价格对乙烯装置原料的选择影响很大。

2. 原料对能耗的影响

使用重质原料的乙烯装置能耗远远大于轻质原料，以乙烷为原料的乙烯装置生产成本最低，若乙烷原料的能耗为 1，则丙烷、石脑油和柴油的能耗分别是 1.23、1.52、1.84。美国对其乙烯装置的生产成本进行了比较，乙烷生产乙烯的成本为 270 美元/t，而轻柴油为 671 美元/t。

3. 原料对装置投资的影响

在乙烯生产中，采用不同的原料建厂，投资差别很大。采用乙烷、丙烷原料，由于烯烃收率高，副产品很少，工艺较简单，相应地投资较少。重质原料的乙烯收率低，原料消耗定额大幅度提高，用减压柴油作原料是用乙烷的 3.9 倍，装置炉区较大，副产品数量大，分离较复杂，则投资也较大。

随着国际上原料供求的变化，原料的价格也经常波动。因此，近年来设计的乙烯装置，或对老装置进行改造，均提高了装置的灵活性，即一套装置可以裂解多种原料，例如某厂共有 7 台裂解炉，其中 A~E 炉为毫秒炉(MSF 炉)，G、H 炉为 SW 炉。经改造后，现 SW 炉可投石脑油，5 台 MSF 炉可投乙烷或丙烷、石脑油、轻柴油。但裂解炉可裂解原料的范围越宽，相应炉子的投资也会越大。

4. 副产物的综合利用

裂解副产物约占整个产品组成的 60%~80%，对其进行有效的利用，可使乙烯成本降低 1/3或更多。裂解副产物的综合利用，必须对副产品市场、价格对乙烯成本的影响和综合利用程度作综合考虑，因为这些也是原料选择的特别重要因素。

目前，乙烯生产原料的发展趋势有两个，一是原料趋于多样化，二是原料中的轻烃比例增加。

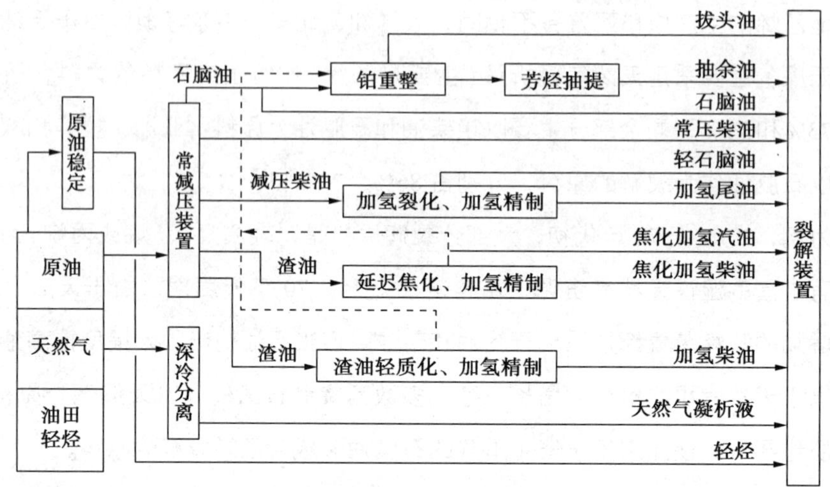

图 7-1　裂解生产乙烯各种原料示意图

第三节　石油烃热裂解的生产原理

在裂解原料中，主要烃类有烷烃、环烷烃和芳烃，二次加工的馏分油中还含有烯烃。尽管原料的来源和种类不同，但其主要成分是一致的，只是各种烃的比例有差异。烃类在高温下裂解，不仅原料发生多种反应，生成物也能继续反应，其中既有平行反应又有连串反应，包括脱氢、断链、异构化、脱氢环化、脱烷基、聚合、缩合、结焦等反应过程。因此，烃类裂解过程的化学变化是十分错综复杂的，生成的产物也多达数十种甚至上百种。

要全面描述这样一个十分复杂的反应过程是很困难的，所以人们根据反应的前后顺序，将它们简化归类分为一次反应和二次反应。

一、烃类裂解的一次反应

所谓一次反应是指生成目的产物乙烯、丙烯等低级烯烃为主的反应。

1. 烷烃裂解的一次反应

(1) 断链反应

断链反应是 C—C 链断裂反应，反应后产物有两个，一个是烷烃，另一个是烯烃，其碳原子数都比原料烷烃减少。其通式为：

$$C_{m+n}H_{2(m+n)+2} \longrightarrow C_nH_{2n}+C_mH_{2m+2}$$

（2）脱氢反应

脱氢反应是C—H链断裂的反应，生成的产物是碳原子数与原料烷烃相同的烯烃和氢气。其通式为

$$C_nH_{2n+2} \longrightarrow C_nH_{2n}+H_2$$

2. 环烷烃的断链(开环)反应

环烷烃的热稳定性比相应的烷烃好。环烷烃热裂解时，可以发生C—C链的断裂(开环)与脱氢反应，生成乙烯、丁烯和丁二烯等烃类。

以环己烷为例，断链反应：

$$\text{⬡} \begin{cases} 2C_3H_6 \\ C_2H_4+C_4H_6+H_2 \\ C_2H_4+C_4H_8 \\ \frac{3}{2}C_4H_6+\frac{3}{2}H_2 \\ C_4H_6+C_2H_6 \end{cases}$$

环烷烃的脱氢反应生成物是芳烃，芳烃缩合最终生成焦炭，所以不能生成低级烯烃，即不属于一次反应。

3. 芳烃的断侧链反应

芳烃的热稳定性很高，一般情况下，芳香烃不易发生断裂。所以由苯裂解生成乙烯的可能性极小。但烷基芳烃可以断侧链生成低级烷烃、烯烃和苯。

4. 烯烃的断链反应

常减压车间的直馏馏分中一般不含烯烃，但二次加工的馏分油中可能含有烯烃。大分子烯烃在热裂解温度下能发生断链反应，生成小分子的烯烃。

例如：$C_5H_{10} \longrightarrow C_3H_6+C_2H_4$

二、 烃类裂解的二次反应

二次反应就是一次反应生成的乙烯、丙烯继续反应并转化为炔烃、二烯烃、芳烃，直至生碳或结焦的反应。

烃类热裂解的二次反应比一次反应复杂。原料经过一次反应后，生成氢、甲烷和一些低相对分子质量的烯烃如乙烯、丙烯、丁二烯、异丁烯、戊烯等，氢和甲烷在裂解温度下很稳定，

而烯烃则可以继续反应。主要的二次反应有:

1. 低分子烯烃脱氢反应

$$C_2H_4 \longrightarrow C_2H_2 + H_2$$

$$C_3H_6 \longrightarrow C_3H_4 + H_2$$

$$C_4H_8 \longrightarrow C_4H_6 + H_2$$

2. 二烯烃叠合芳构化反应

$$2C_2H_4 \longrightarrow C_4H_6 + H_2$$

$$C_2H_4 + C_4H_6 \longrightarrow C_6H_6 + 2H_2$$

3. 结焦反应

烃的生焦反应，要经过生成芳烃的中间阶段，芳烃在高温下发生脱氢缩合反应而形成多环芳烃，它们继续发生多阶段的脱氢缩合反应生成稠环芳烃，最后生成焦炭。

$$\text{烯烃} \xrightarrow{-H_2} \text{芳烃} \xrightarrow{-H_2} \text{多环芳烃} \xrightarrow{-H_2} \text{稠环芳烃} \xrightarrow{-H_2} \text{焦}$$

除烯烃外，环烷烃脱氢生成的芳烃和原料中含有的芳烃均可脱氢发生结焦反应。

4. 生碳反应

在较高温度下，低分子烷烃、烯烃都有可能分解为碳和氢，这一过程是随着温度升高而分步进行的。如乙烯脱氢先生成乙炔，再由乙炔脱氢生成碳。

$$CH_2 = CH_2 \longrightarrow CH \equiv CH + H_2 \longrightarrow 2C + 2H_2$$

因此，生碳反应只有在高温条件下才可能发生，并且乙炔的生碳不是断链成单个碳原子，而是脱氢稠合成几百个碳原子。

结焦和生碳二者机理不同，结焦是在较低温度下(<927℃=通过芳烃缩合而成，生碳是在较高温度下(>927℃)，通过生成乙炔的中间阶段，脱氢成稠合的碳原子。

由此可以看出，一次反应是生产目的，二次反应造成烯烃的损失，并且生碳或结焦，又致使设备或管道堵塞，影响正常生产，所以是不希望发生的。因此，无论在选取工艺条件或进行设计时，都要尽力加速一次反应，抑制二次反应。

通过以上讨论，各族烃类的热裂解反应的大致规律可归纳如下:

烷烃—正构烷烃最利于生成乙烯、丙烯，是生产乙烯的最理想原料。相对分子质量越小则烯烃的总收率越高。异构烷烃的烯烃总收率低于同碳原子数的正构烷烃。随着相对分子质量的增大，这种差别减小。

环烷烃—在通常裂解条件下，环烷烃脱氢生成芳烃的反应优于断链(开环)生成单烯烃的反应。含环烷烃多的原料，其丁二烯、芳烃的收率较高，乙烯的收率较低。

芳烃—无侧链的芳烃基本上不易裂解为烯烃；有侧链的芳烃，主要是侧链逐步断链及脱氢。芳烃倾向于脱氢缩合生成稠环芳烃，直至结焦。所以芳烃不是裂解的合适原料。

烯烃—大分子的烯烃能裂解为乙烯和丙烯等低级烯烃，但烯烃会发生二次反应，最后生成焦和炭。所以含烯烃的原料如二次加工产品作为裂解原料不好。

所以，高含量的烷烃，低含量的芳烃和烯烃是理想的裂解原料。

第四节 石油烃热裂解的操作条件

石油烃裂解所得产品收率与裂解原料的性质密切相关。而对相同裂解原料而言，则裂解所得产品收率取决于裂解过程的工艺条件。只有选择合适的工艺条件，并在生产中平稳操作，才能达到理想的裂解产品收率分布，并保证合理的清焦周期。

一、裂解温度

从热力学分析，裂解是吸热反应，需要在高温下才能进行。温度越高对生成乙烯、丙烯越有利，但对烃类分解成碳和氢的副反应也越有利，即二次反应反应在热力学上占优势；从动力学角度分析，升高温度，石油烃裂解生成乙烯的反应速率的提高大于烃分解为碳和氢的反应速率，即提高反应温度，有利于提高一次反应对二次反应的相对速率，有利于乙烯收率的提高，所以一次反应在动力学上占优势。因此应选择一个最适宜的裂解温度，发挥一次反应在动力学上的优势，而克服二次反应在热力学上的优势，既可提高转化率也可得到较高的乙烯收率。

一般当温度低于750℃时，生成乙烯的可能性较小，或者说乙烯收率较低；在750℃以上生成乙烯可能性增大，温度越高，反应的可能性越大，乙烯的收率越高。但当反应温度太高，特别是超过900℃时，甚至达到1100℃时，对结焦和生碳反应极为有利，同时生成的乙烯又会经历乙炔中间阶段而生成碳，这样原料的转化率虽有增加，产品的收率却大大降低。所以理论上烃类裂解制乙烯的最适宜温度一般在750~900℃之间。而实际裂解温度的选择还与裂解原料、产品分布、裂解技术、停留时间等因素有关。

不同的裂解原料具有不同的适宜裂解温度，较轻的裂解原料，裂解温度较高，较重的裂解原料，裂解温度较低。如某厂乙烷裂解炉的裂解温度是850~870℃，石脑油裂解炉的裂解温度是840~865℃，轻柴油裂解炉的裂解温度是830~860℃；若改变反应温度，裂解反应进行的程度就不同，一次产物的分布也会改变，所以可以选择不同的裂解温度，达到调整一次产物分布的目的，如裂解目的产物是乙烯，则裂解温度可适当地提高，如果要多产丙烯，裂解温度可适当降低；提高裂解温度还受炉管合金的最高耐热温度的限制，也正是管材合金和加热炉设计方面的进展，使裂解温度可从最初的750℃提高到900℃以上，目前某些裂解炉管已允许壁温达到1115~1150℃，但这不意味着裂解温度可选择1100℃以上，它还受到停留时间的限制。

二、 停留时间

停留时间是指裂解原料由进入裂解辐射管到离开所经历的时间。即反应原料在反应管中停留的时间。停留时间一般用 τ 来表示，单位为 s。

实际上，裂解温度和停留时间存在着既相互依存又相互制约的关系，没有适当的高温，停留时间无论如何延长也得不到高乙烯收率，反过来，停留时间不合适，即使在高温下也不能得到高乙烯收率，因此裂解温度与停留时间是一组相互关联的参数。在控制一定裂解深度条件下，可以有各种不同的裂解温度-停留时间组合，高温短停留时间是改善裂解反应目的产品收率的关键。一般规律是，提高裂解温度、缩短停留时间对裂解产物分布有如下影响：

① 有利于正构烷烃生成更多的乙烯，而丙烯以上的单烯烃的收率有所下降。

② 有利于异构烷烃生成低相对分子质量的直链烯烃，而支链烯烃的收率下降。

③ 不利于芳烃的生成，裂解汽油的收率也减少。

三、 裂解压力

1. 压力对平衡转化率的影响

烃类裂解的一次反应是分子数增加的反应，降低压力对反应平衡向正反应方向移动是有利的，但是高温条件下，断链反应的平衡常数很大，几乎接近全部转化，反应是不可逆的，因此改变压力对断链反应的平衡转化率影响不大。对于脱氢反应，它是一可逆过程，降低压力有利于提高转化率。二次反应中的聚合、脱氢缩合、结焦等二次反应，都是分子数减少的反应，因此降低压力不利于平衡向产物方向移动，可抑制此类反应的发生。所以从热力学分析可知，降低压力对一次反应有利，而对二次反应不利。

2. 压力对反应速度的影响

烃类裂解的一次反应，是单分子反应，其反应速率可表示为：$r_{裂}=k_{裂}C$

烃类聚合或缩合反应为多分子反应，其反应速率为：$r_{聚}=k_{聚}C^{n}r_{缩}=k_{缩}C_{A}C_{B}$

压力不能改变速度常数的大小，但能通过改变浓度的大小来改变反应速率的大小。降低压力会使气相的反应分子的浓度减少，也就减少了反应速率。由以上三式可见，浓度的改变虽对三个反应速率都有影响，但降低的程度不一样，浓度的降低使双分子和多分子反应速率的降低比单分子反应速率要大得多。

所以从动力学分析得出：降低压力可增大一次反应对于二次反应的相对速率。

故无论从热力学还是动力学分析，降低裂解压力对一次反应有利，可抑制二次反应，从而减轻结焦的程度。表 7-1 反映了压力对裂解反应的影响。

表 7-1　裂解压力对一次反应和二次反应的影响

反　　应		一次反应	二次反应
热力学因素	反应后体积的变化	增大	减少
	降低压力对平衡的影响	有利提高平衡转化率	不利提高平衡转化率
动力学因素	反应分子数	单分子反应	双分子或多分子反应
	降低压力对反应速度的影响	不利	更不利提高
	降低压力对反应速度的相对变化的影响	有利	不利

3. 稀释剂的降压作用

如果在生产中直接采用减压操作，因为裂解是在高温下进行的，当某些管件连接不严密时，有可能漏入空气，不仅会使裂解原料和产物部分氧化而造成损失，更严重的是空气与裂解气能形成爆炸性混合物而导致爆炸。另外如果在此处采用减压操作，而对后续分离部分的裂解气压缩操作就会增加负荷，即增加了能耗。工业上常用的办法是在裂解原料气中添加稀释剂以降低烃分压，而不是降低系统总压。

稀释剂可以是惰性气体(例如氮)或蒸汽。工业上都是用蒸汽作为稀释剂，其优点是：

(1) 易于从裂解气中分离　蒸汽在急冷时可以冷凝，很容易就实现了稀释剂与裂解气的分离。

(2) 可以抑制原料中的硫对合金钢管的腐蚀

(3) 可脱除炉管的部分结焦　蒸汽在高温下能与裂解管中沉淀的焦炭发生如下反应：$C + H_2O \rightarrow H_2 + CO$，使固体焦炭生成气体随裂解气离开，延长了炉管运转周期。

(4) 减轻了炉管中铁和镍对烃类气体分解生碳的催化作用　蒸汽对金属表面起一定的氧化作用，使金属表面的铁、镍形成氧化物薄膜，可抑制这些金属对烃类气体分解生炭反应的催化作用。

(5) 稳定炉管裂解温度　蒸汽的热容大，蒸汽升温时耗热较多，稀释蒸汽的加入，可以起到稳定炉管裂解温度，防止过热，保护炉管的作用。

(6) 降低烃分压的作用明显　稀释蒸汽可降低炉管内的烃分压，水的摩尔质量小，同样质量的蒸汽其分压较大，在总压相同时，烃分压可降低较多。

加入蒸汽的量，不是越多越好，增加稀释蒸汽量，将增大裂解炉的热负荷，增加燃料的消耗量，增加水蒸汽的冷凝量，从而增加能量消耗，同时会降低裂解炉和后部系统设备的生产能力。蒸汽的加入量随裂解原料而异，一般地说，轻质原料裂解时，所需稀释蒸汽量可以降低，随着裂解原料变重，为减少结焦，所需稀释蒸汽量将增大。

综上所述，石油烃热裂解的操作条件宜采用高温、短停留时间、低烃分压，产生的裂解气要迅速离开反应区，因为裂解炉出口的高温裂解气在出口温度条件下将继续进行裂解反应，使二次反应增加，乙烯损失随之增加，故需将裂解炉出口的高温裂解气加以急冷，当温度降到650℃以下时，裂解反应基本终止。

第五节　石油烃热裂解的工艺简介

一、管式炉的基本结构和炉型

裂解条件需要高温、短停留时间、低烃分压，所以裂解反应的设备，必须能够承受相当高的裂解温度，裂解原料在设备内能够迅速升温并进行裂解，产生裂解气。管式炉裂解工艺是目前较成熟的生产乙烯的工艺，我国近年来引进的裂解装置都是管式裂解炉。管式炉炉型结构简单，操作容易，便于控制和连续生产，乙烯、丙烯收率较高，动力消耗少，热效率高，裂解气和烟道气的余热大部分可以回收。

管式炉裂解技术的反应设备是裂解炉，它既是乙烯装置的核心，又是挖掘节能潜力的关键设备。

为了提高乙烯收率和降低原料和能量消耗，多年来管式炉技术取得了较大进展，并不断开发出各种新炉型。尽管管式炉有不同型式，但从结构上看，主要包括对流段(或称对流室)和辐射段(或称辐射室)组成的炉体、炉体内适当布置的由耐高温合金钢制成的炉管、燃料燃烧器等三个主要部分。管式炉的基本结构如图7-2所示。

(1) 炉体

由两部分组成，即对流段和辐射段。对流段内设有数组水平放置的换热管用来预热原料、工艺稀释蒸汽、急冷锅炉进水和过热的高压蒸汽等；辐射段由耐火砖(里层)和隔热砖(外层)砌成，在辐射段炉墙或底部的一定部位安装有一定数量的燃烧器，所以辐射段又称为燃烧室或炉膛，裂解炉管垂直放置在辐射室中央。为放置炉管，还有一些附件如管架、吊钩等。

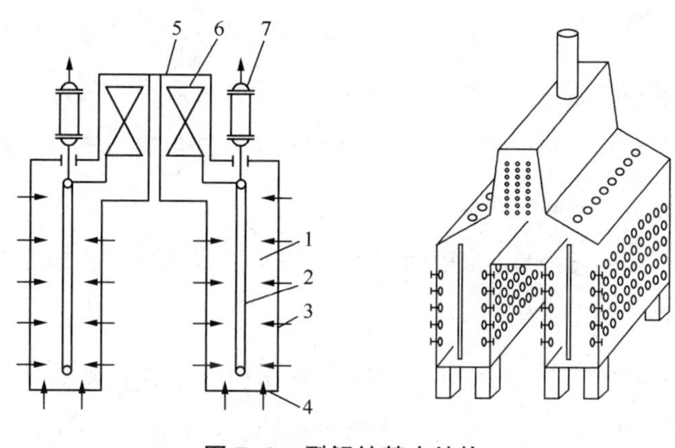

图 7-2 裂解炉基本结构

1—辐射段；2—垂直辐射管；3—侧壁燃烧器；4—底部燃烧器；5—对流段；6—对流管；7—急冷锅炉

（2）炉管

安置在对流段的炉管称为对流管，对流管内物料被管外的高温烟道气以对流方式进行加热并汽化，达到裂解反应温度后进入辐射管，故对流管又称为预热管。安置在辐射段的炉管称为辐射管，通过燃料燃烧的高温火焰、产生的烟道气、炉墙辐射加热将热量经辐射管管壁传给物料，裂解反应在该管内进行，故辐射管又称为反应管。

在管式炉运行时，裂解原料的流向是先进入对流管，后进入辐射管，反应后的裂解气离开裂解炉经急冷段实现急冷。燃料在燃烧器燃烧后，先在辐射段生成高温烟道气，并为辐射管提供反应所需的大部分热量。然后，烟道气进入对流段，把余热提供给刚进入对流管内的物料，最后经烟道从烟囱排放。烟道气和物料是逆向流动的，这样热量利用更为合理。

（3）燃烧器

燃烧器又称为烧嘴，它是管式炉的重要部件之一。管式炉中反应所需的热量是通过燃料在燃烧器中燃烧得到的。性能优良的烧嘴不仅对炉子的热效率、炉管热强度和加热均匀性起着十分重要的作用，而且使炉体外形尺寸缩小，结构紧凑、燃料消耗低，烟气中 NO_x 等有害气体含量低。烧嘴因其所安装的位置不同分为底部烧嘴和侧壁烧嘴。管式裂解炉的烧嘴设置方式可分为三种：一是全部由底部烧嘴供热；二是全部由侧壁烧嘴供热；三是由底部和侧壁烧嘴联合供热。按所用燃料不同，又分为气体燃烧器、液体（油）燃烧器和气油联合燃烧器。

二、裂解气急冷

1. 裂解气的急冷

从裂解炉出来的裂解气是富含烯烃的气体和大量的蒸汽，温度 727～927℃，烯烃反应性很强，高温下长时间停留，会发生二次反应，引起结焦、烯烃收率下降及生成经济价值不高的副产物，因此需要将裂解炉出口高温裂解气尽快冷却，以终止其裂解反应。

急冷的方法有两种，一种是直接急冷，另一种是间接急冷。直接急冷即急冷剂与裂解气直接接触，急冷剂用油或水，急冷下来的油水密度相差不大，分离困难，污水量大，不能回收高品位的热量。采用间接急冷的目的是回收高品位的热量，产生高压蒸汽作动力能源以驱动裂解气、乙烯、丙烯的压缩机、汽轮机发电及高压水泵等机械。

生产中一般都先采用间接急冷，即裂解产物先进急冷换热器，取走热量，然后采用直接急冷，即油洗和水洗来降温。

裂解原料的不同，急冷方式有所不同，如裂解原料为气体，则适合的急冷方式为“水急冷”，而裂解原料为液体时，适合的急冷方式为“先油后水”。

2. 急冷设备

间接急冷的关键设备是急冷换热器(常以 TLE 或 TLX 表示)。急冷换热器与汽包所构成的蒸汽发生系统称为急冷废热锅炉。一般急冷换热器管内走高温裂解气，裂解气的压力约低于 0.1MPa，温度高达 800~900℃，进入急冷换热器后要在极短的时间(一般在 0.1s 以下)下降到 350~600℃，传热强度约达 418.7×10^{6} J/(m^{2} · h)左右。管外走高压热水，压力约为 11~12MPa，在此产生高压蒸汽，出口温度为 320~326℃。因此急冷换热器具有热强度高，操作条件极为苛刻、管内外必须同时承受较高的温度差和压力差的特点；同时在运行过程中还有结焦问题，所以生产中使用的不同类型的急冷锅炉都是考虑这些特点来研究和开发的，而与普通的换热器不同。

裂解气经过急冷换热器后，进行油洗和水洗。油洗的作用：一是将裂解气继续冷却，并回收其热量，二是使裂解气中的重质油和轻质油冷凝洗涤下来回收，然后送去水洗。水洗的作用一是将裂解气继续降温到 40℃左右，二是将裂解气中所含的稀释蒸汽冷凝下来，并将油洗时没有冷凝下来的一部分轻质油也冷凝下来，同时也可回收部分热量。

三、 裂解炉和急冷锅炉的结焦与清焦

1. 裂解炉和急冷锅炉的结焦

在裂解和急冷过程中不可避免地会发生二次反应，最终会结焦，积附在裂解炉管的内壁上和急冷锅炉换热管的内壁上。

随着裂解炉运行时间的延长，焦的积累量不断地增加，有时结成坚硬的环状焦层，使炉管内径变小，阻力增大，使进料压力增加；另外由于焦层导热系数比合金钢低，有焦层的地方局部热阻大，导致反应管外壁温度升高，一是增加了燃料消耗，二是影响反应管的寿命，同时破坏了裂解的最佳工况，故在炉管结焦到一定程度时即应及时清焦。

当急冷锅炉出现结焦时，除阻力较大外，还引起急冷锅炉出口裂解气温度上升、副产高压

蒸汽的减少，并加大了急冷油系统的负荷。

2. 裂解炉和急冷锅炉的清焦

当出现下列任一情况时，应进行清焦：

① 裂解炉管管壁温度超过设计规定值；

② 裂解炉辐射段入口压力增加值超过设计值；

③ 废热锅炉出口温度超过设计允许值，或废热锅炉进出口压差超过设计允许值。

清焦方法有停炉清焦和不停炉清焦法(也称在线清焦)。停炉清焦是将进料及出口裂解气切断(离线)后，将裂解炉和急冷锅炉停车拆开，分别进行除焦，用惰性气体和蒸汽清扫管线，逐渐降低炉温，然后通入空气和蒸汽烧焦。

由于氧化(燃烧)反应是强放热反应，故需加入蒸汽以稀释空气中的氧的浓度，以减慢燃烧速度。烧焦期间，不断检查出口尾气的二氧化碳含量，当二氧化碳浓度降至 0.2%以下时，可以认为在此温度下烧焦结束。在烧焦过程中裂解管出口温度必须严格控制，不能超过 750℃，以防烧坏炉管。

停炉清焦需 3~4 天时间，这样会减少全年的运转日数，设备生产能力不能充分发挥。不停炉清焦是一种改进方法，有交替裂解法、蒸汽法、氢气清焦法等。交替裂解法是使用重质原料(如轻柴油等)裂解一段时间后有较多的焦生成，需要清焦时切换轻质原料(如乙烷)去裂解，并加入大量的蒸汽，这样可以起到裂解和清焦的作用。当压降减少后(焦已大部分被清除)，再切换为原来的裂解原料。蒸汽、氢气清焦是定期将原料切换成蒸汽、氢气，方法同上，也能达到不停炉清焦的目的。对整个裂解炉系统，可以将炉管组轮流进行清焦操作。不停炉清焦时间一般在 24h 之内，这样裂解炉运转周期大为增加。

在裂解炉进行清焦操作时，废热锅炉均在一定程度上可以清理部分焦垢，管内焦炭不能完全用燃烧方法清除，所以一般需要在裂解炉 1~2 次清焦周期内对废热锅炉进行水力清焦或机械清焦。

第六节 乙烯裂解装置仿真操作

一、工艺流程简介

1. 装置的生产过程

乙烯车间裂解单元是乙烯装置的主要组成部分之一。裂解是指烃类在高温下，发生碳链断裂或脱氢反应，生成烯烃和其他产物的过程。

裂解炉进料预热系统利用急冷水热源，将石脑油预热到60℃，送入裂解炉裂解。

裂解炉系统利用高温、短停留时间、低烃分压的操作条件，裂解石脑油等原料，生产富含乙烯、丙烯和丁二烯的裂解气，送至急冷系统冷却。

急冷系统接收裂解炉来的裂解气，经过油冷和水冷两步工序，经过冷却和洗涤后的裂解气去压缩工段。

裂解炉废热锅炉系统回收裂解气的热量，产生超高压蒸汽作为裂解气压缩机等机泵的动力。

燃料油汽提塔利用中压蒸汽直接汽提，降低急冷油黏度。

稀释蒸汽发生系统接收工艺水，发生稀释蒸汽送往裂解炉管，作为裂解炉进料的稀释蒸汽，降低原料裂解中烃分压。

来自罐区、分离工段的燃料气，送入裂解炉，作为裂解炉的燃料气，为裂解炉高温裂解提供热量。

2. 装置流程说明

来自罐区的石脑油原料在送到裂解炉之前由急冷水预热至60℃。被裂解炉烟道气进一步预热后，液体进料在180℃条件下进入炉子裂解。在注入稀释蒸汽之前，将上述烃进料按一定的流量送到各个炉管。烃类/蒸汽混合物返回对流段，在进入裂解炉辐射管之前预热至横跨温度，在裂解炉辐射管中原料被裂解。辐射管出口与TLE相连，TLE利用裂解炉流出物的热量生产超高压蒸汽。

TLE通过同每一台裂解炉的汽包相连的热虹吸系统，在12.4MPa的压力条件下生产SS蒸汽。锅炉给水(BFW)由烟道气预热后进入锅炉蒸汽汽包。蒸汽包排出的饱和蒸汽在裂解炉对流段中由烟道气过热至400℃。通过在过热蒸汽中注入锅炉给水来控制过热器的出口温度。温度调节以后的蒸汽返回对流段并最终过热至所需的温度(520℃)。

来自裂解炉TLE的流出物由装在TLE出口处的急冷器用急冷油进行急冷，混合以后送至油冷塔。

在油冷塔，裂解气进一步被冷却，裂解燃料油(PFO)和裂解柴油(PGO)从油冷塔中抽出，汽油和较轻的组分作为塔顶气体。裂解气体中的热量的去除与回收是通过将急冷油从塔底循环至稀释蒸汽发生器和稀释蒸汽罐进料预热器进行的。低压蒸汽也在急冷油回路中产生。水冷塔中冷凝的汽油作为油冷塔的回流液。

裂解燃料油被泵送到裂解燃料油汽提塔(T102)。裂解柴油(来自油冷塔的侧线抽出物)被送至裂解燃料油汽提塔的下部汽提段，以控制闪点。用汽提蒸汽将裂解燃料油汽提，提高急冷油中馏程在260~340℃馏分的浓度，有助于降低急冷油黏度。塔底的燃料油通过燃料油泵送入燃料油罐。

油冷塔顶的裂解气，通过和水冷塔中的循环急冷水进行直接接触进行冷却和部分冷凝，温度冷却至28℃，水冷塔的塔顶裂解气被送到下一工段。

来自水冷塔的急冷水给乙烯装置工艺系统提供低等级热量，即提供给装置中一些用户热量。换热后的急冷水由循环水和过冷水进一步冷却，作为水冷塔的回流，冷却裂解气。

在水冷塔冷凝的汽油，与循环急冷水和塔底冷凝的稀释蒸汽分离，冷凝后的汽油部分作为回流进入油冷塔。部分送往其他工段。

在水冷塔冷凝的稀释蒸汽(工艺水)进入工艺水汽提塔，在工艺水汽提塔，利用低压蒸汽汽提，将酸性气体和易挥发烃类汽提后返回水冷塔。安装有顶部物流/进料换热器以预热去工艺水汽提塔的进料。

汽提后的工艺水在进入稀释蒸汽发生器前用急冷油预热。然后被中压蒸汽和稀释蒸汽发生器中的急冷油汽化。产生的蒸汽被中压蒸汽过热，然后用作裂解炉中的稀释蒸汽。

来自罐区、分离工段的燃料气，送入裂解炉，作为裂解炉的燃料气。

二、 设备列表（表7-2）

表7-2 设备列表

序号	位号	名　　称	序号	位号	名　　称
1	D101	蒸汽汽包	2	F101	裂解炉
3	D102	稀释蒸汽发生器	4	L101	油急冷器
5	E101	TLE 换热器	6	L102	油急冷器
7	E102	TLE 换热器	8	ME101	蒸汽减温器
9	E103	原料油进料预热器	10	ME102	蒸汽减温器
11	E104	稀释蒸汽发生器底再沸器	12	P101	急冷油泵
13	E105	稀释蒸汽发生器进料预热器	14	P102	裂解燃料油泵
15	E106	低压蒸汽发生器	16	P103	急冷水循环泵
17	E107	裂解燃料油冷却器	18	P104	油冷塔回流泵
19	E108	急冷水冷却器	20	P105	工艺水汽提塔进料泵
21	E109	急冷水调温冷却器	22	P106	稀释蒸汽发生器进料泵
23	E110	工艺水汽提塔进料预热器	24	S101	急冷油过滤器
25	E111	工艺水汽提塔再沸器	26	T101	油冷塔

续表

序号	位号	名　　称	序号	位号	名　　称
27	E112	稀释蒸汽过热器	28	T102	裂解燃料油汽提塔
29	E113	中压/稀释蒸汽换热器	30	T103	水冷塔
31	E114	排污冷却器	32	T104	工艺水汽提塔
33	E120	急冷水循环换热器群	34	Y101	裂解炉引风机

三、仪表列表（表 7-3）

表 7-3　仪表列表

点名	单位	正常值	描　　述	点名	单位	正常值	描　　述
AI1101	%	4	F101 烟气氧含量	TIC1101	℃	180	原料油经烟道气预热后温度
FIC1101	t/h	9.0	原料油一路进料	TIC1102	℃	213	L101 出口温度
FIC1102	t/h	9.0	原料油二路进料	TIC1103	℃	213	L102 出口温度
FIC1103	t/h	9.0	原料油三路进料	TIC1104	℃	932	F101 裂解气出口温度
FIC1104	t/h	9.0	原料油四路进料	TIC1105	℃	400	ME101 出口温度
FIC1105	t/h	4.5	稀释蒸汽一路进料	TIC1106	℃	520	ME102 出口温度
FIC1106	t/h	4.5	稀释蒸汽二路进料	TI1107	℃	60	原料预热后温度
FIC1107	t/h	4.5	稀释蒸汽三路进料	TI1108	℃	660	对流室进辐射室一路温度
FIC1108	t/h	4.5	稀释蒸汽四路进料	TI1109	℃	660	对流室进辐射室二路温度
FF1109	%		原料/DS 的比值	TI1110	℃	660	对流室进辐射室三路温度
FIC1110	t/h	36.0	原料油进料总量	TI1111	℃	660	对流室进辐射室四路温度
FI1111	t/h	20.0	锅炉给水流量	TI1112	℃	832	裂解炉出口一路温度
FI1112	t/h	28.0	过热蒸汽流量	TI1113	℃	832	裂解炉出口二路温度
FI1201	t/h	925.7	裂解气进油冷塔	TI1114	℃	832	裂解炉出口三路温度
FIC1202	t/h	3.28	QO 去裂解燃料油汽提塔	TI1115	℃	832	裂解炉出口四路温度
FIC1203	t/h	147.0	QO 循环流量	TI1116	℃	450	E101 出口温度
FIC1204	t/h	0.0	P101 出口返回量	TI1117	℃	450	E102 出口温度
FIC1205	t/h	34.0	汽油自 P104 进 T101	TI1118	℃	320	蒸汽汽包温度
FI1207	t/h	5.4	汽油出 T101	TI1119	℃	200	稀释蒸汽入口温度
FI1209	t/h	125.0	气体出 T101	TI1120	℃	1160	F101 炉膛温度
FIC1301	t/h	5.4	汽油进 T102	TI1121	℃	130	烟气出口温度
FIC1302	t/h	4.5	MS 进 T102	TI1201	℃	198	T101 塔底温度

续表

点名	单位	正常值	描　　述	点名	单位	正常值	描　　述
FI1303	t/h	6.7	T102 气体出料	TIC1202	℃	104	T101 塔顶温度
FI1304	t/h	3.48	T102 底部出料	TI1203	℃	130	T101 上部温度
FIC1401	t/h	1400.0	急冷水返回流量	TI1204	℃	155	T101 下部温度
FIC1402	t/h	350.0	急冷水返回流量	TI1205	℃	213	裂解气进 T101 温度
FI1404	t/h	56.2	T103 顶部出料	TI1206	℃	155	E106 热物流出口温度
FI1405	t/h	37.4	汽油出 T103	TI1207	℃	158	E105 热物流出口温度
FIC1501	kg/h	500	LS 进 T104	TI1208	℃	175	E104 热物流出口温度
FIC1502	t/h	100.0	LS 进 E111	TIC1301	℃	80	E107 热物流出口温度控制
FI1503	t/h	95.0	P105 出口	TI1302	℃	190	T102 顶部温度
FI1504	t/h	3.6	T104 顶部出料	TI1303	℃	181	T102 底部温度
FI1505	t/h	18.0	D102 顶部排污	TI1304	℃	80	E107 热物流出口温度
FIC1506	t/h	73.9	D102 底部出料	TIC1401	℃	85	水冷塔塔底温度控制
FI1507	t/h	50.0	MS 进 E112	TIC1402	℃	58	循环水回流温度控制
LIC1101	%	60	蒸汽汽包液位	TI1403	℃	28	T103 塔顶温度
LIC1201	%	60	T101 液位	TI1404	℃	85	T103 底部温度
LIC1202	%	60	E106 液位	TI1405	℃	25	E109 管程出口温度
LIC1203	%	50	T101 侧采段液位	TIC1501	℃	118	T104 顶部温度控制
LIC1301	%	50	T102 液位	TI1502	℃	112	T104 进料温度
LIC1401	%	70	T103 油相液位	TI1503	℃	122	T104 底部温度
LI1402	%	60	T103 界位	TI1504	℃	123	T104 再沸器出口温度
LIC1501	%	60	T104 液位	TI1505	℃	115	E110 去 T103 管线温度
LIC1502	%	60	D102 液位	TI1506	℃	160	D102 进料温度
PIC1101	Pa	-30	F101 炉膛负压	TI1507	℃	169	D102 底部温度
PI1103	MPa(g)	12.4	D101 压力	TI1508	℃	169	D102 顶部温度
PIC1104	kPa(g)	85	F101 侧壁燃料气压力	TI1509	℃	171	E104 冷物流出口温度
PIC1105	kPa(g)	166	F101 底部燃料气压力	TI1510	℃	170	E113 冷物流出口温度
PI1201	kPa(g)	37	T101 压力	TI1511	℃	220	E112 热物流出口温度
PI1202	kPa(g)	350	E106 压力	TI1512	℃	43	E114 热物流出口温度
PI1301	kPa(g)	44	T102 压力	TI1513	℃	200	E112 出口 DS 温度
PIC1401	kPa(g)	20	T103 压力	PIC1501	MPa(g)	0.66	D102 压力
PIC1402	kPa(g)	20	T103 压力	PI1502	kPa(g)	100	T104 压力
PDC1402	MPa(g)	0.7	水冷塔急冷水压差控制				

四、 操作参数

1. 裂解炉 F101(表 7-4)

表 7-4　裂解炉 F101 操作参数

名　称	温度/℃	压力(表)	流量/(t/h)
石脑油进料	60		36
横跨段	1160		
横跨段炉管	660		
炉膛负压		-30Pa	
裂解炉出口	832		
裂解炉烟气	130		
TLE 出口温度	450		
急冷器出口温度	213		
底部燃料气			0. 9~1. 0
侧壁燃料气			2. 8~3. 2

2. 蒸汽系统 D101(表 7-5)

表 7-5　蒸汽系统 D101 操作参数

名　称	温度/℃	压力(表)	流量/(t/h)
锅炉给水	147	14. 0MPa	20. 0
D101	320	12. 4MPa	
一段过热	400	12. 4MPa	5. 0
二段过热	520	12. 4MPa	3. 0

3. 急冷系统(表 7-6)

表 7-6　急冷系统操作参数

名　称	温度/℃	压力(表)	流量/(t/h)
T101	底部：198		
	顶部：104	37kPa	
T102		50kPa	
T103	底部：85		
	顶部：28	44kPa	

续表

名　称	温度/℃	压力(表)	流量/(t/h)
T104	底部：122		
	顶部：118	100kPa	
D102	169	0.66MPa	

五、 联锁逻辑图

1. 联锁系统的起因及结果(表 7-7)

表 7-7　联锁系统的起因及结果

序号	联锁号	联锁原因	设定值	旁路	动作结果
1	PB1101	裂解炉停车		无	详见联锁逻辑图
2	LSLL1102	蒸汽发生器液位	10.0%	有	详见联锁逻辑图
3	FSLL1103	锅炉给水流量	0.5t/h	有	详见联锁逻辑图
4	PB1104	引风机跳闸		有	详见联锁逻辑图
5	TSHH1105	蒸汽温度过热	600℃	有	详见联锁逻辑图
6	TSHH1106A、B	急冷气体温度	500℃	无	详见联锁逻辑图
7	PSLL1107	石脑油进料压力低	10kPa(g)	有	详见联锁逻辑图
8	PSLL1108	底部燃料气压力低	8kPa(g)	有	详见联锁逻辑图
9	PSLL1109	侧壁燃料气压力低	8kPa(g)	有	详见联锁逻辑图
10	PSLL1111	底部点火气压力低	8kPa(g)	有	详见联锁逻辑图

2. 联锁逻辑图(图 7-3)

六、 复杂控制说明

1. 比例控制

本装置进料流量 FIC1101~FIC1104 和 DS 流量 FIC1105~FIC1108 采用比例控制，FIC1101~FIC1104 采用自动控制，FIC1101~FIC1104 参照 FC9101 进行一定比值 FF1109 调节。

2. 分程控制

本装置的 D102 分程控制手段来控制其压力。当调节器控制在 50%开度时，A 阀全开，B 阀全关；当调节器控制在 100%开度时，A、B 阀都是全开。

3. 串级控制

FIC1110 和 FIC1101~FIC1104，出 D102 原料油总流量与裂解炉单个炉管的进料量串级控

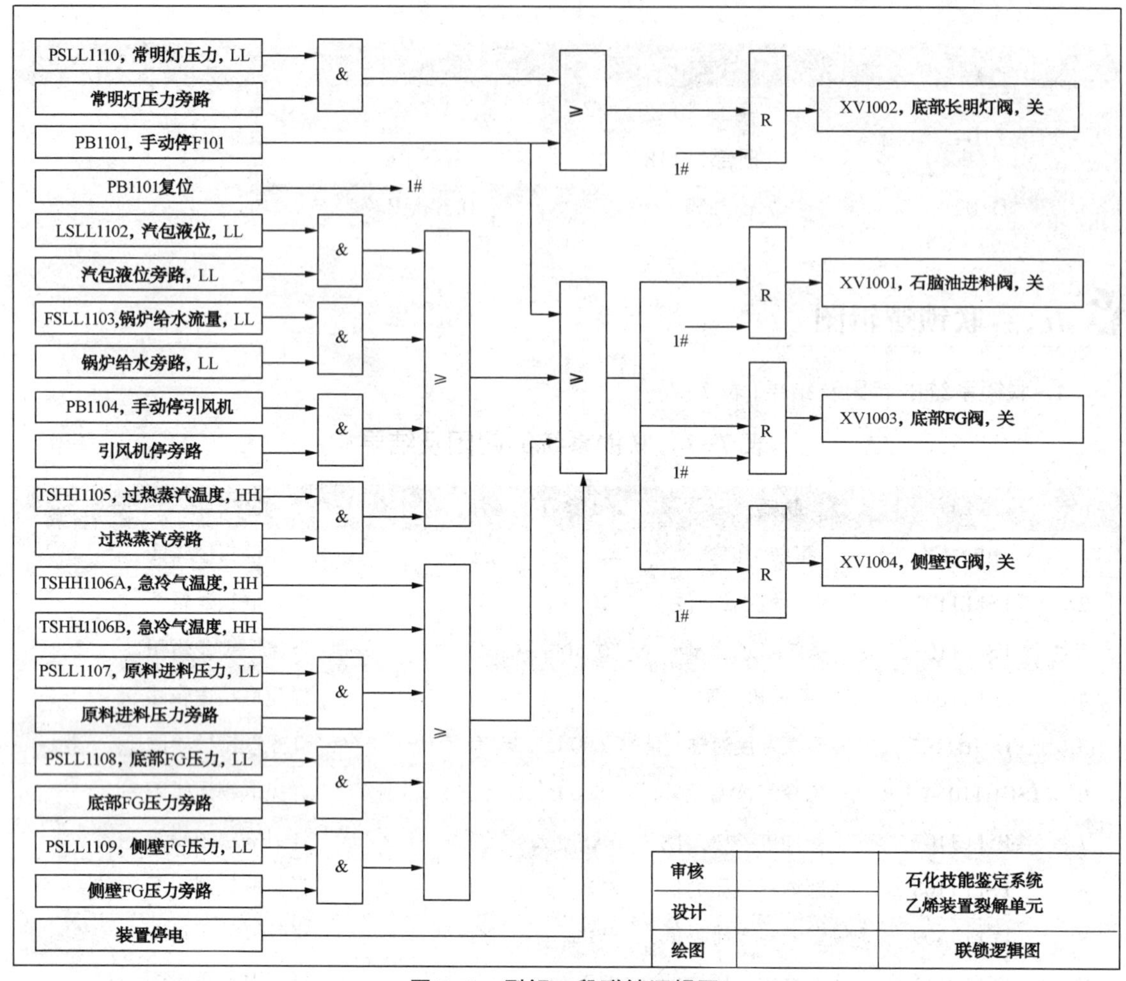

图 7-3　裂解工段联锁逻辑图

制，保持 F101 进料总量。

① TIC1104 和 PIC1104 利用侧壁燃料气压力来控制 F101 裂解气出口温度。

② LIC1201 和 FIC1202 调节 T101 底部出料量来维持液位的稳定。

③ TIC1401 和 FIC1401 通过对回流量的调节来控制 T103 塔底的温度。

④ TIC1202 和 FIC1205 通过对回流量的调节来控制 T101 塔顶温度。

⑤ TIC1501 和 FIC1502 通过对回流量的调节来控制 T104 塔顶温度。

七、 重点设备的操作

裂解炉的点火操作：裂解炉的点火总体顺序是先点燃长明线烧嘴，再点燃底部烧嘴，最后点燃侧壁烧嘴。

为了保证四路裂解炉管的出口温度尽量接近，裂解炉的点火操作要求对称进行，具体操作按所附点火顺序图进行。

八、 操作规程

1. 正常开工

(1) 裂解单元的开车

① 开车前的准备工作

a. 向汽包内注水

- 打开汽包通往大气的排放阀 VX3D101。
- 打开锅炉给水根部阀 VI1D101，慢开 LIC1101 的旁路阀 LV1101B 向汽包注 BFW。
- 汽包液位达到 40%时，打开汽包间歇排污阀 VX1D101。
- 将汽包液位控制在 60%。

b. 将稀释蒸汽 DS 引至炉前

- 打开 DS 总阀 VI2F101 将 DS 引到炉前，打开导淋阀 VI3E103，排出管内凝水后(10s后)，关闭导淋阀。

c. 燃料系统

- 建立炉膛负压

ⅰ. 打开底部烧嘴风门 VX3F101。

打开左侧壁烧嘴风门 VX4F101。

打开右侧壁烧嘴风门 VX5F101。

ⅱ. 启动引风机 Y101。

ⅲ. 用 PIC1101 将炉膛压力调节到-30Pa。

- 打开侧壁燃料气总管手阀 VI5F101 和电磁阀 XV1004，打开底部燃料气总管手阀 VI6F101 和电磁阀 XV1003。

② 裂解炉的点火、升温

a. 点火前的准备

- 确认汽包液位控制在 60%。
- 打开去清焦线阀 VI4F101，打通 DS 流程。

b. 点火，升温

- 打开点火燃料气各阀门 VI7F101 和 XV1002，将燃料气引至点火烧嘴(长明灯)。
- 点燃底部长明灯点火烧嘴(用鼠标左键单击火嘴分布图中间长明灯火嘴)。
- 将底部燃料气引至火嘴前，稍开 PIC1105，压力控制在 50kPa 以下。

● 点燃底部火嘴。按照升温速度曲线来增加点火数目(详见火嘴分布图)。

● 当COT达到200℃时，通过FIC1105~FIC1108向炉管内通入DS蒸汽，控制四路炉管DS流量均匀防止偏流对炉管造成损坏。

● 将侧壁燃料气引至火嘴前，稍开PIC1104，压力控制在30kPa以下。

● 根据炉膛温度点燃侧壁火嘴(详见火嘴分布图)。

● 当汽包压力超过0.15MPa关闭汽包放空阀，并控制压力上升。

● 当COT达到200℃时，稍开消音器阀VX1F101，使汽包产生的蒸汽由消音器放空。

● 整个过程中，注意控制汽包液位LIC1101、炉膛负压PIC1101和烟气氧含量。

● 继续增加点燃的火嘴按照升温速度曲线升温(详见图7-4升温曲线图)。

● 根据COT的变化增加DS量：

COT：200~550℃	正常DS流量的100%
COT：550~760℃	正常DS流量的120%
COT：760℃~投油温度	正常DS流量的100%

● 当SS过热温度TIC1106达到450℃时，应通过控制阀注入少量无磷水，将蒸汽温度控制在520℃左右。当SS过热温度TIC1105达到400℃，应通过控制阀注入少量无磷水，将蒸汽温度控制在400℃左右。

● 当烟气温度超过220℃，打开DS原料跨线阀门。打开FIC1101~FIC1104阀门，引适量的DS进入石脑油进料管线，防止炉管损坏。

③ 过热蒸汽备用状态

● 将COT维持在760℃，DS通入量为正常量的120%。

● 当COT大于760℃手动逐渐关闭消音器放空阀VX1F101，使SS压力升至12.4MPa(g)后，打开SS管线阀VX2F101，将其并入高压蒸汽管网。

● 打开LIC1101，关闭旁路阀LV1101B。

● 将汽包液位LIC1101控制在60%投自动。

● 根据工艺条件投用相应的联锁。

④ 连接急冷部分(当急冷系统具备接收裂解气状态时)

● 在COT温度TIC1104稳定在760℃后，关闭清焦线手阀VI4F101，打开裂解气输送线手阀VI3F101，将流出物从清焦线切换至输送线。

● 迅速打开急冷油总管阀门TV1102和TV1103。

● 投用急冷油，投用急冷器出口温度控制TIC1102，TIC1103，将急冷器出口温度TIC1102，TIC1103控制在213℃。

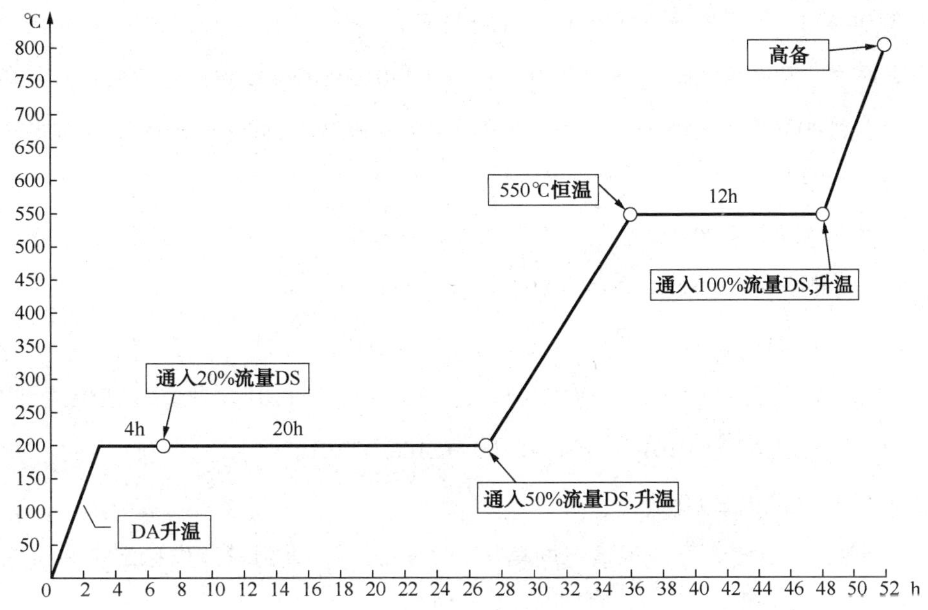

图 7-4　裂解炉冷态升温曲线图

注：加热过程中实际的时间对应仿真时钟比为：1h：15s。

⑤ 投油操作

- 打开石脑油进料阀 VI1F101 及电磁阀 XV1001。
- 经过 FIC1101～FIC1104 阀门投石脑油，通过 PIC1104、PIC1105 增加燃料气压力，保持 COT 不低于 760℃，并迅速升温至 832℃。
- 在尽可能短的时间内将进料量增加到正常值，FIC1110 控制在 36.0t/h。
- 迅速关闭 DS 原料跨线阀门 VI2E103。
- 将石脑油裂解的 COT 增加至正常操作温度，TIC1104 控制 832℃。并迅速将 DS 减至正常值 FIC1105～FIC1108 控制 4.5t/h。同时将 COT 稳定在 832℃，并将 TIC1104、PIC1104 投串级控制。

(2)急冷系统的开车

① 引 QW 和 QW 的加热

a. 打开 T103 脱盐水阀 VX1T103 向塔里补入精制水，当塔液位达 80%时，启动 QW 水泵，建立 QW 循环。打开 PDC1402，投用压差控制阀。

b. QW 循环流程为：泵出口→各用户→FIC1401、FIC1402 回塔里；

c. 当急冷水泵外送时，可以适当补脱盐水入塔里，直到塔液位不下降，保证塔内水液位 80%或更高，然后停脱盐水补入；

d. QW 水的加热：

• 将 T104 的 LS 跨塔顶蒸汽线阀 VX1E110 打开，稍开 FIC1501 阀，对 T104 暖塔；

• 塔暖好后，开大跨线阀，LS 至 T103，与 FIC1401、FIC1402 返回水混合后加热急冷水；

• 急冷水到 80℃左右，LS 线去 T104 顶跨线关闭，FIC1501 阀稍开一些，T103 急冷水温度可以通过冷却器来控制；

e. T103 的压力设定至 20kPa 左右；

f. T103 汽油槽接汽油至 90%液位(NAP)；

② 引开工 QO 和 QO 的加热

a. 打开现场的开工油补入阀门 VX1T101，将开工油装入 T101 塔里，塔液位达到 60%时，启动 P101，流程设定如下：P101→E104→E105→E106→T101。

b. 控制 T101 的液位在 80%。

c. 当急冷油泵外送时，可以视情况向塔里补入开工油，直到塔液位稳定在 80%左右，停止开工油的注入。

d. QO 的加热

• 通过开 PIC1501，将 E104E 输水线阀 VI1E104 打开，使 DS 逆向进入 E104 壳层(注意 E104 升汽线阀 VI3E104 关)。

• 缓慢加热 QO 直到 130℃左右，并控制温度在 130℃左右，具备接收裂解气的条件。

• T101 顶温达到 90℃时，可启用汽油回流，控制塔顶温度，防止轻组分挥发。

③ 调节准备接收裂解气

a. QO 循环正常，温度加热至 130℃左右。

b. QW 循环正常，QW 加热至 80℃左右。

c. 汽油槽接汽油至 90%液位(NAP)。

d. 调整 T102 底部汽提蒸汽量，温度升至 130℃以上。

e. 控制压差控制阀 PDC1402 压差为 0.7MPa，保证换热器换热稳定。

f. T104 投用，P105 正常备用，FV1501 稍开一些。

• 启动 P105，将工艺水引至 T104。

• 投用 T104 再沸器，控制温度 TIC1501 至 118℃左右。

• 通过 QW 循环水的水量，控制 T103 温度在 85℃左右。

g. D102 发生器系统正常。

④ 急冷接收裂解气的调整

• 当裂解气进入 T101 塔后，调整汽油回流，控制顶温在 104℃左右，调整 T101 中部回流，控制油冷塔塔釜液位、塔釜温度、塔中点温度，及时采出柴油。

• 打开各用户返回 T103 手操阀。控制 T103 顶温在 28℃左右，釜温在 85℃左右，QW 冷却器投用，控制液位在 60%，汽油槽液位为 70%，不够时补 NAP。

• 汽油外采流程打通，T103 塔压力控制在 20kPa。

• T104 系统，调整塔的汽提蒸汽和再沸器，控制塔釜液位、温度。

• 当 QO 温度至 160℃时，投用稀释蒸汽发生系统。E104 进水阀打开，启动 P106 缓慢进水至 D102，注意调整 DS 压力和液位。

• 当 T101 液位>80%时，投用 T102 塔，调节 FIC1301、FIC1302 控制好 FO 塔温度，投用 E107，控制 FO 外送温度为 80℃。

2. 热态开车

开车前的状态：装置处于蒸汽热备用状态。

(1)裂解炉热态开车

① 连接急冷部分(当急冷系统具备接收裂解气状态时)

a. 在 COT 温度 TIC1104 稳定在 760℃后，关闭清焦线手阀 VI4F101，打开裂解气输送线手阀 VI3F101，将流出物从清焦线切换至输送线。

b. 迅速打开急冷油总管阀门 TV1102 和 TV1103。

c. 投用急冷油，投用急冷器出口温度控制 TIC1102、TIC1103，将急冷器出口温度 TIC1102、TIC1103 控制在 213℃。

② 投油操作

a. 打开石脑油进料阀 VI1F101 及电磁阀 XV1001。

b. 经过 FIC1101~FIC1104 阀门投石脑油，通过 PIC1104、PIC1105 增加燃料气压力，保持 COT 不低于 760℃，并升温至 832℃。

c. 在尽可能短的时间内将进料量增加到正常值 FIC1110 控制在 36.0t/h。

d. 迅速关闭 DS 原料跨线阀门 VI2E103。

e. 将石脑油裂解的 COT 增加至正常操作温度 TIC1104 控制 832℃，并将 DS 减至正常值 FIC1105~FIC1108 控制在 4.5t/h。将 COT 稳定在 832℃，并将 TIC1104、PIC1104 投串级控制。

(2)急冷系统热态开车

①调节准备接收裂解气

a. QO 循环正常，温度加热至 130℃左右。

b. QW 循环正常，QW 加热至 80℃左右。

c. 汽油槽接汽油至 90%液位(NAP)。

d. 调整 T102 底部汽提蒸汽量，温度升至 130℃以上。

e. 控制压差控制阀 PDC1402 压差为 0.7MPa，保证换热器换热稳定。

f. T104 投用，P105 正常备用，FV1501 稍开一些。

- 启动 P105，将工艺水引至 T104。
- 投用 T104 再沸器，控制温度 TIC1501 至 118℃左右。
- 通过 QW 循环水的水量，控制 T103 温度在 85℃左右。

g. D102 发生器系统正常。

② 急冷接收裂解气的调整

a. 当裂解气进入 T101 塔后，调整汽油回流，控制顶温在 104℃±3℃，调整 T101 中部回流，控制油冷塔塔釜液位、塔釜温度、塔中点温度，及时采出柴油。

b. 打开各用户返回 T103 手操阀。T103 控制顶温在 28℃左右，釜温在 85℃左右，QW 冷却器投用，控制液位在 60%，汽油槽液位为 70%，不够时补入 NAP。

c. 汽油外采流程打通，T103 塔顶压力控制在 20kPa。

d. T104 系统，调整塔的汽提蒸汽和再沸器，控制塔釜液位在 60%和温度正常。

e. 当 QO 温度 TI1208 至 160℃时，投用稀释蒸汽发生系统。E104 进水阀打开，启动 P106 缓慢进水至 D102，注意调整 DS 压力和液位。

f. 当 T101 液位>60%时，投用 T102 塔，调节 FIC1301，FIC1302 控制好 FO 塔温度，投用 E107，控制 FO 外送温度为 80℃。

3. 正常运行

开始时的状态：装置处于正常操作状态。

维持各参数在正常操作条件下。(参看表 7-4~表 7-6 操作参数列表)

4. 正常停车

(1) 裂解炉停车

① 降负荷、停烃进料

a. 逐步将烃进料降低至 70%，同时适当加大 DS 流量至 120%，适当降低 COT 温度至 800℃。

b. 停烃进料：在 5~10min 内减少至零，同时提高 DS 流量，以控制炉出口温度稳定在 760~800℃之间，同时按点火相反的顺序熄灭部分火嘴。

c. 停进料后，关烃进料隔离阀 VI1F101，打开 VI2E103 用蒸汽吹扫隔离阀下游的烃进料管线。

d. 将 DS 增至设计量的 180%维持炉出口温度在 760~800℃，同时调节风门以控制炉膛负压在-30Pa 左右，控制烟气氧含量。

e. 停急冷油，打开清焦管线阀 VI4F101，同时关闭裂解气总管阀 VI3F101。

② 停炉

a. 保持设计值的 100%的 DS 量。冷却速度为 50~100℃/min，直至 COT 达 760℃。

b. 逐个熄灭火嘴。按 50~100℃/min 的速率当 COT 温度低于 400℃时将 TLE 的蒸汽包排放至常压。SS 改由消音器 VX1F101 放空，注意汽包液位。

c. 继续熄灭火嘴，且减小 DS 量，当炉管出口温度低于 200℃时，中断 DS，全关烧嘴，关燃料气截止阀 VI5F101，VI6F101，DS 截止阀 VI1F101，关汽包消音器阀 VX1F101。关汽包进水阀 VI1D101。

（2）急冷系统停车

① 降负荷，降进料

a. 随着裂解炉系统的降负荷(至 70%)，逐步减少 T101 柴油的采出和 T102 的汽提蒸汽。

b. 在降负荷期间，控制 T101、T102、T103、T104 和 D102 液位，并维持正常的温度和压力。

c. DS 不足时，直接从管网补入。

d. 裂解炉停进料后，停 T101 柴油采出。

②急冷系统停车

a. 当裂解炉停进料后，T101 继续回流降温。在 T101 釜温降至 150℃之前，尽量将 T101 釜液排至 T102，并从 T102 排出。当 T101 液位降至 5%左右，再补充开工油至 T101，使其液位升至 60%左右。

b. 关闭 T103 顶部裂解气至压缩工段阀门，改由排放控制压力，当压力不足时，可以补入氮气控制压力。

c. 当 T101 温度低于 90℃后，将 T101 釜液向 T102 排放，当 T101 液位降至 30%时，停止向 T102 进料，同时停 T102 汽提蒸汽。

d. 当 F101 停进 DS 后，注意 T103、T104 和 D102 的液位过低时停塔底泵。

- 关闭各用户返回 T103 手操阀。
- 停 T104 再沸器及汽提蒸汽。
- 当 T103 界位低于 30%时，停 P105。
- 当 T103 液位低于 30%时，停 P104。
- 当 T104 液位低于 30%时，停 P106

e. 当 T101 釜温降至 90℃以下时，停止汽油回流。

f. 逐步减小 T101 的 QO 循环，T101 釜温降至 130℃后，停 P101。

g. 逐步降低 T103 的 QW 循环量，当 T103 温度降至 40℃后，停 P103，停止循环。

h. 泄液：

- 将 T101 塔釜残液排尽后，关闭排泄阀门。
- 将 T102 塔釜残液排尽，关闭排泄阀门。
- 将 T103 塔釜油和水排尽，关闭排泄阀门。
- 将 T104 塔釜残液排尽，关闭排泄阀门。
- 将 D102 底部水排尽，关闭排泄阀门。
- 将 E106 底部水排尽，关闭排泄阀门。

i. 泄压：

- 通过 T103 塔顶放空，将 T101、T102、T103 和 T104 压力泄至常压。
- 通过 D102 顶部排放，将 D102 压力泄至常压。

5. 全装置停电

事故原因：电源故障。

事故现象：装置停电，乙烯装置联锁停车。

处理：

(1) 裂解炉系统处理

a. 关烃进料隔离阀 VI1F101，所有燃料(长明线除外)全部关闭，将 DS 流量设定到正常的 100%，炉底和侧壁烧嘴全部关闭。

b. 调节引风机挡板将炉膛负压控制在工艺范围之内。

c. 打开进料蒸汽跨线阀 VI2E103。用蒸汽吹扫隔离阀下游的烃进料管线。

d. 打开清焦管线阀 VI4F101，同时关裂解气总管阀 VI3F101。

e. 当 COT 温度低于 400℃时将 TLE 的蒸汽包排放至常压。SS 改由消音器 VX1F101 放空，注意汽包液位。

f. 当炉管出口温度低于 200℃时，中断 DS，关燃料气截止阀、DS 截止阀，关汽包消音器阀 VX1F101。关汽包进水阀 VI1D101。

(2) 急冷系统处理

a. 停 T101 柴油采出，维持 T101 液位。

b. 停止 T102 底部汽提蒸汽，维持 T102 液位。

c. 现场关闭 T103 中部各用户返回物料手操阀。T103 压力改为放空控制，保压。维持 T103 液位和界位。

d. 停止 T104 塔釜的汽提蒸汽，停用 T104 再沸器 E111，保持 T104 液位。

e. 维持 D102 压力，供给裂解炉 DS 不足时由管网中补入。待裂解炉停 DS 后，D102 保液、保压。

6. 冷却水中断

事故原因：冷却水中断。

事故现象：冷却水中断，水冷器后温度上升。

事故处理方法：

（1）裂解炉系统处理

a. 关烃进料隔离阀 VI1F101，所有燃料（长明线除外）全部关闭，将 DS 流量设定到正常的 100%，炉底和侧壁烧嘴全部关闭。

b. 调节引风机挡板将炉膛负压控制在工艺范围之内。

c. 打开进料蒸汽跨线阀 VI2E103 用蒸汽吹扫隔离阀下游的烃进料管线。

d. 停急冷油，打开清焦管线阀 VI4F101，同时关裂解气总管阀 VI3F101。

e. 当 COT 温度低于 400℃时将 TLE 的蒸汽包排放至常压。SS 改由消音器 VX1F101 放空，注意汽包液位。

f. 当炉管出口温度低于 200℃时，中断 DS，关燃料气截止阀、DS 截止阀，关汽包消音器阀 VX1F101。关汽包进水阀 VI1D101。

（2）急冷系统处理

a. 停 T101 柴油采出。

b. 在 T101 釜温下降至 150℃之前，尽快将釜液排至 T102，并从 T102 底部排出。液位降至低于 5%时，补入开工油至液位 60%。

c. T101 釜温通过 QO 的循环来降温，当塔顶温度降到 90℃左右，停汽油回流；当塔釜温度降到 130℃左右，停 P101，停 QO 循环。

d. 停止 T102 底部汽提蒸汽，维持 T102 液位。

e. 现场关闭 T103 中部各用户返回物料手操阀。T103 压力改为放空控制，保压。保持 T103 的油相和水相液位不低于 40%。必要时停 P104 和 P105，停 P103，停止 QW 循环。

f. 停止 T104 塔釜的汽提蒸汽，停用 T104 再沸器 E111，保持 T104 液位在 40%左右，停 P106。

g. 维持 D102 压力，供给裂解炉 DS 不足时由管网中补入。待裂解炉停 DS 后，D102 保液、保压。

7. 锅炉给水故障

事故原因：锅炉给水中断。

事故现象：锅炉给水中断。

事故处理方法：

（1）裂解炉系统处理

a. 关烃进料隔离阀 VI1F101，所有燃料（长明线除外）全部关闭，将 DS 流量设定到正常的 100%，炉底和侧壁烧嘴全部关闭。

b. 调节引风机挡板将炉膛负压控制在工艺范围之内。

c. 打开进料蒸汽跨线阀 VI2E103，用蒸汽吹扫隔离阀下游的烃进料管线。

d. 停急冷油，打开清焦管线阀 VI4F101，同时关裂解气总管阀 VI3F101。

e. 当 COT 温度低于 400℃时将 TLE 的蒸汽包排放至常压。SS 改由消音器 VX1F101 放空，注意汽包液位。

f. 当炉管出口温度低于 200℃时，中断 DS，关燃料气截止阀，DS 截止阀，关汽包消音器阀 VX1F101。关汽包进水阀 VI1D101。

（2）急冷系统处理

a. 在 T101 釜温下降至 150℃之前，尽快将釜液排至 T102，并从 T102 底部排出。液位降至低于 5%时，补入开工油至液位 60%。

b. T101 釜温通过 QO 的循环来降温，当塔釜温度降到 130℃后，停 P101，停 QO 循环。

c. 停止 T102 底部汽提蒸汽，维持 T102 液位。

d. 维持 T103 的液位

e. 现场关闭 T103 中部各用户返回物料手操阀。T103 压力改为放空控制，保压。保持 T103 的油相和水相液位不低于 40%。必要时停 P104 和 P105. 停 P103，停止 QW 循环。

f. 停止 T104 塔釜的汽提蒸汽，停用 T104 再沸器 E111，保持 T104 液位在 40%左右，停 P106。

g. 维持 D102 压力，供给裂解炉 DS 不足时由管网中补入。待裂解炉停 DS 后，D102 保液、保压。

8. 压缩工段故障

事故原因：压缩工段出现故障，压缩机停。

事故现象：水冷塔压力升高。

事故处理方法：

a. 压缩机停车后，裂解气由 PIC1401 放火炬控制，降低裂解炉的负荷到 70%，同时降裂解炉出口温度，提高 DS 流量。

b. 维持燃料气的供应。

c. QO、QW 系统维持循环运行，QO、QW 循环操作，根据裂解炉减量情况，控制 T101、

T102、T103、T104 和 D102 在 70%负荷运行。调整维持 T101、T102、T103、T104 塔釜、塔顶温度、压力。

d. 如果压缩工段无法恢复正常，裂解炉停烃进料，系统停车至处于高备状态。维持急冷系统油、水循环，系统处于高备状态。

9. 脱盐水中断

事故原因：裂解炉脱盐水中断。

事故现象：SS 高压蒸汽温度升高。

事故处理：

（1）裂解炉系统处理

a. 关烃进料隔离阀 VI1F101，所有燃料（长明线除外）全部关闭，将 DS 流量设定到正常的 100%，炉底和侧壁烧嘴全部关闭。

b. 调节引风机挡板将炉膛负压控制在工艺范围之内。

c. 打开进料蒸汽跨线阀 VI2E103 用蒸汽吹扫隔离阀下游的烃进料管线。

d. 停急冷油，打开清焦管线阀 VI4F101，同时关裂解气总管阀 VI3F101。

e. 当 COT 温度低于 400℃时将 TLE 的蒸汽包排放至常压。SS 改由消音器 VX1F101 放空，注意汽包液位。

f. 当炉管出口温度低于 200℃时，中断 DS，关燃料气截止阀，DS 截止阀，关汽包消音器阀 VX1F101。关汽包进水阀 VI1D101。

（2）急冷系统处理

a. 停 T101 柴油采出。

b. 在 T101 釜温下降至 150℃之前，尽快将釜液排至 T102，并从 T102 底部排出。液位降至低于 5%时，补入开工油至液位 60%。

c. T101 釜温通过 QO 的循环来降温，当塔顶温度降到 90℃左右，停汽油回流；当塔釜温度降到 130℃左右，停 P101，停 QO 循环。

d. 停止 T102 底部汽提蒸汽，维持 T102 液位。

e. 现场关闭 T103 中部各用户返回物料手操阀。T103 压力改为放空控制，保压。保持 T103 的油相和水相液位不低于 40%。必要时停 P104 和 P105，停 P103，停止 QW 循环。

f. 停止 T104 塔釜的汽提蒸汽，停用 T104 再沸器 E111，保持 T104 液位在 40%左右，停 P106。

g. 维持 D102 压力，供给裂解炉 DS 不足时由管网中补入。待裂解炉停 DS 后，D102 保液、保压。

10. 急冷油中断(泵A坏掉)

原因：急冷油泵故障。

现象：急冷器出口裂解气温度升高。

处理：

a. 启动备泵。

b. 维持急冷系统各塔及蒸汽发生器的温度和压力。

11. 蒸汽中断

事故原因：公用工程事故，蒸汽中断。

事故现象：稀释蒸汽中断，中压蒸汽和低压蒸汽中断。

事故处理方法：

(1) 裂解炉系统处理

a. 手动将裂解炉联锁停车。

b. 关烃进料隔离阀 VI1F101，所有燃料(长明线除外)全部关闭，炉底和侧壁烧嘴全部关闭。

c. 调节引风机挡板将炉膛负压控制在工艺范围之内。

d. 停急冷油，打开清焦管线阀 VI4F101，同时关裂解气总管阀 VI3F101。

e. 当 COT 温度低于 400℃时将 TLE 的蒸汽包排放至常压。SS 改由消音器 VX1F101 放空，注意汽包液位。

f. 当炉管出口温度低于 200℃时，关燃料气截止阀，关汽包消音器阀 VX1F101。关汽包进水阀 VI1D101。

(2) 急冷系统处理

a. 停 T101 柴油采出。

b. 在 T101 釜温下降至 150℃之前，尽快将釜液排至 T102，并从 T102 底部排出。液位降至低于 5%时，补入开工油至液位 60%。

c. T101 釜温通过 QO 的循环来降温，当塔顶温度降到 90℃左右，停汽油回流；当塔釜温度降到 130℃左右，停 P101，停 QO 循环。

d. 停止 T102 底部汽提蒸汽，维持 T102 液位。

e. 现场关闭 T103 中部各用户返回物料手操阀。T103 压力改为放空控制，保压。保持 T103 的油相和水相液位不低于 40%。必要时停 P104 和 P105，停 P103，停止 QW 循环。

f. 保持 T104 液位在 40%左右，停 P106。

g. D102 保液、保压。

12. 石脑油进料中断

事故原因：石脑油进料中断。

事故现象：石脑油进料中断，进料压力下降。

事故处理方法：

(1) 裂解炉系统处理

a. 关烃进料隔离阀 VI1F101，所有燃料(长明线除外)全部关闭，将 DS 流量设定到正常的 100%，炉底和侧壁烧嘴全部关闭。

b. 调节引风机挡板将炉膛负压控制在工艺范围之内。

c. 打开进料蒸汽跨线阀 VI2E103 用蒸汽吹扫隔离阀下游的烃进料管线。

d. 停急冷油，打开清焦管线阀 VI4F101，同时关裂解气总管阀 VI3F101。

e. 当 COT 温度低于 400℃时将 TLE 的蒸汽包排放至常压。SS 改由消音器 VX1F101 放空，注意汽包液位。

f. 当炉管出口温度低于 200℃时，中断 DS，关燃料气截止阀，DS 截止阀，关汽包消音器阀 VX1F101。关汽包进水阀 VI1D101。

(2) 急冷系统处理

a. 停 T101 柴油采出。

b. 在 T101 釜温下降至 150℃之前，尽快将釜液排至 T102，并从 T102 底部排出。液位降至低于 5%时，补入开工油至液位 60%。

c. T101 釜温通过 QO 的循环来降温，当塔顶温度降到 90℃左右，停汽油回流；当塔釜温度降到 130℃左右，停 P101，停 QO 循环。

d. 停止 T102 底部汽提蒸汽，维持 T102 液位。

e. 现场关闭 T103 中部各用户返回物料手操阀。T103 压力改为放空控制，保压。保持 T103 的油相和水相液位不低于 40%。必要时停 P104 和 P105，停 P103，停止 QW 循环。

f. 停止 T104 塔釜的汽提蒸汽，停用 T104 再沸器 E111，保持 T104 液位在 40%左右，停 P106。

g. 维持 D102 压力，供给裂解炉 DS 不足时由管网中补入。待裂解炉停 DS 后，D102 保液、保压。

13. 燃料气中断

事故原因：燃料气中断。

事故现象：燃料气中断。

事故处理方法：

(1) 裂解炉系统处理

a. 因燃料气中断而联锁跳闸，关烃进料隔离阀 VI1F101，所有燃料(长明线除外)全部关闭，将 DS 流量设定到正常的 100%，炉底和侧壁烧嘴全部关闭。

b. 调节引风机挡板将炉膛负压控制在工艺范围之内。

c. 打开进料蒸汽跨线阀 VI2E103 用蒸汽吹扫隔离阀下游的烃进料管线。

d. 停急冷油，打开清焦管线阀 VI4F101，同时关裂解气总管阀 VI3F101。

e. 当 COT 温度低于 400℃时将 TLE 的蒸汽包排放至常压。SS 改由消音器 VX1F101 放空，注意汽包液位。

f. 当炉管出口温度低于 200℃时，中断 DS，关燃料气截止阀，DS 截止阀，关汽包消音器阀 VX1F101。关汽包进水阀 VI1D101。

（2）急冷系统处理

a. 停 T101 柴油采出。

b. 在 T101 釜温下降至 150℃之前，尽快将釜液排至 T102，并从 T102 底部排出。液位降至低于 5%时，补入开工油至液位 60%。

c. T101 釜温通过 QO 的循环来降温，当塔顶温度降到 90℃左右，停汽油回流；当塔釜温度降到 130℃左右，停 P101，停 QO 循环。

d. 停止 T102 底部汽提蒸汽，维持 T102 液位。

e. 现场关闭 T103 中部各用户返回物料手操阀。T103 压力改为放空控制，保压。保持 T103 的油相和水相液位不低于 40%。必要时停 P104 和 P105，停 P103，停止 QW 循环。

f. 停止 T104 塔釜的汽提蒸汽，停用 T104 再沸器 E111，保持 T104 液位在 40%左右，停 P106。

g. 维持 D102 压力，供给裂解炉 DS 不足时由管网中补入。待裂解炉停 DS 后，D102 保液、保压。

14. 裂解炉辐射段炉管烧穿

原因：① 裂解炉材质问题；

② 裂解炉严重结焦，急剧降温。

现象：裂解炉炉管破裂时，炉膛温度迅速上升，炉出口 COT 迅速上升。

处理：

（1）裂解炉系统处理

a. 手动进行联锁停车。

b. 关烃进料隔离阀 VI1F101，所有燃料(长明线除外)全部关闭，将 DS 流量设定到正常的 100%，炉底和侧壁烧嘴全部关闭。

c. 调节引风机挡板将炉膛负压控制在工艺范围之内。

d. 打开进料蒸汽跨线阀 VI2E103 用蒸汽吹扫隔离阀下游的烃进料管线。

e. 停急冷油，打开清焦管线阀 VI4F101，同时关裂解气总管阀 VI3F101。

f. 当 COT 温度低于 400℃时将 TLE 的蒸汽包排放至常压。SS 改由消音器 VX1F101 放空，注意汽包液位。

g. 当炉管出口温度低于 200℃时，中断 DS，关燃料气截止阀，DS 截止阀，关汽包消音器阀 VX1F101。关汽包进水阀 VI1D101。

（2）急冷系统处理

a. 停 T101 柴油采出。

b. 在 T101 釜温下降至 150℃之前，尽快将釜液排至 T102，并从 T102 底部排出。液位降至低于 5%时，补入开工油至液位 60%。

c. T101 釜温通过 QO 的循环来降温，当塔顶温度降到 90℃左右，停汽油回流；当塔釜温度降到 130℃左右，停 P101，停 QO 循环。

d. 停止 T102 底部汽提蒸汽，维持 T102 液位。

e. 现场关闭 T103 中部各用户返回物料手操阀。T103 压力改为放空控制，保压。保持 T103 的油相和水相液位不低于 40%。必要时停 P104 和 P105，停 P103，停止 QW 循环。

f. 停止 T104 塔釜的汽提蒸汽，停用 T104 再沸器 E111，保持 T104 液位在 40%左右，停 P106。

g. 维持 D102 压力，供给裂解炉 DS 不足时由管网中补入。待裂解炉停 DS 后，D102 保液、保压。

15. 引风机故障

事故原因：停电，引风机跳闸。

事故现象：引风机停。

事故处理方法：

（1）裂解炉系统处理

a. 关烃进料隔离阀 VI1F101，所有燃料（长明线除外）全部关闭，将 DS 流量设定到正常的 100%，炉底和侧壁烧嘴全部关闭。

b. 调节引风机挡板将炉膛负压控制在工艺范围之内。

c. 打开进料蒸汽跨线阀 VI2E103 用蒸汽吹扫隔离阀下游的烃进料管线。

d. 停急冷油，打开清焦管线阀 VI4F101，同时关裂解气总管阀 VI3F101。

e. 当 COT 温度低于 400℃时将 TLE 的蒸汽包排放至常压。SS 改由消音器 VX1F101 放空，注意汽包液位。

f. 当炉管出口温度低于200℃时，中断DS，关燃料气截止阀，DS截止阀，关汽包消音器阀VX1F101。关汽包进水阀VI1D101。

（2）急冷系统处理

a. 停T101柴油采出。

b. 在T101釜温下降至150℃之前，尽快将釜液排至T102，并从T102底部排出。液位降至低于5%时，补入开工油至液位60%。

c. T101釜温通过QO的循环来降温，当塔顶温度降到90℃左右，停汽油回流；当塔釜温度降到130℃左右，停P101，停QO循环。

d. 停止T102底部汽提蒸汽，维持T102液位。

e. 现场关闭T103中部各用户返回物料手操阀。T103压力改为放空控制，保压。保持T103的油相和水相液位不低于40%。必要时停P104和P105，停P103，停止QW循环。

f. 停止T104塔釜的汽提蒸汽，停用T104再沸器E111，保持T104液位在40%左右，停P106。

g. 维持D102压力，供给裂解炉DS不足时由管网中补入。待裂解炉停DS后，D102保液、保压。

16. 其他事故处理方法

a. 阀失灵——处理[用组合键(CTRL+M)调出处理画面，选中所需处理的阀之后，点击处理，即可修复。下同]。

b. 阀漂移——处理。

c. 仪表失灵——处理。

d. 仪表漂移——处理。

e. 泵坏——处理或启动备用泵。

f. 换热器结垢——启动备用或提高冷却水量。

g. 特定事故：详见操作手册中事故的处理方法。

九、 仿DCS操作组画面

1. 操作组画面(表7-8)

表7-8 操作组画面

名字	仪表1	仪表2	仪表3	仪表4
GROUP001	FIC1101	FIC1102	FIC1103	FIC1104
GROUP002	FIC1202	FIC1203	FIC1204	FIC1205

续表

名字	仪表 1	仪表 2	仪表 3	仪表 4
GROUP003	FIC1501	FIC1506	FI1111	FI1201
GROUP004	LIC1101	LIC1201	LIC1202	LIC1203
GROUP005	PIC1101	PIC1102	PIC1104	PIC1105
GROUP006	TIC1101	TIC1102	TIC1103	TIC1104
GROUP007	TIC1401	TIC1402	TIC1501	TI1121
GROUP001	FIC1105	FIC1106	FIC1107	FIC1110
GROUP002	FIC1301	FIC1302	FIC1401	FIC1402
GROUP003	FI1303	FI1404		
GROUP004	LIC1301	LIC1401	LIC1501	LIC1502
GROUP005	PIC1106	PDC1107	PIC1401	PIC1501
GROUP006	TIC1105	TIC1106	TIC1202	TIC1301
GROUP007	TI1118	TI1303	TI1403	TI1508

2. 流程图画面(表 7-9)

表 7-9 流程图画面

图 名	说 明	备 注
OVERVIEW	裂解单元总貌图	CTRL+1
GR1001	裂解炉进料系统	CTRL+2
GR1002	蒸汽发生控制系统	CTRL+3
GR1003	急冷油控制系统	CTRL+4
GR1004	裂解炉燃料系统	CTRL+5
GR1006	油冷塔	CTRL+6
GR1007	燃料油汽提塔	CTRL+7
GR1008	水冷塔	CTRL+8
GR1009	工艺水汽提塔	CTRL+9
LS001	联锁逻辑辅操台	CTRL+0
GF1001	裂解炉进料系统现场图	
GF1002	蒸汽发生控制系统现场图	
GF1003	急冷油控制系统现场图	
GF1004	裂解炉燃料系统现场图	
GF1005	裂解炉火嘴分布图	
GF1006	油冷塔现场图	
GF1007	燃料油汽提塔现场图	
GF1008	水冷塔现场图	
GF1009	工艺水汽提塔现场图	

十、乙烯装置裂解单元仿真 PI&D 图（图 7-5~图 7-12）

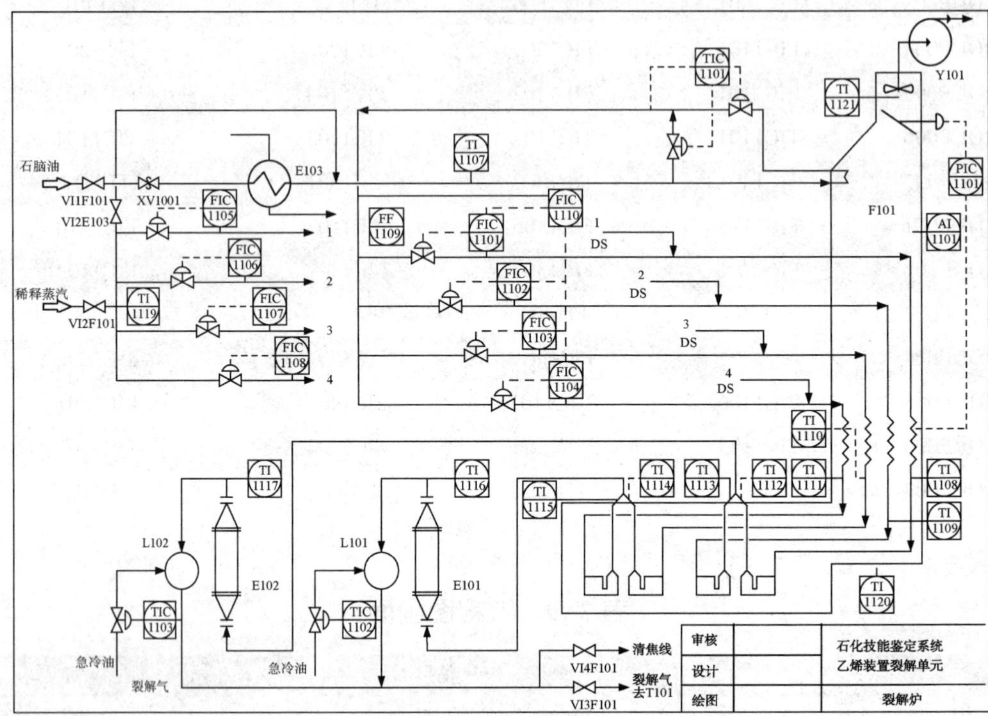

图 7-5　裂解炉

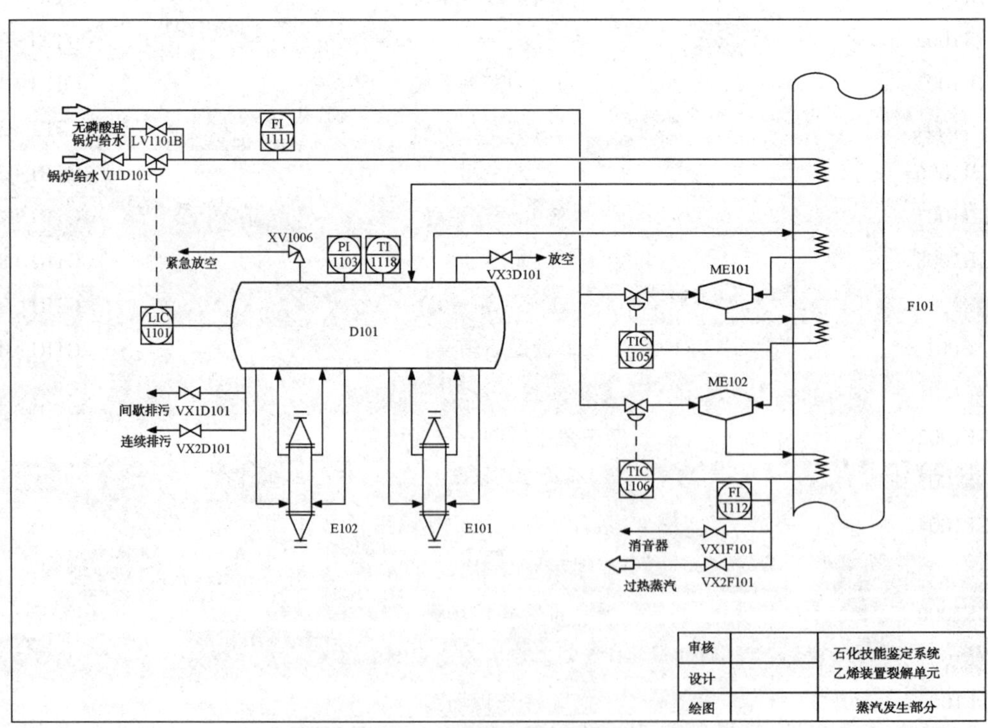

图 7-6　蒸汽发生部分

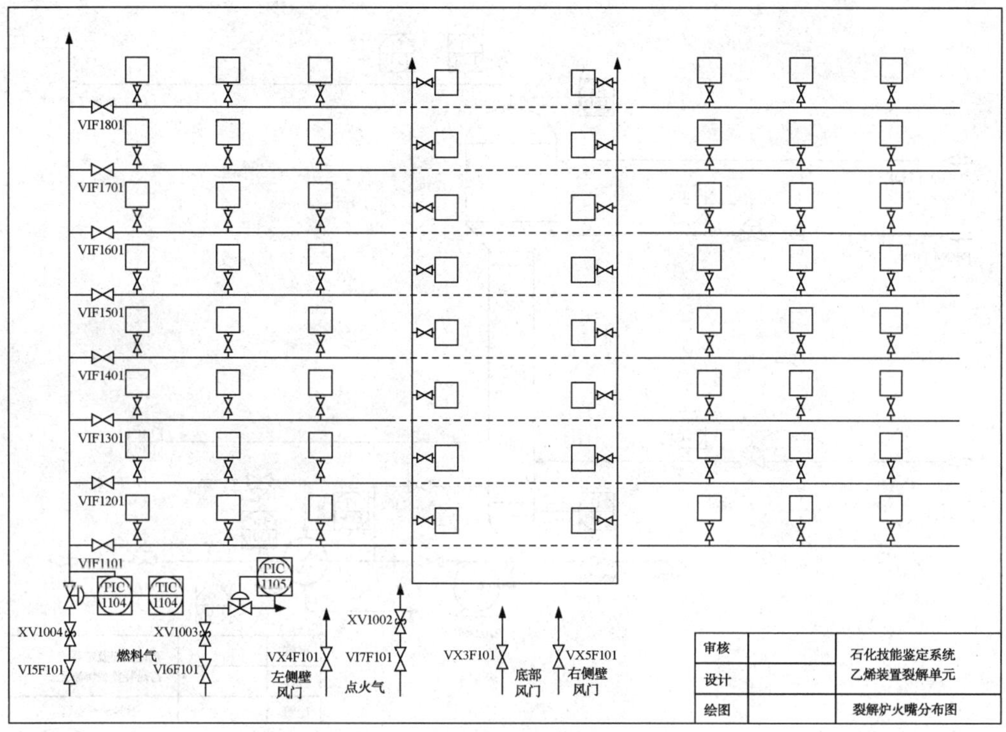

图 7-7　裂解炉火嘴分布图

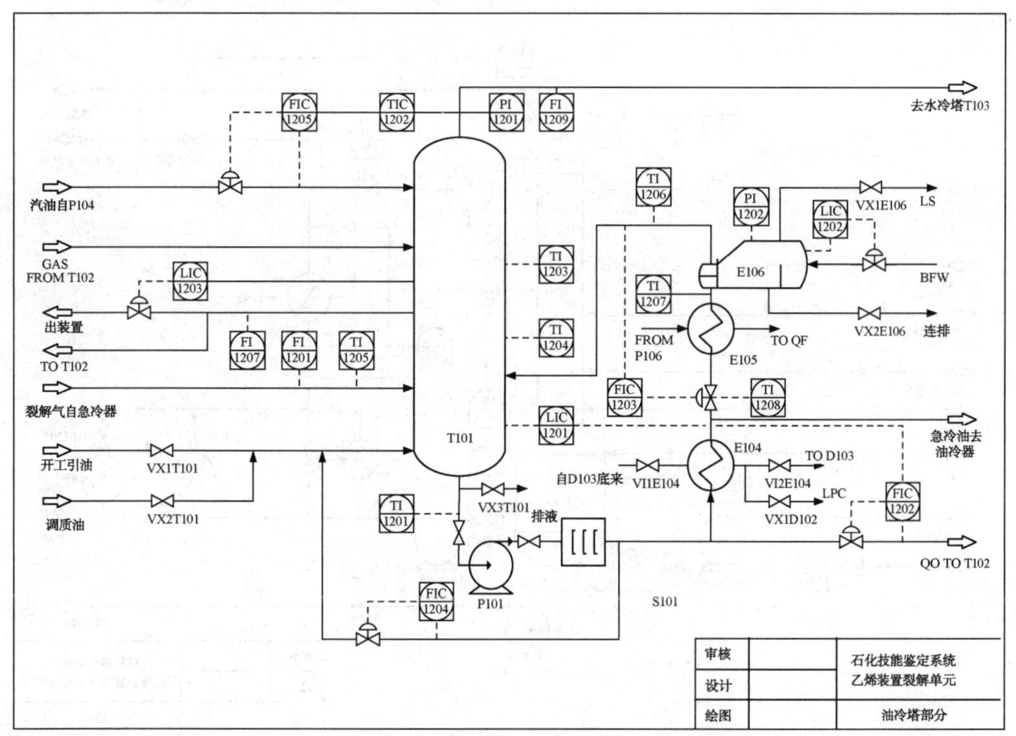

图 7-8　油冷塔部分

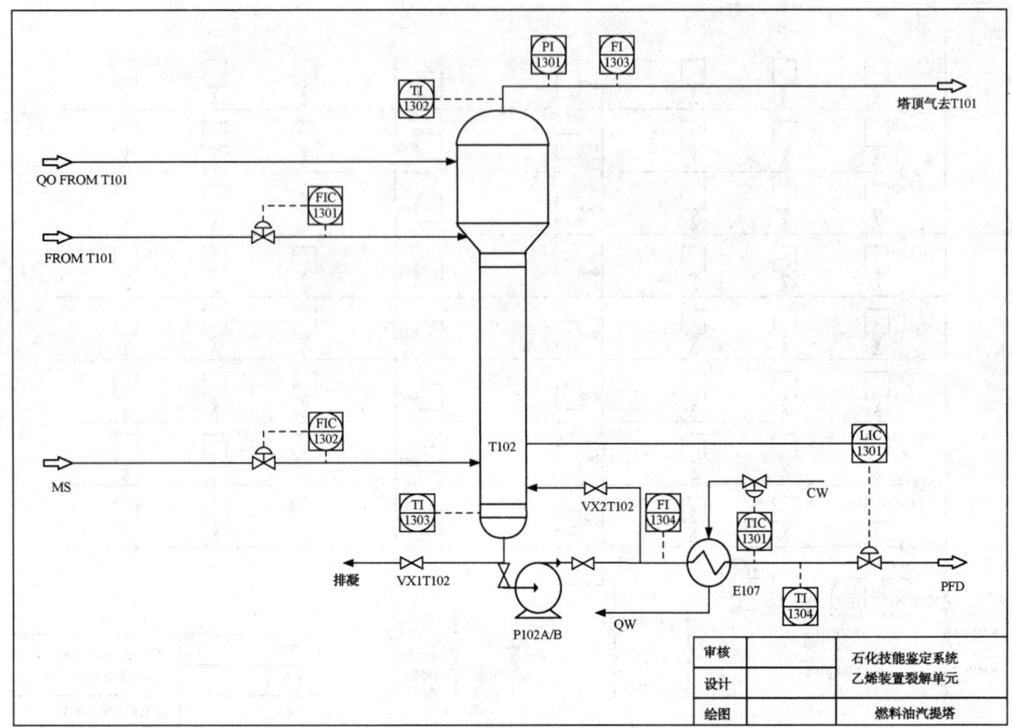

图 7-9　燃料油汽提塔

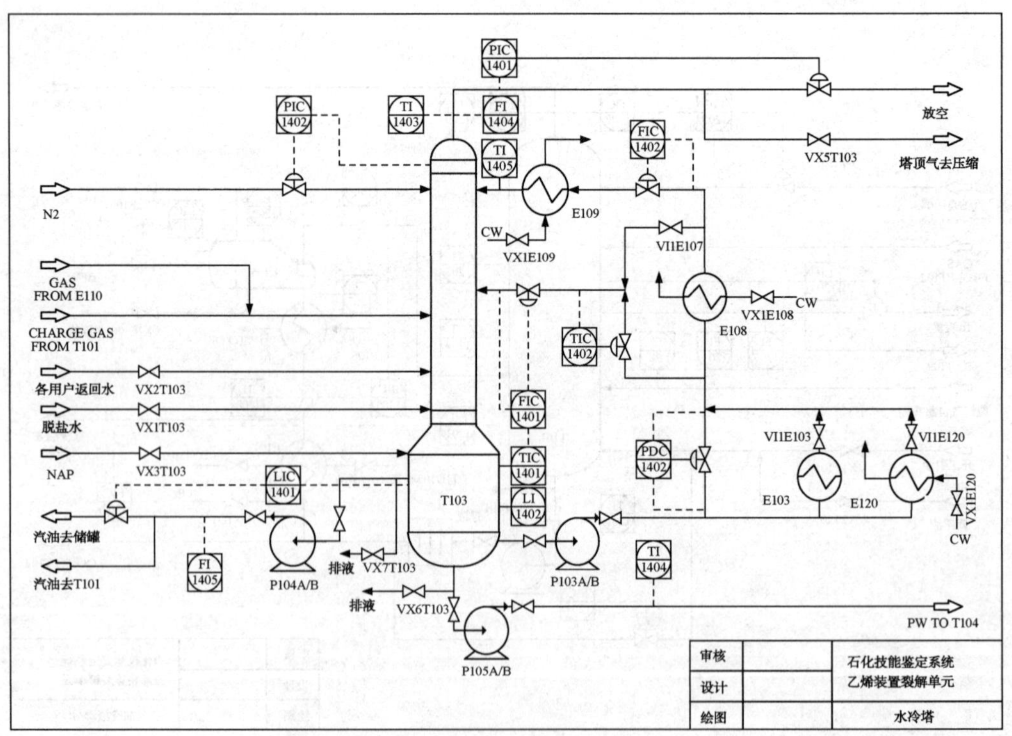

图 7-10　水冷塔

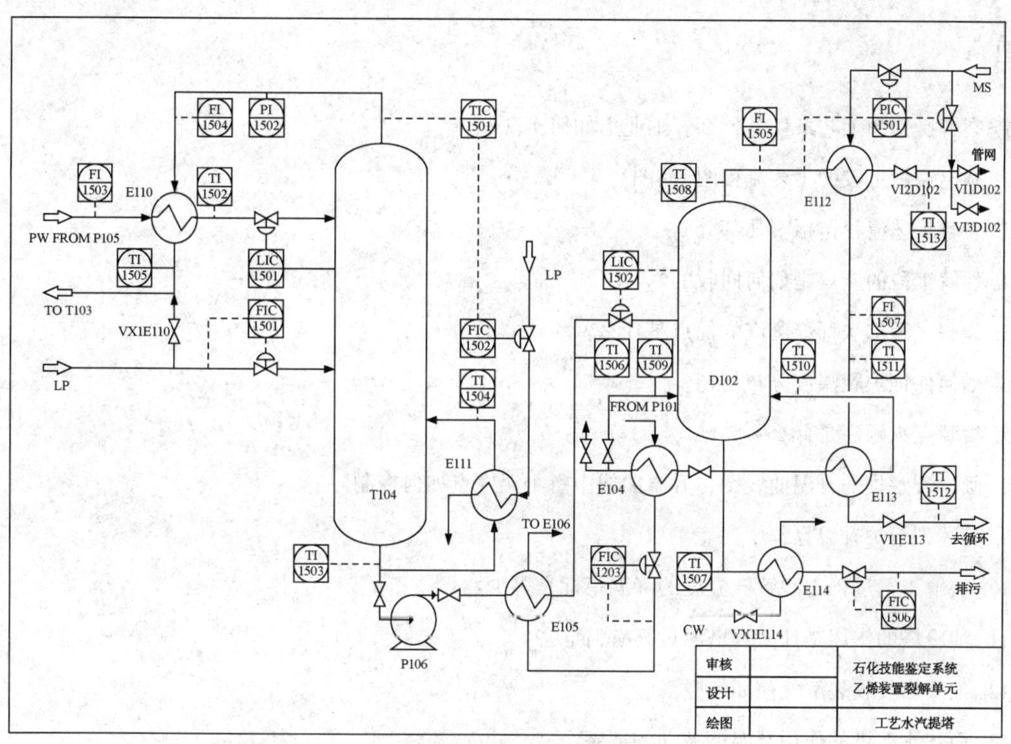

图 7-11 工艺水汽提塔

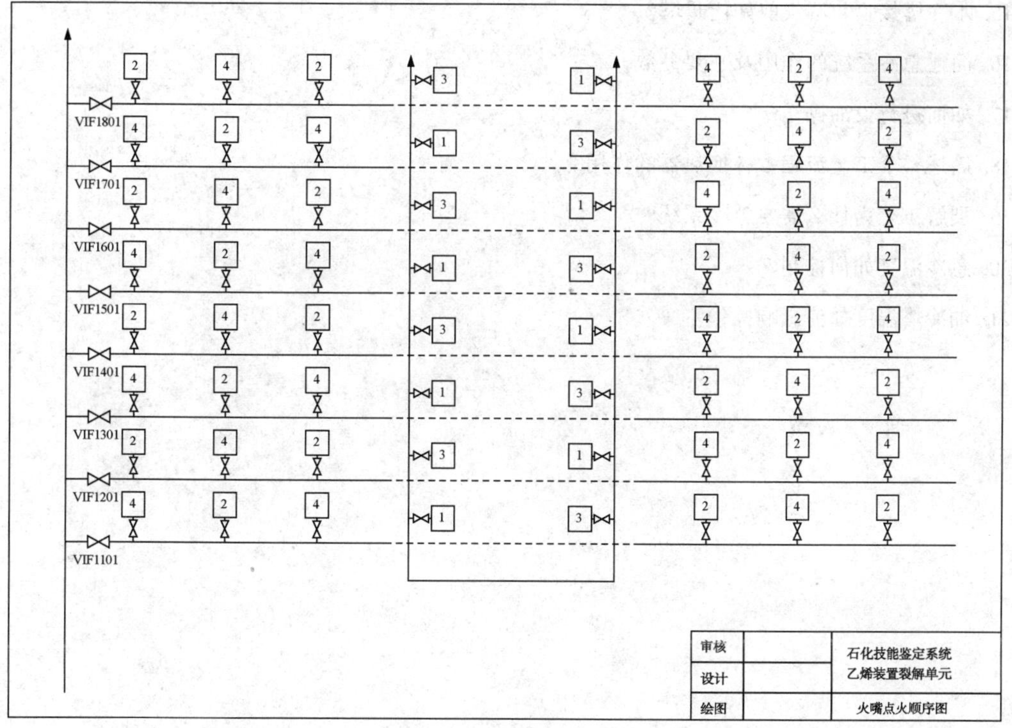

图 7-12 裂解炉火嘴点火顺序图

习题

1. 裂解操作的工艺条件是什么？工业上如何实现？
2. 画出裂解工段的工艺流程图（简图）。
3. 裂解工艺流程包括哪几部分？
4. 裂解工段的能量是如何回收的？
5. 裂解过程加入稀释蒸汽的优点是什么？
6. 如何保证炉膛温度分布均匀？
7. 炉膛点火顺序是什么？
8. 画出裂解炉的升温曲线图，升温曲线中每个温度点如何控制？
9. 简述裂解炉升温操作中注意事项？
10. 裂解工艺过程中裂解气温度的降温指标是多少？
11. 油冷塔的作用是什么？塔温过高有何危害？
12. 油冷塔接收裂解气前如何暖塔？
13. 简述水冷塔的作用及温度波动的危害。
14. 为什么裂解炉点火升温到200℃时才可以通入稀释蒸汽？
15. 水冷塔接收裂解气前如何暖塔？
16. 简述急冷系统的作用及主要参数。
17. 如何进行投油操作？
18. 简述整个工艺流程中各换热器的作用。
19. 裂解工艺为什么需要急冷系统？
20. 急冷温度如何控制？
21. 油冷塔温度如何影响操作？

第八章　丙烯压缩装置仿真

第一节　裂解气的组成及分离方法

一. 裂解气的组成及分离要求

石油烃裂解的气态产品裂解气是一个多组分的气体混合物，其中含有许多低级烃类，主要是甲烷、乙烯、乙烷、丙烯、丙烷与碳四、碳五、碳六等烃类，此外还有氢气和少量杂质如硫化氢和二氧化碳、水分、炔烃、一氧化碳等，其具体组成随裂解原料、裂解方法和裂解条件不同而异。表 8-1 列出了用不同裂解原料所得裂解气的组成。

表 8-1　不同裂解原料得到的几种裂解气组成（体积分数）　%

组分	原料来源		
	乙烷裂解	石脑油裂解	轻柴油裂解
H_2	34.0	14.09	13.18
$CO+CO_2+H_2S$	0.19	0.32	0.27
CH_4	4.39	26.78	21.24
C_2H_2	0.19	0.41	0.37
C_2H_4	31.51	26.10	29.34
C_2H_6	24.35	5.78	7.58
C_3H_4		0.48	0.54
C_3H_6	0.76	10.30	11.42
C_3H_8		0.34	0.36
C_4	0.18	4.85	5.21
C_5	0.09	1.04	0.51
$\geqslant C_6$		4.53	4.58
H_2O	4.36	4.98	5.40

要得到高纯度的单一烃，如重要的基本有机原料乙烯、丙烯等，就需要将它们与其他烃类和杂质等分离开，并根据工业上的需要，使之达到一定的纯度，这一操作过程，称为裂解气的

分离。裂解、分离、合成是有机化工生产中的三大加工过程。分离是裂解气提纯的必然过程，为有机合成提供原料，所以起到举足轻重的作用。

各种有机产品的合成，对于原料纯度的要求是不同的。有的产品对原料纯度要求不高，例如用乙烯与苯烷基化生产乙苯时，对乙烯纯度要求不太高。对于聚合用的乙烯和丙烯的质量要求则很严，生产聚乙烯、聚丙烯要求乙烯、丙烯纯度在99.9%或99.5%以上，其中有机杂质不允许超过5~10mL/m^3。这就要求对裂解气进行精细的分离和提纯，所以分离的程度可根据后续产品合成的要求来确定。

二、 裂解气分离方法简介

裂解气的分离和提纯工艺，是以精馏分离的方法完成的。精馏方法要求将组分冷凝为液态。甲烷和氢气不容易液化，碳二以上的馏分相对比较容易液化。因此，裂解气在除去甲烷、氢气以后，其他组分的分离就比较容易。所以分离过程的主要矛盾是如何将裂解气中的甲烷和氢气先行分离。解决这一矛盾的不同措施，便构成了不同的分离方法。

工业生产上采用的裂解气分离方法，主要有深冷分离和油吸收精馏分离两种。

油吸收法是利用裂解气中各组分在某种吸收剂中的溶解度不同，用吸收剂吸收除甲烷和氢气以外的其他组分，然后用精馏的方法，把各组分从吸收剂中逐一分离。此方法流程简单，动力设备少，投资少，但技术经济指标和产品纯度差，现已被淘汰。

工业上一般把冷冻温度高于-50℃的冷冻称为浅度冷冻(简称浅冷)；而在-100~-50℃之间称为中度冷冻；把等于或低于-100℃称为深度冷冻(简称深冷)。

深冷分离是在-100℃左右的低温下，将裂解气中除了氢和甲烷以外的其他烃类全部冷凝下来。然后利用裂解气中各种烃类的相对挥发度不同，在合适的温度和压力下，以精馏的方法将各组分分离开来，达到分离的目的。因为这种分离方法采用了-100℃以下的冷冻系统，故称为深度冷冻分离，简称深冷分离。

深冷分离法是目前工业生产中广泛采用的分离方法。它的经济技术指标先进，产品纯度高，分离效果好，但投资较大，流程复杂，动力设备较多，需要大量的耐低温合金钢。因此，适宜于加工精度高的大工业生产。本章重点介绍裂解气精馏分离的深冷分离方法。

在深冷分离过程中，为把复杂的低沸点混合物分离开来需要有一系列操作过程组合。但无论各操作的顺序如何，总体可概括为三大部分。

1. 压缩和冷冻系统

该系统的任务是加压、降温，以保证分离过程顺利进行。

2. 气体净化系统

为了排除对后继操作的干扰，提高产品的纯度，通常设置有脱酸性气体、脱水、脱炔和脱一氧化碳等操作过程。

3. 低温精馏分离系统

这是深冷分离的核心，其任务是将各组分进行分离并将乙烯、丙烯产品精制提纯。它由一系列塔器构成，如脱甲烷塔、乙烯精馏塔和丙烯精馏塔等。

第二节 压缩与制冷

裂解气分离过程中需加压、降温，所以必须进行压缩与制冷来保证生产的要求。

一、 裂解气的压缩

在深冷分离装置中用低温精馏方法分离裂解气时，要求温度最低的部位是在甲烷和氢气的分离，而且所需的温度随操作压力的降低而降低。例如：脱甲烷塔操作压力为 3.0MPa 时，为分离甲烷所需塔顶温度约-100~-90℃左右；当脱甲烷塔压力为 0.5MPa 时，为分离甲烷所需塔顶温度则需下降到-1400~-1300℃。而为获得一定纯度的氢气，则所需温度更低。这不仅需要大量的冷量，而且要用很多耐低温钢材制造的设备，这无疑增大了投资和能耗，在经济上不够合理。所以生产中根据物质的冷凝温度随压力增加而升高的规律，可对裂解气加压，从而使各组分的冷凝点升高，即提高深冷分离的操作温度，这既有利于分离，又可节约冷冻量和低温材料。不同压力下某些组分的沸点如表 8-2 所示。从表中我们可以看出，乙烯在常压下沸点是-104℃，即乙烯气体需冷却到-104℃才能冷凝为液体，但当加压到 10.13×10^5Pa 时，只需冷却到-55℃即可。

对裂解气压缩冷却，能除掉相当量的水分和重质烃，以减少后继干燥及低温分离的负担。提高裂解气压力还有利于裂解气的干燥过程，提高干燥过程的操作压力，可以提高干燥剂的吸湿量，减少干燥器直径和干燥剂用量，提高干燥度。所以裂解气的分离首先需进行压缩。

表 8-2 不同压力下某些组分的沸点 ℃

组分 \ 压力	1.103×10^5Pa	10.13×10^5Pa	15.19×10^5Pa	20.26×10^5Pa	25.23×10^5Pa	30.39×10^5Pa
H_2	-263	-244	-239	-238	-237	-235
CH_4	-162	-129	-114	-107	-101	-95
C_2H_4	-104	-55	-39	-29	-20	-13

续表

组分 \ 压力	1.103×10^5Pa	10.13×10^5Pa	15.19×10^5Pa	20.26×10^5Pa	25.23×10^5Pa	30.39×10^5Pa
C_2H_6	-86	-33	-18	-7	3	11
C_3H_6	-47.7	9	29	37	44	47

裂解气经压缩后，不仅会使压力升高，而且气体温度也会升高。为避免压缩过程温升过大造成裂解气中双烯烃尤其是丁二烯之类的二烯烃在较高的温度下发生大量的聚合，以致形成聚合物堵塞叶轮流道和密封件。裂解气压缩后的气体温度必须要限制，压缩机出口温度一般不能超过 100℃，在生产上主要是通过裂解气的多段压缩和段间冷却相结合的方法来实现。

裂解气段间冷却通常采用水冷，相应各段入口温度一般为 38~40℃左右。采用多段压缩可以节省压缩做功的能量，效率也可提高，根据深冷分离法对裂解气的压力要求及裂解气压缩过程中的特点，目前工业上对裂解气大多采用三段至五段压缩。

同时，压缩机采用多段压缩可减少压缩比，也便于在压缩段之间进行净化与分离，例如脱酸性气体、干燥和脱重组分可以安排在段间进行。

二、 制冷

深冷分离裂解气需要把温度降到-100℃以下。为此，需向裂解气提供低于环境温度的冷剂。获得冷量的过程称为制冷。深冷分离中常用的制冷方法有两种：冷冻循环制冷和节流膨胀制冷。

1. 冷冻循环制冷

冷冻循环制冷的原理是利用制冷剂自液态汽化时，要从物料或中间物料吸收热量因而使物料温度降低的过程。所吸收的热量，在热值上等于它的汽化潜热。液体的汽化温度(即沸点)是随压力的变化而改变的，压力越低，相应的汽化温度也越低。

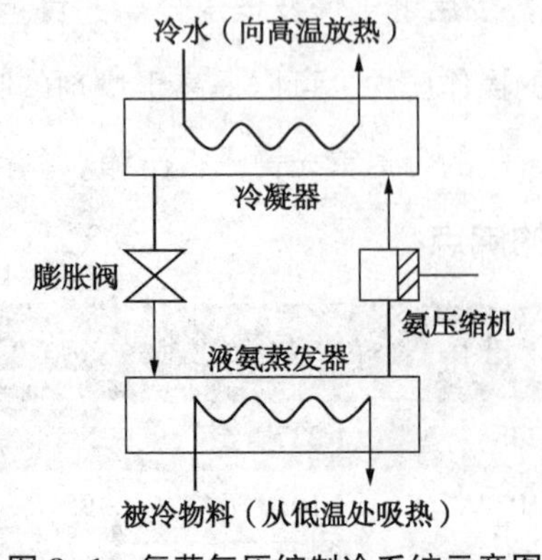

图 8-1 氨蒸气压缩制冷系统示意图

(1) 氨蒸气压缩制冷

氨蒸气压缩制冷系统可由四个基本过程组成，如图 8-1 所示。

① 蒸发。在低压下液氨的沸点很低，如压力为 0.12MPa 时沸点为-30℃。液氨在此条件下，在蒸发器中蒸发变成氨蒸气，则必须从通入液氨蒸发器的被冷物料中吸取热量，产生制冷效果，使被冷物料冷却到接近-30℃。

② 压缩。蒸发器中所得的是低温、低压的氨蒸气。为

了使其液化，首先通过氨压缩机压缩，使氨蒸气压力升高。

③ 冷凝。高压下的氨蒸气的冷凝点是比较高的。例如把氨蒸气加压到 1.55MPa 时，其冷凝点是 40℃，此时，可由普通冷水做冷却剂，使氨蒸气在冷凝器中变为液氨。

④ 膨胀。若液氨在 1.55MPa 压力下汽化，由于沸点为 40℃，不能得到低温，为此，必须把高压下的液氨，通过节流阀降压到 0.12MPa，若在此压力下汽化，温度可降到-30℃。节流膨胀后形成低压，低温的汽液混合物进入蒸发器。在此液氨又重新开始下一次低温蒸发，形成一个闭合循环操作过程。

氨通过上述四个过程，构成了一个循环，称之为冷冻循环。这一循环，必须由外界向循环系统输入压缩功才能进行，因此，这一循环过程是消耗了机械功，换得了冷量。

氨是上述冷冻循环中完成转移热量的一种介质，工业上称为制冷剂或冷冻剂，冷冻剂本身物理化学性质决定了制冷温度的范围。如液氨降压到 0.098MPa 时进行蒸发，其蒸发温度为-33.4℃，如果降压到 0.011MPa，其蒸发温度为-40℃，但是在负压下操作是不安全的。因此，用氨作制冷剂，不能获得-100℃的低温。所以要获得-100℃的低温，必须用沸点更低的气体作为制冷剂。

原则上，沸点低的物质都可以用作制冷剂，而实际选用时，则需选用可以降低制冷装置投资、运转效率高，来源容易、毒性小的制冷剂。对乙烯装置而言，乙烯和丙烯为本装置产品，已有储存设施，且乙烯和丙烯已具有良好的热力学特性，因而均选用乙烯和丙烯作为制冷剂。在装置开工初期尚无乙烯产品时，可用混合 C_2 馏分代替乙烯作为制冷剂，待生产出合格乙烯后再逐步置换为乙烯。

(2) 丙烯制冷系统

在裂解气分离装置中，丙烯制冷系统为装置提供-40℃以上温度级的冷量。其主要冷量用户为裂解气的预冷、乙烯制冷剂冷凝、乙烯精馏塔、脱乙烷塔、脱丙烷塔塔顶冷凝等。最大用户是乙烯精馏塔塔顶冷凝器，约占丙烯制冷系统总功率的 60%~70%；其次是乙烯制冷剂的冷凝和冷却，占 17%~20%。在需要提供几个温度级冷量时，可采用多级节流多级压缩多级蒸发，以一个压缩机组同时提供几种不温度级冷量，如丙烯冷剂从冷凝压力逐级节流到 0.9MPa、0.5MPa、0.26MPa、0.14MPa，并相应制取 16℃、-5℃、-24℃、-40℃四个不同温度级的冷量。

(3) 乙烯制冷系统

乙烯制冷系统用于提供裂解气低温分离装置所需-40~-102℃各温度级的冷量。其主要冷量用户为裂解气在冷箱中的预冷以及脱甲烷塔塔顶冷凝。如对高压脱甲烷的顺序分离流程，乙烯制冷系统冷量的 30%~40%用于脱甲烷塔塔顶冷凝，其余 60%~70%用于裂解气脱甲烷塔进料的预冷。大多数乙烯制冷系统均采用三级节流的制冷循环，相应提供三个温度级的冷量，通常提供-50℃、-70℃、-100℃左右三个温度级的冷量。

（4）乙烯-丙烯复迭制冷

用丙烯作制冷剂构成的冷冻循环制冷过程，把丙烯压缩到1.864MPa的条件下，丙烯的冷凝点为45℃，很容易用冷水冷却使之液化，但是在维持压力不低于常压的条件下，其蒸发温度受丙烯沸点的限制，只能达到-45℃左右的低温条件，即在正压操作下，用丙烯作制冷剂，不能获得-100℃的低温条件。

用乙烯作制冷剂构成冷冻循环制冷中，维持压力不低于常压的条件下，其蒸发温度可降到-103℃左右，即乙烯作制冷剂可以获得-100℃的低温条件，但是乙烯的临界温度为9.9℃，临界压力为5.15MPa，在此温度之上，不论压力多大，也不能使其液化，即乙烯冷凝温度必须低于其临界温度9.9℃，所以不能用普通冷却水使之液化。为此，乙烯冷冻循环制冷中的冷凝器需要使用制冷剂冷却。工业生产中常采用丙烯作制冷剂来冷却乙烯，这样丙烯的冷冻循环和乙烯冷冻循环制冷组合在一起，构成乙烯-丙烯复迭制冷，见图8-2。

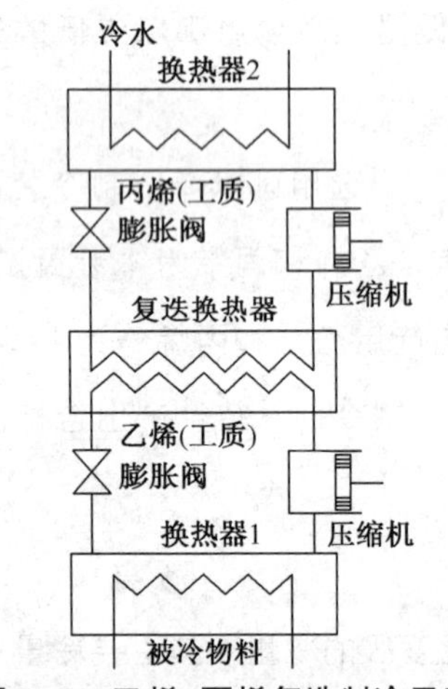

图8-2　乙烯-丙烯复迭制冷示意图

在乙烯-丙烯复迭制冷循环中，冷水在换热器2中向丙烯供冷，带走丙烯冷凝时放出的热量，丙烯被冷凝为液体，然后，经节流膨胀降温，在复迭换热器中汽化，此时向乙烯气供冷，带走乙烯冷凝时放出的热量，乙烯气变为液态乙烯，液态乙烯经膨胀阀降压到换热器1中汽化，向被冷物料供冷，可使被冷物料冷却到-100℃左右。在图8-2中可以看出，复迭换热器既是丙烯的蒸发器（向乙烯供冷），又是乙烯的冷凝器（向丙烯供热）。当然，在复迭换热器中一定要有温差存在，即丙烯的蒸发温度一定要比乙烯的冷凝温度低，才能组成复迭制冷循环。

用乙烯作制冷剂在正压下操作，不能获得-103℃以下的制冷温度。生产中需要-103℃以下的低温时，可采用沸点更低的制冷剂，如甲烷在常压下沸点是-161.5℃，因而可制取-160℃温度级的冷量。但是由于甲烷的临界温度是-82.5℃，若要构成冷冻循环制冷，需用乙烯作制冷剂为其冷凝器提供冷量，这样就构成了甲烷-乙烯-丙烯三元复迭制冷。在这个系统中，冷水向丙烯供冷，丙烯向乙烯供冷，乙烯向甲烷供冷，甲烷向低于-100℃冷量用户供冷。

2. 节流膨胀制冷

所谓节流膨胀制冷，就是气体由较高的压力通过一个节流阀迅速膨胀到较低的压力，由于过程进行得非常快，来不及与外界发生热交换，膨胀所需的热量，必须由自身供给，从而引起温度降低。

工业生产中脱甲烷分离流程中，利用脱甲烷塔顶尾气的自身节流膨胀可降温到获得-130~-160℃的低温。

3. 热泵

常规的精馏塔都是从塔顶冷凝器取走热量，由塔釜再沸器供给热量，通常塔顶冷凝器取走的热量是塔釜再沸器加入热量的90%左右，能量利用很不合理。如果能将塔顶冷凝器取走的热量传递给塔釜再沸器，就可以大幅度地降低能耗。但同一塔的塔顶温度总是低于塔釜温度，根据热力学第二定律，“热量不能自动地从低温流向高温”，所以需从外界输入功。这种通过做功将热量从低温热源传递给高温热源的供热系统称为热泵系统。该热泵系统是既向塔顶供冷又向塔釜供热的制冷循环系统。

常用的热泵系统有闭式热泵系统、开式A型热泵系统和开式B型热泵系统等几种，如图8-3所示。

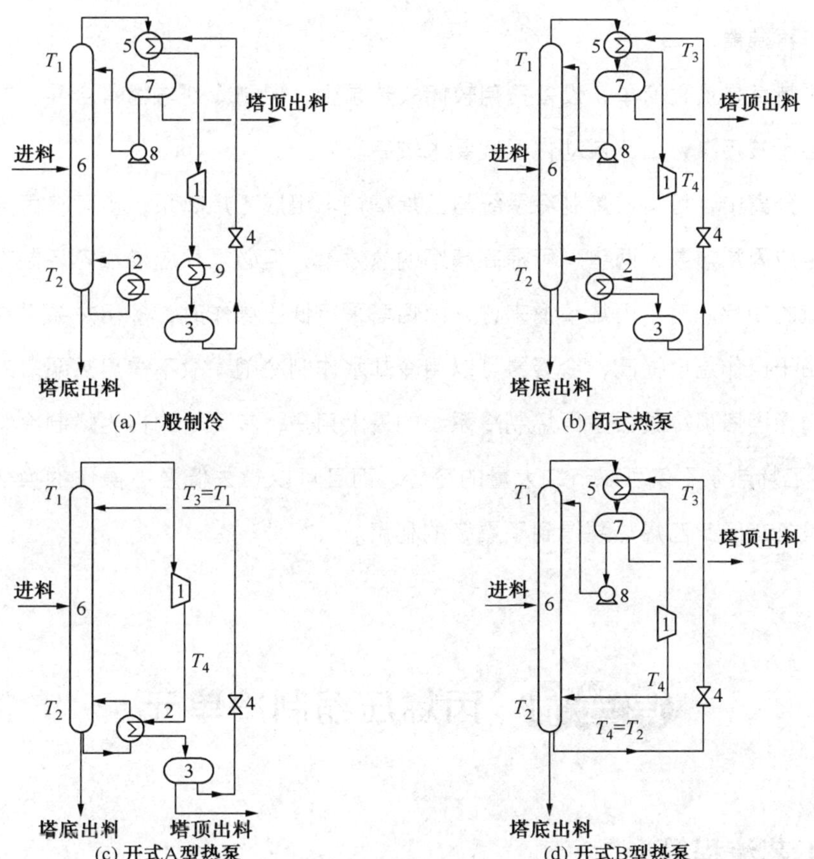

图 8-3 热泵的几种形式

1—压缩机；2—再沸器；3—制冷剂储罐；4—节流阀；5—塔顶冷凝器；6—精馏塔；7—回流罐；8—回流泵；9—冷剂冷凝器

闭式热泵：塔内物料与制冷系统介质之间是封闭的，而用外界的工作介质为制冷剂。液态制冷剂在塔顶冷凝器5中蒸发，使塔顶物料冷凝，蒸发的制冷剂气体再进入压缩机1升高压力，然后在塔釜再沸器2中冷凝为液体，放出的热量传递给塔釜物料，液体制冷剂通过节流阀4降低压力后再去塔顶换热，完成一个循环，这样塔顶低温处的热量，通过制冷剂而传到塔釜高温处。在此流程中，制冷循环中的制冷剂冷凝器与塔釜再沸器合成一个设备，在此设备中，制冷剂冷凝放热，而釜液吸热蒸发。闭式热泵特点是操作简便、稳定，物料不会污染，出料质量容易保证。但流程复杂，设备费用较高。

开式A型热泵流程，不用外来制冷剂，直接以塔顶蒸出低温烃蒸气作为制冷剂，经压缩提高压力和温度后，送去塔釜换热，放出热量而冷凝成液体。凝液部分出料，部分经节流降温后流入塔。此流程省去了塔顶换热器。

开式B型热泵流程，直接以塔釜出料为制冷剂，经节流后送至塔顶换热，吸收热量蒸发为气体，再经压缩升压升温后，返回塔釜。塔顶烃蒸气则在换热过程中放出热量凝成液体。此流程省去了塔釜再沸器。

开式热泵特点是流程简单，设备费用较闭式热泵少，但制冷剂与物料合并，在塔操作不稳定时，物料容易被污染，因此自动化程度要求较高。

在裂解气分离中，可将乙烯制冷系统与乙烯精馏塔组成乙烯热泵，也可将丙烯制冷系统与丙烯精馏塔组成丙烯热泵，两者均可提高精馏的热效率，但必须相应增加乙烯制冷压缩机或丙烯制冷压缩机的功耗。对于丙烯精馏来说，丙烯塔采用低压操作时，多用热泵系统。当采用高压操作时，由于操作温度提高，冷凝器可以用冷却水作制冷剂，故不需用热泵。对于乙烯精馏来说，乙烯精馏塔塔顶冷凝器是丙烯制冷系统的最大用户，其用量约占丙烯制冷总功率的60%~70%，采用乙烯热泵不仅可以节约大量的冷量，而且可以省去低温下操作的换热器、回流罐和回流泵等设备，因此乙烯热泵得到了更多的利用。

第三节 丙烯压缩制冷单元

一、工艺流程简介

1. 装置的生产过程

本部分包括一个多段离心式压缩机C-501以及相连的罐和换热器。段间没有使用中间冷却器，因为每段吸入的丙烯气提供了所需的冷量。

所用冷剂为装置内所生产的聚合级丙烯。制冷过程提供四个标准温度级-40℃，-27℃，-6℃和13℃，制冷过程是与这些温度相应的压力下通过丙烯的蒸发来实现的。蒸发后的丙烯经压缩后到1.528MPa(g)，79.5℃条件下，其在丙烯冷剂冷凝器内用冷却水冷凝。

2. 生产装置流程说明

（1）压缩机制冷循环系统

从压缩机出口来的经E505冷凝后的36.9℃的丙烯进入到丙烯冷剂收集罐D505，从D505出来的丙烯在换热器E511内通过加热流出的某工艺材料而被过冷。

然后冷剂分成两股，第一股为用于四段冷剂用户E404的丙烯液；第二股通过液位LIC5009控制进入丙烯制冷压缩机四段吸入罐D504。

从四段冷剂用户E504来的蒸汽进入四段吸入罐D504，在此进行汽液分离，一部分蒸汽从吸入罐出来进入换热器E512，在此加热冷物流而自身被冷凝，然后进入收集罐D507，通过液位LIC5011送往三段吸入罐D503；剩下的部分蒸汽作为四段吸入进入压缩机。从四段吸入罐出来的液体在通过冷却器E509被冷却后分两股：一股在液位LIC5007控制下被送到三段丙烯冷剂用户E503，剩下的液体通过液位LIC5006控制送到三段吸入罐D503。

从三段冷剂用户E503出来的蒸汽进入三段吸入罐D503，在此进行汽液相分离，从三段吸入罐出来的蒸汽在0.387MPa(g)和-5.9℃的条件下分两股，一股在换热器E510内加热冷物流而自身被冷凝，进入收集罐D506后进入二段吸入罐D502；另一股蒸汽送往压缩机三段吸入口。从三段吸入罐来的丙烯液体分两股：一股被换热器E507冷却后由液位LIC5005控制送到二段冷剂用户E502；另一部分物流同样也通过换热器E508后由液位LIC5004控制送往二段吸入罐D502。

从二段冷剂用户E502出来的蒸汽流向二段吸入罐，在此进行汽液相分离，从二段吸入罐出来的蒸汽进入压缩机的二段吸入口。从二段吸入罐出来的液体经过换热器E506被冷却后由液位LIC5003控制送往一段冷剂用户E501。

从一段用户口排出的气相送往一段吸入罐D501，气相间断蒸发，四段排出的气相经一分布器进入罐内或送往液体排放总管，气相送往压缩机一段吸入口。

（2）油路系统

46#透平油自油箱D508出来后由泵P503A/B输出，输出油一部分由压控PIC5030控制回流到油箱，另一部分经过油温冷却器E514A/B后进入过滤器S501A/B。过滤器S501A/B出口油分为三部分：一部分为透平以及压缩机的润滑油，油直接送往透平及压缩机，然后回到油箱，在这一段管路上设有一个高位槽D510，其上有溢流管直接将溢流部分送回油箱；另一部分为压缩机的密封油，油通过一个中间设有脱气及连通装置的高位槽的管路送往压缩机，经过压缩机后再经抽气器 S502A/B 后回到油箱；第三部分为透平机的控制油，进入透平机，然后回到油箱，整个过程为循环系统。

（3）复水系统

透平机动力蒸汽自透平机出来后，进入表面冷凝器 E515，冷却后由冷凝水泵 P502A/B 送往换热器 E516A/B，一部分换热后回到 E515，另一部分送出以控制液位；E515 中的不凝气由真空泵 L503A/B 抽出后进入换热器 E516A/B 与自 E515 来的冷凝水进行换热，冷凝后回到 E515。整个过程为循环系统，不凝气排放大气。

二、设备列表（表 8-3）

表 8-3　设备列表

	压缩制冷部分		油及复水系统部分	
序号	位号	名　称	位号	名　称
1	D501	压缩机一段吸入罐	D508	油系统油箱
2	D502	压缩机二段吸入罐	D509	缓冲油罐
3	D503	压缩机三段吸入罐	D510	高位油罐
4	D504	压缩机四段吸入罐	D511	高位油罐
5	D505	丙烯冷剂收集器	E513	油箱加热器
6	D506	三段蒸汽冷凝罐	E514A/B	油箱出口冷却器(泵后)
7	D507	四段蒸汽冷凝罐	E515	蒸汽表面冷凝器
8	E501	一段吸入罐入口换热器	E516	抽气器
9	E502	二段吸入罐入口换热器	P502	冷凝水泵
10	E503	三段吸入罐入口换热器	P503A/B	油泵
11	E504	四段吸入罐入口换热器	P504	开工真空喷射泵
12	E511	四段出口冷箱	P505A/B	一级真空喷射泵
13	E505	四段出口产品换热器	P506A/B	二级真空喷射泵
14	E510	三段蒸汽冷凝器	S501A	油过滤器
15	E512	四段蒸汽冷凝器	S501B	油抽汽器
16	E506	三段液相出口换热器		
17	E507	三段液相出口换热器		
18	E508	四段液相出口换热器		
19	E509	二段液相出口换热器		
20	P501	一段吸入罐积液抽出泵		
21	C501	丙烯制冷压缩机		

三、仪表列表（表8-4）

表8-4 仪表列表

序号	仪表号	说　明	单位	正常值	量程	报警值
1	PI5001	四段出口压力	kPa(g)	1528.0	0~4000.0	1734.0
2	PIC5002	系统压力控制	kPa(g)	31.0	0~1500.0	L：10.0；H：50.0
3	PIC5003	D501压控	kPa(g)	31.0	0~1500.0	L：10.0；H：60.0
4	PIC5004	D502压控	kPa(g)	127.0	0~1500.0	
5	PIC5005	D503压控	kPa(g)	387.0	0~1500.0	
6	PIC5006	D504压控	kPa(g)	745.0	0~1500.0	
7	PIC5030	油泵出口压控	kPa(g)	3450.0	0~5000.0	L：0；H：5000.0
8	PIC5031	透平油压控	kPa(g)	1450.0		
9	PIC5032	润滑油压控	kPa(g)	320.0		
10	PDI5001	过滤器压差	kPa(g)	40~60.0		
11	PDI5002	压缩机C501前后密封油压差	kPa(g)	50.0	0.0~100.0	
12	TI5001	四段出口温度	℃	79.5	-50.0~100.0	L：70；H80；HH：120
13	TI5002	四段E505出口温度	℃	36.9	-50.0~100.0	
14	TIC5003	D501温控	℃	-40.0	-50.0~100.0	H：-30.0
15	TIC5004	D502温控	℃	-27.0	-50.0~100.0	H：-20.0
16	TIC5005	D503温控	℃	-6.0	-50.0~100.0	H：0.0
17	TI5006	D504温度	℃	13.0	-50.0~100.0	
18	TI5007	四段出口冷箱后温度	℃	17.3	-50.0~100.0	
19	TI5030	油箱D508温度	℃	65.6	0.0~100.0	
20	TI5031	润滑油回流温度	℃	75.0	0.0~100.0	
21	TI5032	冷却器E514出口油温	℃	45.0	0.0~100.0	
22	TI5050	E515水温	℃	50.0	0.0~100.0	
23	PI5050	边界蒸汽压力	kPa(g)	4200.0	0.0~5000.0	
24	PIC5002	透平动力蒸汽压控	kPa(g)	31.0	0~1000.0	L：10.0；H：50.0
25	PI5052	E515压力	kPa(g)	-88.0		
26	PI5053	冷凝水泵出口压控	kPa(g)	700.0		
27	HIC5001	四段出口放空	%	0		
28	HIC5002	D501汽提手阀	%	0		
29	SI5001	压缩机转速	r/min	6500.0	0~9000.0	HH：8440.0
30	FIC5002	压缩机一段-吸入量	t/h	87.806	0~500.0	
31	FIC5003	压缩机二段-吸入量	t/h	23.137	0~500.0	

续表

序号	仪表号	说　明	单位	正常值	量程	报警值
32	FIC5004	压缩机三段-吸入量	t/h	10.037	0~500.0	
33	FIC5001	压缩机四段排出量	t/h	125.937	0~500.0	
34	FI5005	压缩机四段吸入量	%	13.957	0~500.0	
35	LI5001	D505 液位	%	50.0		L：10.0
36	LI5002	D501 液位	%	0.0	0.0~100.0	HH：95.0
37	LIC5003	E501 液控	%	50.0	0.0~100.0	H：70.0
38	LIC5004	D502 液控	%	50.0	0.0~100.0	LL：2.0；H：95.0
39	LIC5005	E502 液控	%	50.0	0.0~100.0	H：80.0
40	LIC5006	D503 液控	%	50.0	0.0~100.0	LL：2.0；H：95.0
41	LIC5007	E503 液控	%	50.0	0.0~100.0	HH：88.0
42	LIC5008	D506 液控	%	50.0	0.0~100.0	LL：5.0
43	LIC5009	D504 液控	%	50.0	0.0~100.0	LL：0.8；HH：97.0
44	LIC5010	E504 液控	%	50.0	0.0~100.0	H：60.0
45	LIC5011	D507 液控	%	50.0	0.0~100.0	LL：7.1
46	LI5030	D508 液位	%	50.0	0.0~100.0	L：15.0；H：85.0
47	LI5031	D510 液位	%	100.0	0.0~100.0	
48	LIC5032	D511 液控	%	50.0	0.0~100.0	L：15.0；H：85.0
49	LIC5050	E515 液控	%	50.0	0.0~100.0	L：15.0；H：85.0

四、 操作参数

1. 透平压缩机（表 8-5）

表 8-5　透平压缩机操作参数

名称	压缩机总抽气量	压缩机转速	压缩机出口温度	压缩机出口压力
参数正常值	125.937　t/h	6500.0　r/min	79.5　℃	1.528　MPa(g)

2. 各段用户冷级（表 8-6）

表 8-6　各段用户冷级操作参数

名　称	温度/℃	压力/kPa	流量/(t/h)
一段吸入罐 D101	-40.0	31.0	78.806
二段吸入罐 D102	-27.0	127.0	23.137
三段吸入罐 D103	-6.0	387.0	10.037
四段吸入罐 D104	13.0	745.0	13.957

五、 联锁系统

1. 联锁系统的起因及结果(表 8-7)

表 8-7 联锁系统的起因及结果

起因	联锁号	设定点	旁路	结果
手动停压缩机 C501	HS-5001	1	HS5002	停车报警 透平蒸汽阀关 1 段最小流量阀 FV5002 开 2 段最小流量阀 FV5003 开 3 段最小流量阀 FV5004 开 4 段最小流量阀 FV5001 开 1 段激冷液阀 TV5003 关 2 段激冷液阀 TV5004 关 3 段激冷液阀 TV5005 关 1 段吸入电磁阀关 VI1C501 关 2 段吸入电磁阀关 VI2C501 关 3 段吸入电磁阀关 VI3C501 关 4 段吸入电磁阀关 VI4C501 关 压缩机出口电磁阀 VI5C501 关 透平蒸汽阀 VI6C501 关
1 段吸入罐液位高高	LSXH5001	95.0%		
2 段吸入罐液位高高	LSXH5002	95.0%		
3 段吸入罐液位高高	LSXH5003	95.0%		
4 段吸入罐液位高高	LSXH5004	97.0%		
四段出口温度高高	TSXH5001	110.0℃		
四段出口压力高高	PSHH5001	1900.0kPaG		
油系统总管油压低	PSXL5001	1900.0kPaG		
油温高	TSXH5002	90.0℃		
停电	I5001	1		
停蒸汽	I5002	1		
停冷却水	I5003	1		

2. 联锁逻辑图 I—501(图 8-4)

六、 操作规程

1. 冷态开车过程

公用工程准备就绪，丙烯冷剂及电都具备使用条件，丙烯置换已经完成。

(1) 接气相丙烯充压

① 打通流程。手动全开 4 段、3 段、2 段、1 段最小回流阀，使 D504、D505、D503、D502、D501 连通，确认排火炬线全关并投自动设定合理值、排 LD 线上的阀关闭。

② 现场打开 D504 气相丙烯充气阀，向系统充压。

③ 待系统中各段压力升至 550~750kPa(g)左右，关闭 D504 气相丙烯充气阀，充压完成。

④ 稍后，系统均压，各段压力在 700kPa(g)左右。

(2) 接液态丙烯

待系统充气均基本完成后，可以接液相丙烯。

① 现场打开 D504 液态丙烯开工线，向 D504 充液。

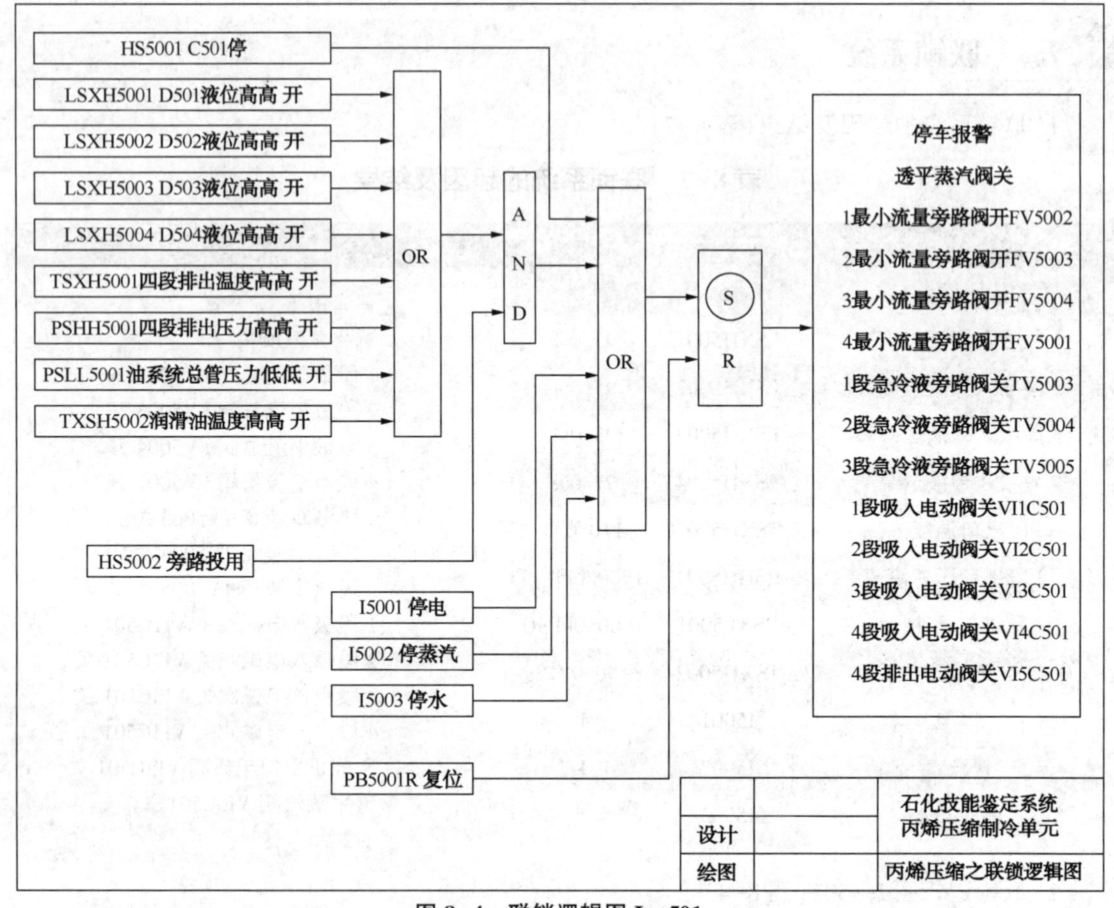

图 8-4 联锁逻辑图 I—501

② 待 D504 液位升至 40%以上，通过 LIC5006 将液相丙烯引至 D503 充液。

③ D503 液位 40%左右时，则打开 LIC5004 使 D502 开始接收液相丙烯。

④ 最终控制充液量至 D502、D503 液位达 50%左右、D504 液位达 80%左右后，关闭液态丙烯开工线。

⑤ 确认防喘振阀 FIC5001、FIC5002、FIC5003、FIC5004 全开。

⑥ 检查确认油压、油温、蒸汽压力、温度、真空度、复水器液位、仪表系统正常，联锁系统投用，系统无跳闸、报警信号存在;

⑦ 打开 E505 的冷却水入口阀。

(3) 油系统开车

① 向油箱 D508 注 46#透平油，使其液位在 85%~90%左右。

② 检查油箱温度 TI5030，若低于 30℃则投用 E513 使油箱加热至 30℃左右。

③ 按泵的启动程序启动 P503A，设定 PIC5030 为 3450kPa(g)，P503B 投入备用状态(打开泵出入口阀)。

④ 油冷却器 E514A 投冷却水，E514B 投备用状态(入口阀开，冷却水阀 50%)。

⑤ 确认油泵正常后，打开润滑油到高位槽管路上的所有阀门，给润滑油高位槽 D510 充油，当有油回流(D501 液位 100%)则关闭充油阀。

⑥ LIC5032 液位控制投自动设定正常值，调节 D511 液位至 50%。

⑦ 分别将控制油压力 PIC5031、润滑油压力 PIC5032 投自动控制设定值分别为 1450kPa、320kPa 左右。

⑧ 检查 E513 的加热情况及油冷却器的冷却水量情况，使油冷却器出口温度 TI5032 保持正常值。

(4) 复水系统开车

① 向复水器 E515 供冷却水。

② 打开旁通给 E515 供 DM 水，当液位达到 65%时关闭。

③ 按泵的启动程序启动 P502A，P502B 投备用状态(打开泵出入口阀)。

④ 投复水器冷却水。

⑤ 开 PIC5050 分程控制表面冷凝器液位(全关为排液外送)。

⑥ 真空系统投用：

- 确认蒸汽密封投用(已经投用，无需操作)。
- 先打开开工喷射泵 P504 的蒸汽阀，再开不凝气阀。
- 待真空度达到-30kPa(g)时，切换至二、一级喷射泵 P505A，停开工喷射泵(顺序为依次关闭空气阀、蒸汽阀)注意真空度。

注：压缩机启动后，若系统内液相丙烯不足，可再次充液补充。

(5) 暖机，启动准备

① 启动盘车(盘车按钮)。

② 约 15~20s 后，停盘车。

③ 压缩机复位(PB5001R)。

④ 将压缩机出入口电磁阀打开(VI1C501、VI2C501、VI3C501、VI4C501、VI5C501)。

⑤ 打开蒸汽隔离阀及消音器，进行暖管，使温度达到 254℃以上。

⑥ 当温度达到 254℃后，开透平主汽阀 VI6C501。

⑦ 投用联锁系统(HS5002)。

⑧ 检查确认油压、油温、蒸汽压力、温度、真空度、复水器液位、仪表系统正常，联锁系统投用，系统无跳闸、报警信号存在。

⑨ 打开 E505 的冷却水入口阀。

⑩ 现场打开 E505 冷却水阀至正常。

⑪ 缓慢开大手轮开度，使转速达到 1000r/min 左右。

⑫ 在 1000r/min 左右转速下，按停车按扭 HS5001，进行联锁实验。

（6）启动压缩机

① 重新启动压缩机

a. 将压缩机调速手轮开度归零。

b. 将压缩机联锁复位(PB5001R)。

c. 重新将电磁阀 VI1C501、VI2C501、VI3C501、VI4C501、VI5C501 复位。

d. 重新复位透平主汽阀。

e. 用手轮将压缩机转速升到 1000r/min 左右。

② 压缩机升速

a. 按升速曲线：1000—2000—3000—4560，通过手轮将压缩机转速连续升到最小可调转速。

b. 通过临界转速附近时快速通过。

c. 在升速过程中要随时观察各段出、入口温度压力的变化，并通过 TIC5003、TIC5004 和 TIC5005，注意各罐液位的控制。

d. 控制好 D501 的温度，并随压力变化而变化，但不能使 D501 积液过多(不超过 5%)。

注：在压缩机升速及正常运行过程中，注意控制一段吸入罐的温度不大于 20℃；四段吸入罐液位不低于 10%，压缩机各段吸入量不能低于最小流量(正常运行最小流量值见表 8-8)。

表 8-8　正常运行最小流量

一段	二段	三段	四段
63.0t/h	18.5t/h	8.0t/h	11.0t/h

（7）无负荷下调整

① 转速至 4560r/min 处于最小可调转速，将其调节由手轮切换到主控 PIC5002 控制升速（“调速切换”至“PIC”）。

② 通过逐步关小各段的最小回流阀开度，建立各段压力，不可过快过猛。

③ D505 内开始出现液位，则启用 LIC5009，向 D504 转液。

④ 在以上过程中，随时调节保持各段相应的温度。

⑤ 最终将各段压力调至正常，同时温度接近正常冷级。

⑥ E501 建立液位(50%)，为一段投负荷做准备。

⑦ E502 建立液位(50%)，为二段投负荷做准备。

⑧ E503 建立液位(50%)，为三段投负荷做准备。

⑨ E504 建立液位(50%)，为四段投负荷做准备。

⑩ 根据需要投用冷剂用户，注意随时监视液位，若需则接丙烯系统补充丙烯。

注：在此阶段，随时注意一段吸入罐液位不高于5%。

(8) 投用户负荷，调整至正常

① 待各级用户换热器控制好液位，将各冷级的热用户负荷投用(各用户负荷自动逐步升到100%，随着热用户负荷的上升，匹配投用相应的冷负荷)。

② 在各冷级用户负荷上升过程中，随时注意各段的温度、压力变化。

③ 通过 PIC5002 提升转速和调节各段最小回流量，在各用户不同的负荷阶段下，控制好各段温度、压力。

④ 注意观察控制各段吸收罐液位和各负荷用户换热器及 D506、D507 的液位。

⑤ 在控制各冷级温度的情况下，最终将各用户负荷全部投用，转速升至正常(6500)，各段最小回流全关。

⑥ 选择合适条件，将各调节回路设定好，并投入自动控制。

注：在投用户负荷期间，注意控制段温度、压力、液位。

2. 热态开车过程

热态开车的起始状态是：压缩机处于最小可调转速，各段温度压力达到正常冷级，系统处于无负荷下的循环状态。

(1) 建液位，投负荷，调整至正常

① 压缩机处于最小可调转速，将其调节由手轮切换到 PIC5002 控制。

② D505 液位升至 50%左右，向 D504 排液，排液前先打开 E511 上的冷却水至正常(50%)。

③ 建立液位，调整至正常。

- E501 建立液位(50%)，为一段投负荷做准备。
- E502 建立液位(50%)，为二段投负荷做准备。
- E503 建立液位(50%)，为三段投负荷做准备。
- E504 建立液位(50%)，为四段投负荷做准备。

④ 分批分步进行，将各冷级热用户投用(各用户负荷自动逐步升到 100%，随着热用户负荷的上升，匹配投用相应的冷负荷)。

⑤ 在上述过程中，随时注意各段温度压力的变化。

⑥ 通过 PIC5002 提升压缩机的转速和调节各段最小流量，在各用户不同的情况下，控制

好各段温度压力。

⑦ 注意观察各段吸入罐的液位和各段用户的换热器及 D506、D507 的液位控制。

⑧ 在控制各冷级温度的情况下，最终将各用户负荷调整正常(100%)，转速升至正常，各段最小回流全关，调节油系统及水系统循环。

⑨ 选择合适的条件，将各调节回路设定好，并投入自动控制。

(2) 油系统及复水系统调整

在上述过程中及时调整油路系统及复水系统，使其与压缩机系统同步提升负荷。

3. 正常停车过程

(1) 停负荷(用户负荷逐步下降)，降转速

① 取消各级用户负荷(热)的设定。

② 在降负荷过程中，调整各段最小回流开度，保持各段温度、压力在正常指标。

③ 随热负荷的下降，逐渐减少各冷负荷(冷剂)，并尽量将 D506、D507 中的液体排至上一级吸入罐。

④ 逐步将转速降至最小可调转速。

⑤ 将转速由 PIC5002 切换至手轮控制("PIC"—"手轮")。

注：在停负荷降转速过程中，随时调节最小回流，注意维持各段的温度、压力、液位的稳定。

(2) 停压缩机、复水系统及油系统

① 按下停车按扭 HS5001，使压缩机联锁停车。

② 确认各段最小回流阀全开，各段喷淋阀全关。

③ 停机后，将主汽阀手轮转至全关位置。

④ 关闭二、一级真空喷射泵，破坏真空，待真空度为零后，停复水泵，关泵出口阀，将复水器中的凝液排空。

⑤ 确认油系统运行正常，待油温降到正常温度(30℃)后，停油系统。

(3) 排液、泄压

① 待各吸入罐压力、温度基本均衡后，排液。

② 由各罐底部排液阀，将各罐液体排空。

③ 各罐压力由顶部压力调节放空，泄压至常压。

④ 将各冷却水关闭。

⑤ 各用户换热器排液。

⑥ 将油系统中(包括罐、高位槽)油全部排到 D508 中，进行排液。

4. 停电事故过程

(1) 事故原因

装置停电。

(2) 事故现象

压缩机自动联锁停车。

(3) 处理方法

按紧急停车处理:

① 压缩机自动联锁停车，确认各段最小回流全开。

② 手动将 PIC5002 关闭，并将转速切换成手轮控制，再将手轮调至 0%。

③ 联锁复位。

④ 关闭各级用户负荷，并关闭各级用户的冷剂供给阀门。

⑤ 盘车。

5. 停蒸汽事故过程

(1) 事故原因

公用工程系统中透平机用蒸汽中断。

(2) 事故现象

压缩机自动联锁停车。

(3) 处理方法

按紧急停车处理:

① 压缩机自动联锁停车，确认各段最小回流全开。

② 手动将 PIC5002 关闭，并将转速切换成手轮控制，再将手轮调至 0%。

③ 联锁复位。

④ 关闭各级用户负荷，并关闭各级用户的冷剂供给阀门。

⑤ 盘车。

6. 停冷却水事故过程

(1) 事故原因

公用工程系统中冷却水中断。

(2) 事故现象

压缩机自动联锁停车。

(3) 处理方法

按紧急停车处理:

① 压缩机自动联锁停车，确认各段最小回流全开。

② 手动将 PIC5002 关闭，并将转速切换成手轮控制，再将手轮调至 0%。

③ 联锁复位。

④ 关闭各级用户负荷，并关闭各级用户的冷剂供给阀门。

⑤ 盘车。

7. 各级用户负荷下降(20%)至 80%事故过程

(1) 事故原因

各冷级用户负荷，逐渐下降。

(2) 事故现象

各段压力下降，温度下降，压缩机转速有波动。

(3) 处理方法

① 通过 PIC5002(手动)下调转速。

② 调整至适当转速，保证各段压力、温度正常稳定。

③ 在调整转速无法保证的情况下，可以调整各段最小回流量。

8. D502 压力高事故过程

(1) 事故原因

E502 用户负荷突然增大 10%。

(2) 事故现象

① D502 压力上升，温度随之上升。

② 压缩转速有波动。

(3)处理方法

① 可暂时略开 PIC5004 放空降压，但必须尽快采取其他办法处理，最终后压力下降，无需放空。

② 若无法控制，应通过 PIC5002 提升压缩机转速，同时调整各段最小回流阀和喷淋，保持各段温度、压力正常稳定。

③ 适当开大 D502 喷淋阀。

9. 润滑油温度高事故过程

(1) 事故原因

油冷却器效率严重下降。

(2) 事故现象

油温高。

（3）处理方法

启动备用冷却器。

现场打开备用换热器 E514B 的冷却水入口阀，以及出入口阀门，过几秒钟后关闭坏换热器的出入口阀门及冷却水阀门。

10. D501 液位高事故过程

（1）事故原因

E501 液位过高，带液。

（2）事故现象

D501 液面过高，并上升很快。

（3）处理方法

① 尽快启动泵 P501，将积液排至 D504。

② 尽快调节 LIC5003，使液位回到正常。

③ 待 D501 液位下降至 1%以下，关泵 P501。

④ 整个过程保持各段温度压力的正常稳定。

11. 油路过滤器堵塞事故过程

（1）事故原因

换热器 E501 液位过高，带液。

（2）事故现象

D501 液位过高，并上升很快。

（3）处理方法

① 尽快启动 P501，将 D501 积液排至 D504。

② 尽快调节 LIC5003，使其回到正常。

③ 手动关闭 TIC5003，待平衡后投自动。

④ 待 D501 液位降至 1%以下，关 P501。

⑤ 整个过程中，注意保持各段温度，压力的正常稳定。

备注(处理方法)：在操作画面上按“Ctrl+M”进入处理画面，选择相应设备后再选择“处理”进行处理。

- 阀失灵——处理。
- 仪表失灵——处理。
- 仪表漂移——处理。
- 泵坏——启动备用泵或处理。

- 换热器结垢——启动备用或提高冷却水量。
- 特定事故：详见操作手册中事故的处理方法。

七、 仿 DCS 系统操作画面

1. 操作组画面(表 8-9)

表 8-9　操作组画面

名字	仪表 1	仪表 2	仪表 3	仪表 4	仪表 5	仪表 6	仪表 7	仪表 8
GROUP001	FIC5001	FIC5002	FIC5003	FIC5004	FI5005			
GROUP002	TI5001	TI5002	TIC5003	TIC5004	TIC5005	TI5006	TI5007	
GROUP003	TI5030	TI5031	TI5032	TI5050				
GROUP004	PI5001	PIC5002	PIC5003	PIC5004	PIC5005	PIC5006	HIC5001	HIC5002
GROUP005	PIC5030	PIC5031	PIC5032	PI5050	PI5052	PI5053		
GROUP006	LI5001	LI5002	LIC5003	LIC5004	LIC5005	LIC5006	LIC5007	LIC5008
GROUP007	LIC5009	LIC5010	LIC5011	LI5030	LI5031	LIC5032	LIC5050	

2. 流程图(表 8-10)

表 8-10　流程图

图　　名	说　　明	调图方式
OVERVIEW	总貌	CTRL+1
GR3001	压缩机	CTRL+2
GR3002	一段压缩罐	CTRL+3
GR3003	二段压缩罐	CTRL+4
GR3004	三段压缩罐	CTRL+5
GR3005	四段压缩罐	CTRL+6
GR3006	油系统	CTRL+7
GR3007	蒸汽复水系统	CTRL+8
GR3008	辅操台	CTRL+9
GF3001	压缩机现场	CTRL+0
GF3002	一段压缩罐现场	
GF3003	二段压缩罐现场	
GF3004	三段压缩罐现场	
GF3005	四段压缩罐现场	
GF3006	油系统现场	
GF3007	蒸汽复水系统现场	

八、 压缩机升速曲线（图 8-5）

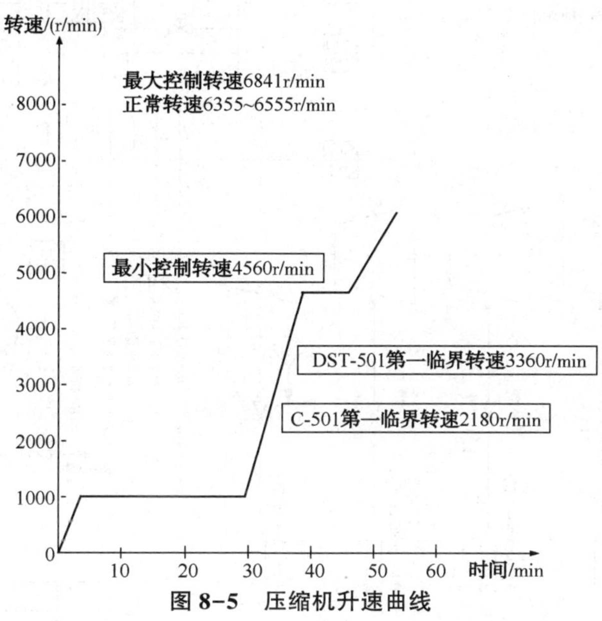

图 8-5 压缩机升速曲线

九、 乙烯装置压缩单元仿真 PI&D 图（图 8-6~图 8-13）

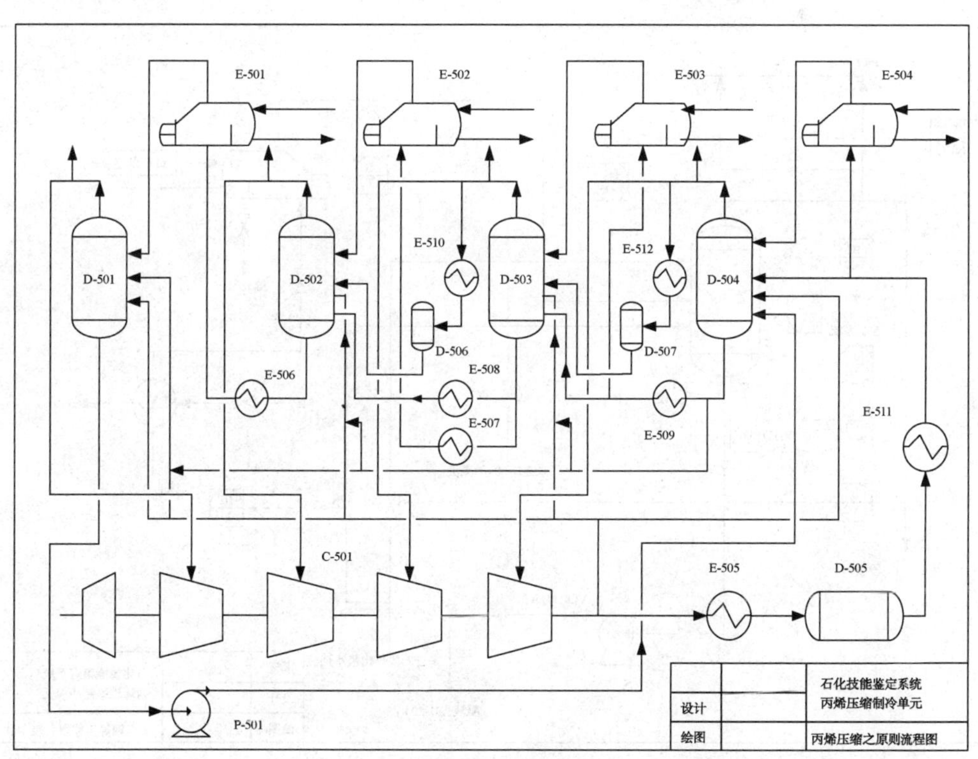

图 8-6 总貌图

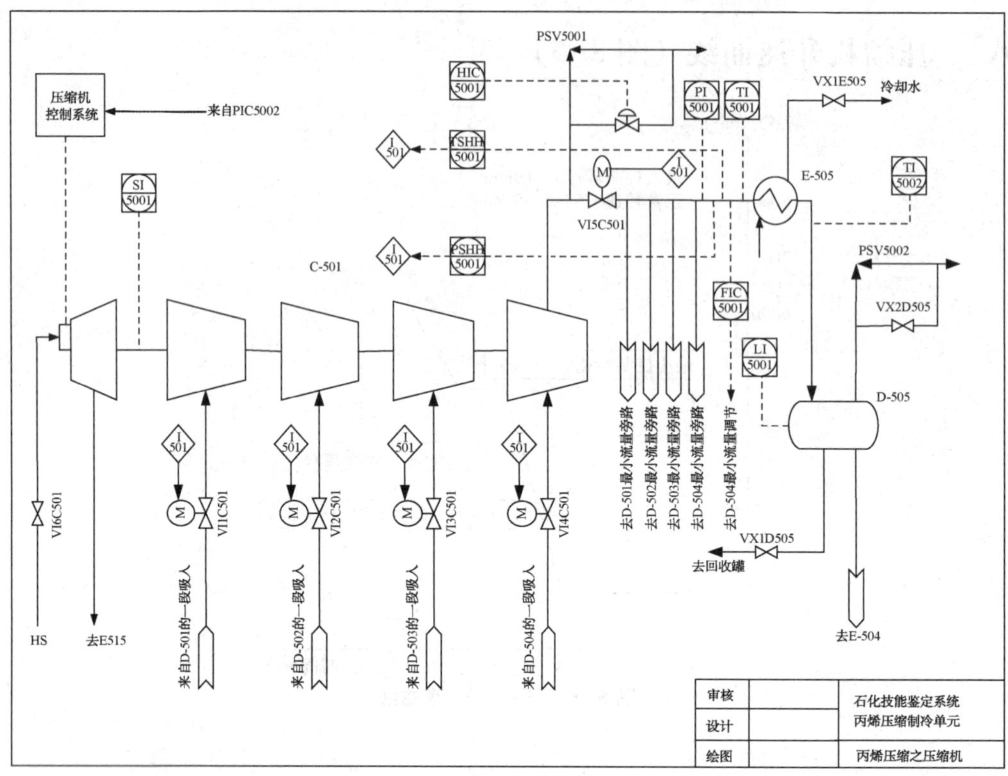

图 8-7　压缩机

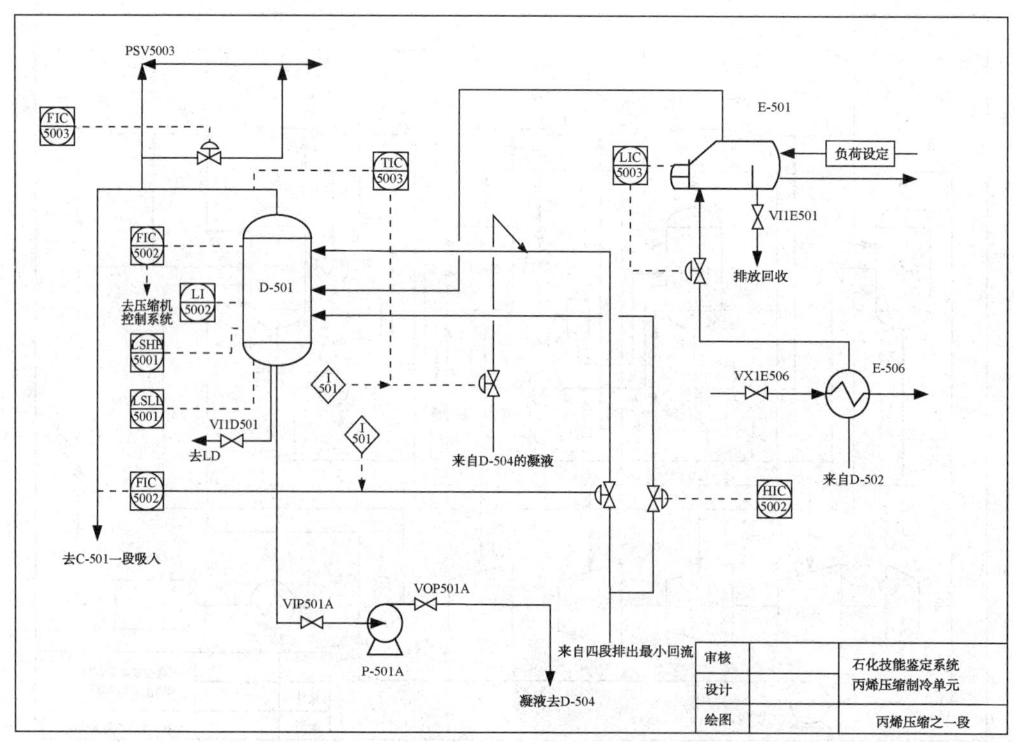

图 8-8　一段吸入罐

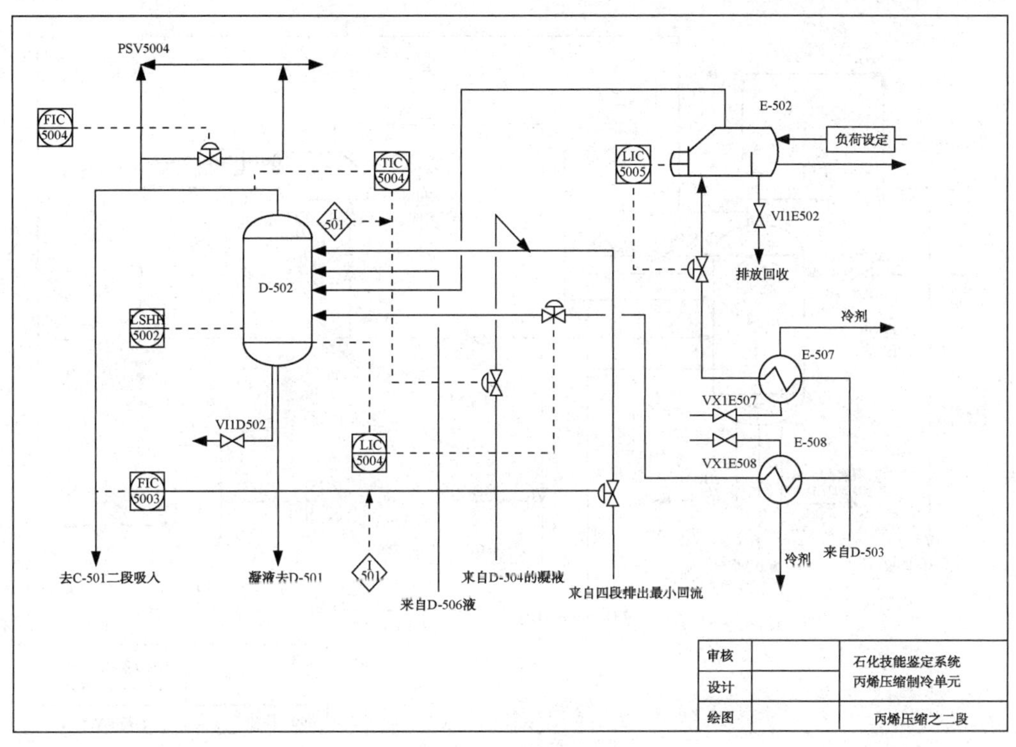

图 8-9　二段吸入罐

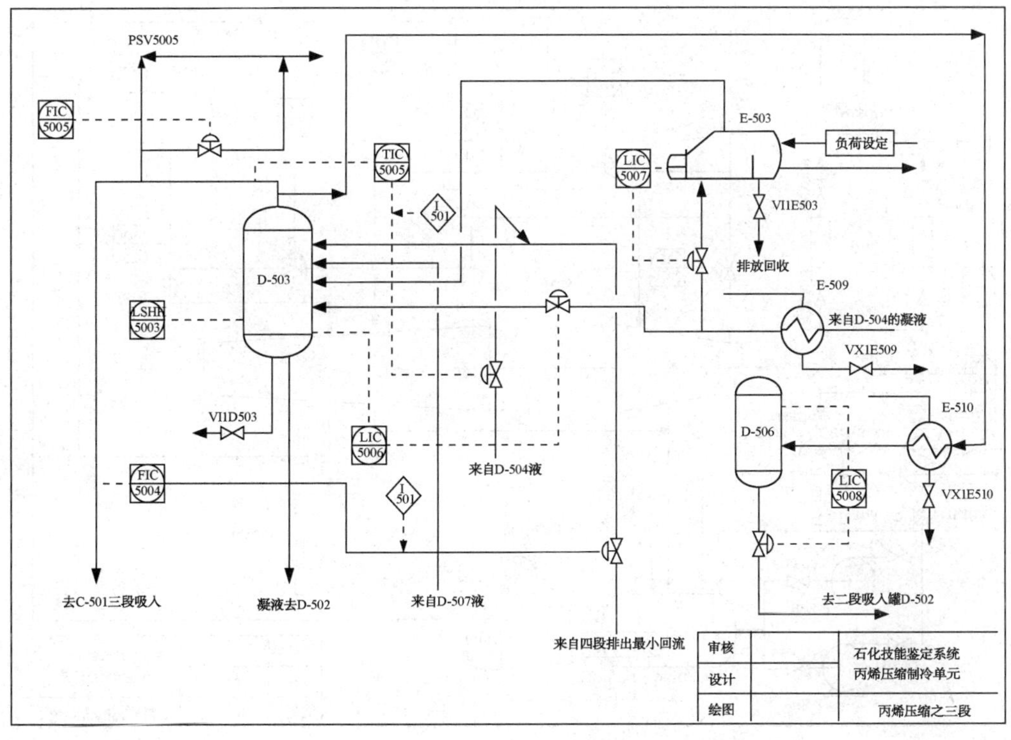

图 8-10　三段吸入罐

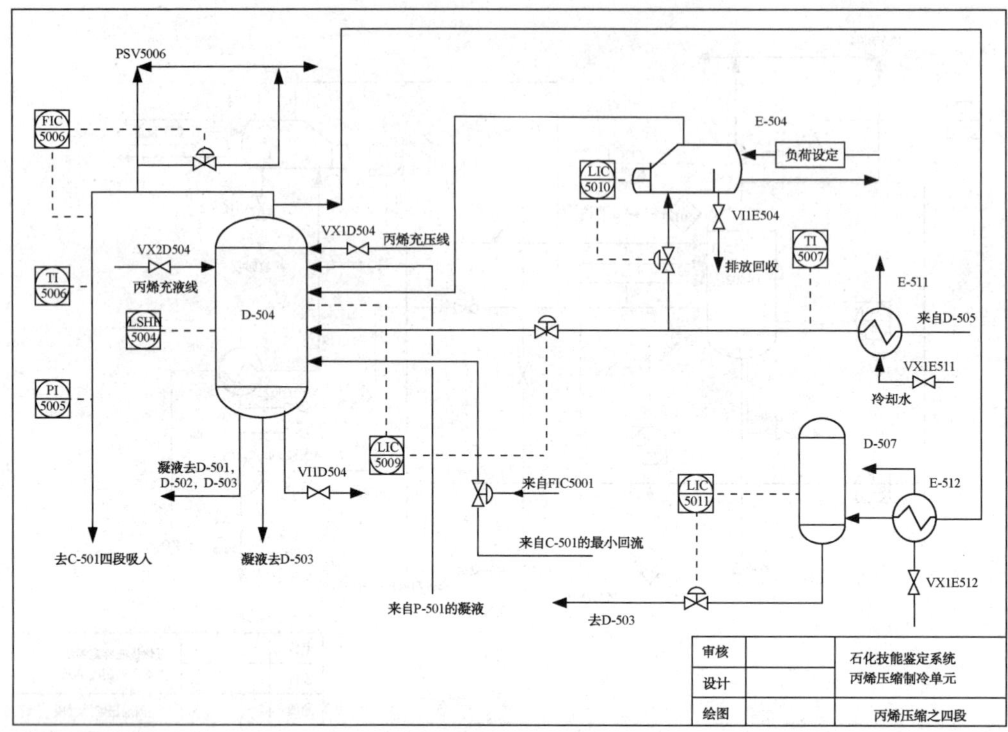

图 8-11　四段吸入罐

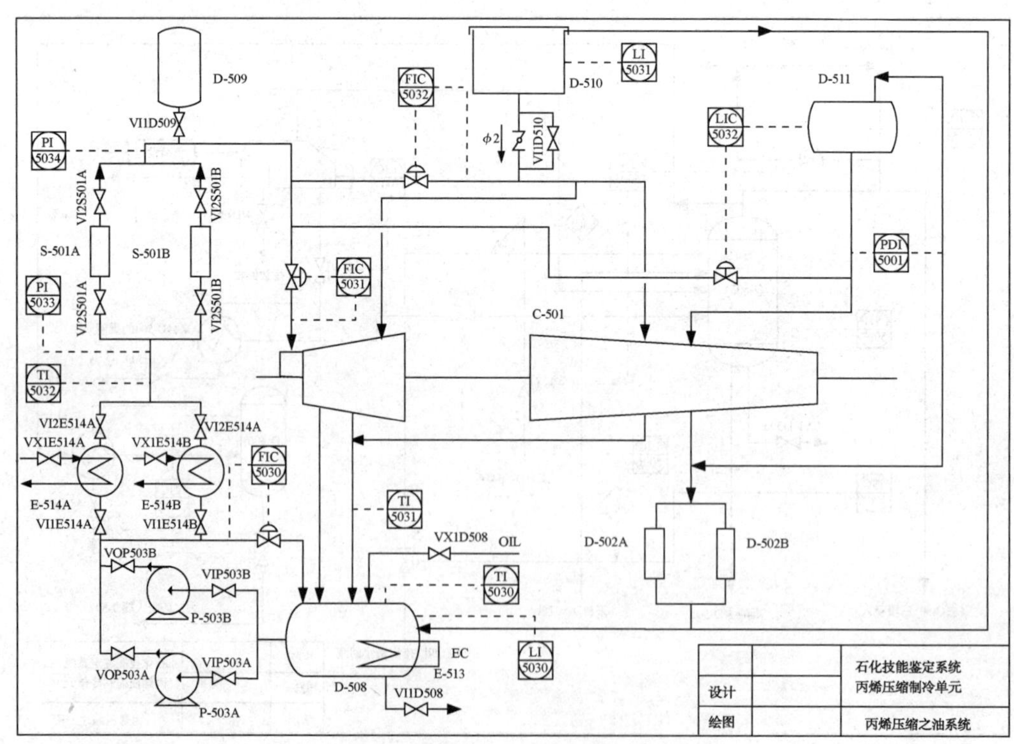

图 8-12　油系统

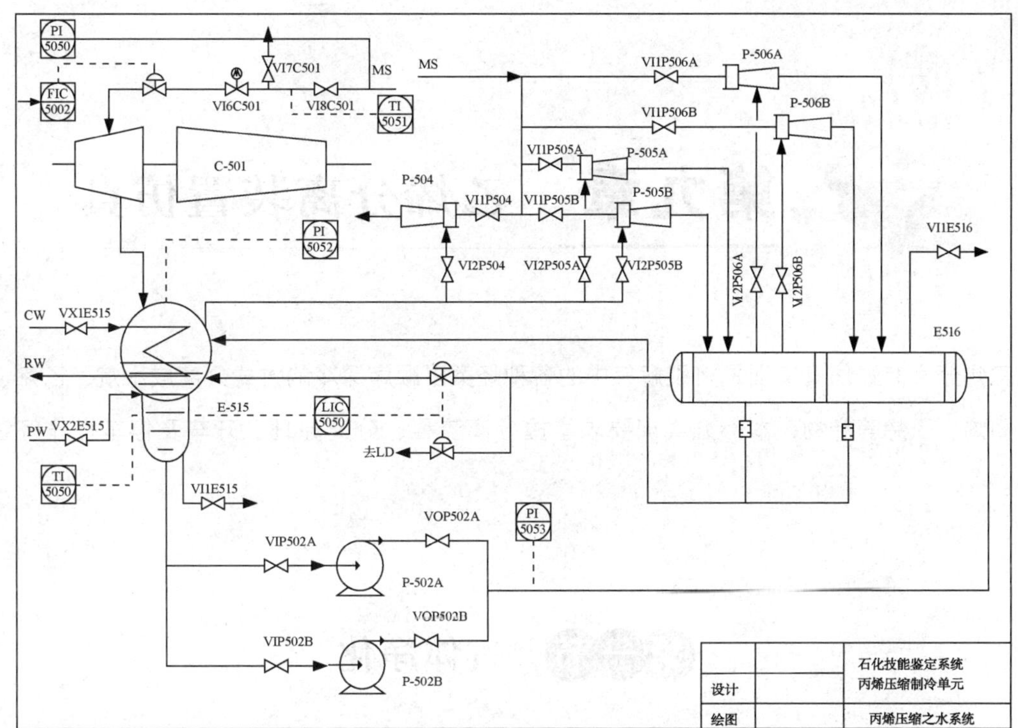

图 8-13　复水系统

习题

1. 裂解气是由哪些主要物质组成的？
2. 什么是深冷分离法，它包括哪些主要工艺操作过程？
3. 裂解气为什么要首先进行压缩，确定压力的依据是什么？为何要采取分段压缩？
4. 工业上常采用的制冷剂有哪些？
5. 叙述乙烯-丙烯复迭制冷的基本原理，它与一般制冷过程有什么区别？
6. 什么是节流膨胀制冷，基本过程如何？
7. 何谓热泵系统？
8. 压缩机开车前透平真空度如何建立？
9. 为什么经常调整裂解气压缩段间的吸入温度？
10. 甲烷化反应器发生故障的原因是什么？
11. 为什么要控制裂解炉汽包液位？

第九章　乙烯分离装置仿真

乙烯分离装置仿真实训是将裂解气中的各种烃类以顺序深冷的方式分离成甲烷、乙烯、乙烷、丙烯、丁烯等产物，本部分实训要求掌握分离流程、分离原理、开车及停车操作等注意事项。

第一节　气体净化

裂解气在深冷精馏前首先要脱除其中所含杂质，包括脱酸性气体、脱水、脱炔和脱一氧化碳等。

一、　酸性气体的脱除

裂解气中的酸性气体主要是指 CO_2 和 H_2S 及其他气态硫化物。此外尚含有少量的有机硫化物，如氧硫化碳（COS）、二硫化碳（CS_2）、硫醚（RSR′）、硫醇（RSH）、噻吩等，也可以在脱酸性气体操作过程中除之。

1. 酸性气体的来源

裂解气中的酸性气体，一部分是由裂解原料带来的，另一部分是由裂解原料在高温裂解过程中发生反应而生成的。

例如：$RSH+H_2 \longrightarrow RH+H_2S$　　$CS_2+2H_2O \longrightarrow CO_2+H_2S$

$COS+H_2O \longrightarrow CO_2+H_2S$　　$C+2H_2O \longrightarrow CO_2+H_2$

$CH_4+H_2O \longrightarrow CO_2+4H_2$

2. 酸性气体的危害

这些酸性气体含量过多时，对分离过程会带来危害：H_2S 能腐蚀设备管道，使干燥用的分子筛寿命缩短，还能使加氢脱炔用的催化剂中毒；CO_2 则在深冷操作中会结成干冰，堵塞设备和管道，影响正常生产。酸性气体杂质对于乙烯或丙烯的进一步利用也有危害，例如生产低压聚乙烯时，二氧化碳和硫化物会破坏聚合催化剂的活性。生产高压聚乙烯时，二氧化碳在循环乙烯中积累，降低乙烯的有效压力，从而影响聚合速度和聚乙烯的相对分子质量。所以必须将这些酸性气体脱除。

3. 脱除的方法

工业生产中，一般采用吸收法脱除酸性气体，即在吸收塔内让吸收剂和裂解气进行逆流接触，裂解气中的酸性气体则有选择性地进入吸收剂中或与吸收剂发生化学反应。工业生产中常采用的吸收剂有 NaOH 或乙醇胺，用 NaOH 脱酸性气体的方法称碱洗法，用乙醇胺脱酸性气体的方法称乙醇胺法。

二、 脱水

在乙烯生产过程中，为避免水分在低温分离系统中结冰或形成水合物，堵塞管道和设备，需要对裂解气、氢气、乙烯和丙烯进行脱水处理，以保证乙烯生产装置的稳定运行，并保证产品乙烯和丙烯中水分达到规定值。

1. 裂解气脱水

裂解气水的来源、水的危害及脱水方法如表 9-1 所示。

表 9-1 裂解气水的来源、 水的危害及脱水方法

水的来源	水的危害	脱水的方法
由于裂解原料在裂解时加入一定量的稀释蒸汽，所得裂解气经急冷水洗和脱酸性气体的碱洗等处理，裂解气中不可避免地带一定量的水（约 400~700mg/kg）	在低温分离时，水会凝结成冰；另外在一定压力和温度下，水还能与烃类生成白色的晶体水合物，水合物在高压低温下是稳定的 冰和水合物结在管壁上，轻则增大动力消耗，重者使管道堵塞，影响正常生产	工业上对裂解气进行深度干燥的方法很多，主要采用固体吸附方法。吸附剂有硅胶活性氧化铝、分子筛等。目前广泛采用的效果较好的是分子筛吸附剂

2. 氢气脱水

裂解气中分离出的氢气作为碳二馏分和碳三馏分加氢的氢源时，也必须经干燥脱水处理，否则会影响加氢效果，同时水分带入低温系统也会造成冻堵。氢气中多数水分是甲烷化法脱 CO 时产生的。

3. 碳二馏分脱水

实际生产中，碳二馏分加氢后物料中大约有 3mg/kg 左右的含水量，因此通常在乙烯精馏塔进料前设置碳二馏分干燥器。

4. 碳三馏分脱水

当部分未经干燥脱水的物料进入脱丙烷塔时，脱丙烷塔顶采出的碳三馏分含相当的水分，必须进行干燥脱水处理。在碳三馏分气相加氢时，碳三馏分的干燥脱水设置在加氢之后，进入丙烯精馏塔之前；在碳三馏分液相加氢时，碳三馏分的干燥脱水一般安排在加氢之前。

三、脱炔

1. 炔烃的来源

在裂解反应中，由于烯烃进一步脱氢反应，使裂解气中含有一定量的乙炔，还有少量的丙炔、丙二烯。裂解气中炔烃的含量与裂解原料和裂解条件有关，对一定裂解原料而言，炔烃的含量随裂解深度的提高而增加。在相同裂解深度下，高温、短停留时间的操作条件将生成更多的炔烃。

2. 炔烃的危害

少量乙炔、丙炔和丙二烯的存在严重地影响乙烯、丙烯的质量。乙炔的存在还将影响合成催化剂寿命，恶化乙烯聚合物性能，若积累过多还具有爆炸的危险。丙炔和丙二烯的存在，将影响丙烯聚合反应的顺利进行。

3. 脱除的方法

在裂解气分离过程中，裂解气中的乙炔将富集于碳二馏分，丙炔和丙二烯将富集于碳三馏分。乙炔的脱除方法主要有溶剂吸收法和催化加氢法，溶剂吸收法是采用特定的溶剂选择性将裂解气中少量的乙炔或丙炔和丙二烯吸收到溶剂中，达到净化的目的，同时也相应回收一定量的乙炔。催化加氢法是将裂解气中的乙炔加氢成为乙烯，两种方法各有优缺点。一般在不需要回收乙炔时，都采用催化加氢法脱除乙炔；丙炔和丙二烯的脱除方法主要是催化加氢法，此外一些装置也曾采用精馏法脱除丙烯产品中的炔烃。

(1) 催化加氢除炔的反应原理

选择性催化加氢法，是在催化剂存在下，炔烃加氢变成烯烃。它的优点是，不会给裂解气和烯烃馏分带入任何新杂质，工艺操作简单，又能将有害的炔烃变成产品烯烃。

碳二馏分加氢可能发生如下反应：

主反应：$CH\equiv CH+H_2 \longrightarrow CH_2=CH_2$

副反应：$CH\equiv CH+2H_2 \longrightarrow CH_3-CH_3$

$CH_2=CH_2+H_2 \longrightarrow CH_3-CH_3$

乙炔也可能聚合生成二聚、三聚等俗称绿油的物质。

碳三馏分加氢可能发生下列反应：

主反应：$CH \equiv C-CH_3+H_2 \longrightarrow CH_2 = CH-CH_3$

$CH_2 = C = CH_2+H_2 \longrightarrow CH_2 = CH-CH_3$

副反应：$CH_2 = CH-CH_3+H_2 \longrightarrow CH_3-CH_2-CH_3$

$nC_3H_4 \longrightarrow (C_3H_4)_n$ 低聚物

$C_4H_6 \longrightarrow$ 高聚物

在生产过程中希望主反应发生，这样既脱除炔烃，又增加烯烃的收率；而不发生或少发生副反应，因为副反应虽除去了炔烃，乙烯或丙烯却受到损失，远不及主反应那样对生产有利。要实现这样的目的，最主要的是催化剂的选择，工业上脱炔用钯系催化剂为多，它是一种加氢选择性很强的催化剂，其加氢反应难易顺序为：丁二烯>乙炔>丙炔>丙烯>乙烯。

（2）前加氢与后加氢

用催化加氢法脱除裂解气中的炔烃有前加氢和后加氢两种不同的工艺技术。在脱甲烷塔之前进行加氢脱炔称为前加氢，即氢气和甲烷尚没有分离之前进行加氢除炔，前加氢因氢气未分出就进行加氢，加氢用氢气是由裂解气中带入的，不需外加氢气，因此，前加氢又叫做自给加氢；在脱甲烷塔之后进行加氢脱炔称为后加氢，即裂解气中所含氢气、甲烷等轻质馏分分出后，再对分离所得到的碳二馏分和碳三馏分分别进行加氢的过程，后加氢所需氢气由外部供给。

前加氢由于氢气自给，故流程简单，能量消耗低，但前加氢也有不足之处：

一是加氢过程中，乙炔浓度很低，氢分压较高，因此，加氢选择性较差，乙烯损失量多；同时副反应的剧烈发生，不仅造成乙烯、丙烯加氢遭受损失，而且可能导致反应温度的失控，乃至出现催化剂床层温度飞速上升。

二是当原料中乙炔、丙炔、丙二烯共存时，当乙炔脱除到合格指标时，丙炔、丙二烯却达不到要求的脱除指标。

三是在顺序分离流程中，裂解气的所有组分均进入加氢除炔反应器，丁二烯未分出，导致丁二烯损失量较高，此外裂解气中较重组分的存在，对加氢催化剂性能有较大的影响，使催化剂寿命缩短。

后加氢是对裂解气分离得到的碳二馏分和碳三馏分，分别进行催化选择加氢，将碳二馏分中的乙炔，碳三馏分中的丙炔和丙二烯脱除，其优点有：

一因为是在脱甲烷塔之后进行，氢气已分出，加氢所用氢气按比例加入，加氢选择性高，乙烯几乎没有损失。

二是加氢产品质量稳定，加氢原料中所含乙炔、丙炔和丙二烯的脱除均能达到指标要求。

三是加氢原料气体中杂质少，催化剂使用周期长，产品纯度也高。

但后加氢属外加氢操作，通入的本装置所产氢气中常含有甲烷。为了保证乙烯的纯度，加氢后还需要将氢气带入的甲烷和剩余的氢脱除，因此，需设第二脱甲烷塔，导致流程复杂，设备费用高。前加氢与后加氢各有其优缺点，目前更多厂家采用后加氢方案，但前脱乙烷分离流程和前脱丙烷分离流程配上前加氢脱炔工艺技术，经济指标也较好。

四、脱一氧化碳（甲烷化）

1. CO 的来源

裂解气中的一氧化碳是在裂解过程中由如下反应生成的：

焦炭与稀释蒸汽反应：$C+H_2O \longrightarrow CO+H_2$

烃类与稀释蒸汽反应：$CH_4+H_2O \longrightarrow CO+3H_2$

$$C_2H_6+2H_2O \longrightarrow 2CO+5H_2$$

2. CO 的危害

经裂解气低温分离，一氧化碳部分富集于甲烷馏分中，另一部分富集于富氢馏分中。裂解气中少量的 CO 带入富氢馏分中，会使加氢催化剂中毒。另外，随着烯烃聚合高效催化剂的发展，对乙烯和丙烯的 CO 含量的要求也越来越高。因此脱除富氢馏分中的 CO 是十分必要的。

3. 脱除的方法

乙烯装置中采用的脱除 CO 的方法是甲烷化法，甲烷化法是在催化剂存在的条件下，使裂解气中的一氧化碳催化加氢生成甲烷和水，从而达到脱除 CO 的目的。其主反应方程为：

$$CO+H_2 \longrightarrow CH_4+H_2O$$

该反应是强放热反应，从热力学考虑温度稍低，对化学平衡有利。但温度低，反应速度慢。采用催化剂可以解决二者之间的矛盾，一般采用镍系催化剂。

第二节 裂解气深冷分离

一、深冷分离流程

1. 深冷分离的任务

裂解气经压缩和制冷、净化过程为深冷分离创造了条件——高压、低温、净化。深冷分离的任务就是根据裂解气中各低碳烃相对挥发度的不同，用精馏的方法逐一进行分离，最后获得纯度符合要求的乙烯和丙烯产品。

2. 三种深冷分离流程

深冷分离工艺流程比较复杂，设备较多，能量消耗大，并耗用大量钢材，故在组织流程时需全面考虑，这直接关系到建设投资、能量消耗、操作费用、运转周期、产品的产量和质量、生产安全等多方面的问题。目前具有代表性分离流程是：顺序分离流程、前脱乙烷分离流程和前脱丙烷分离流程，如图 9-1 所示。

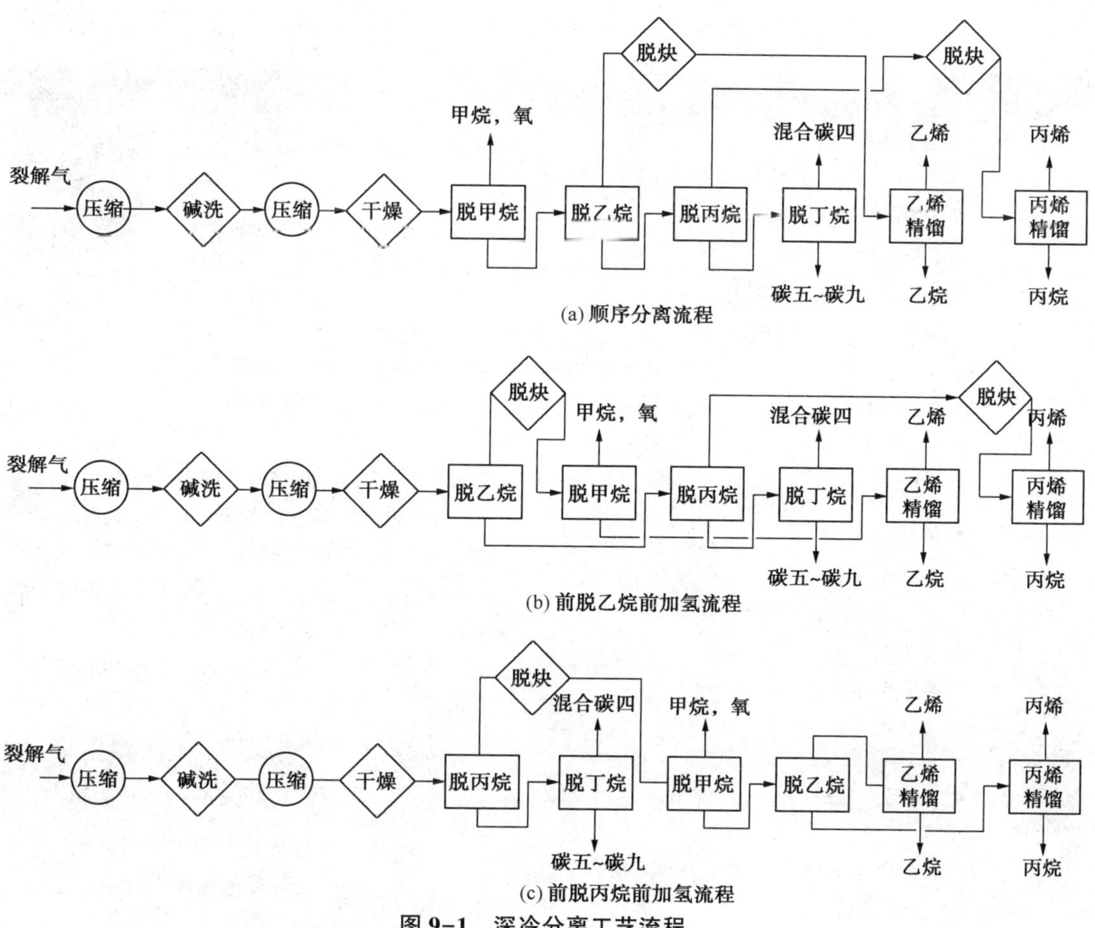

图 9-1 深冷分离工艺流程

(1) 顺序分离流程

顺序分离流程是按裂解气中各组分碳原子数由小到大的顺序进行分离，即先分离出甲烷、氢，其次是脱乙烷及乙烯的精馏，接着是脱丙烷和丙烯的精馏，最后是脱丁烷，塔釜得碳五馏分。

(2) 前脱乙烷分离流程

前脱乙烷分离流程是以脱乙烷塔为界限。将物料分成两部分，一部分是轻组分，即甲烷、氢、乙烷和乙烯等组分；另一部分是重组分，即丙烯、丙烷、丁烯、丁烷以及碳五以上的烃类。然后再将这两部分各自进行分离，分别获得所需的烃类。

(3) 前脱丙烷分离流程

前脱丙烷分离流程是以脱丙烷塔为界限，将物料分为两部分，一部分为丙烷及比丙烷更轻的组分；另一部分为碳四及比碳四更重的组分，然后再将这两部分各自进行分离，获得所需产品。

3. 三种工艺流程的比较

三种工艺流程的比较如表 9-2 所示。

表 9-2　三种工艺流程的比较

比较项目	顺序分离流程	前脱乙烷分离流程	前脱丙烷分离流程
操作问题	脱甲烷塔在最前，釜温低，再沸器中不易发生聚合而堵塞	脱乙烷塔在最前，压力高，釜温高，如 C_4 以上烃含量多，二烯烃在再沸器聚合，影响操作且损失丁二烯	脱丙烷在最前，且放置在压缩机段间，低压时就除去了丁二烯，再沸器中不易发生聚合而堵塞
冷量消耗	全馏分都进入了脱甲烷塔，加重了脱甲烷塔的冷冻负荷，消耗高能级位的冷量多，冷量利用不够合理	C_3、C_4 烃不在脱甲烷而是在脱乙烷塔冷凝，消耗低能级位的冷量，冷量利用合理	C_4烃在脱丙烷塔冷凝，冷量利用比较合理
分子筛干燥负荷	分子筛干燥是放在流程中压力较高、温度较低的位置，对吸附有利，容易保证裂解气的露点，负荷小	与顺序分离流程相同	由于脱丙烷塔在压缩机三段出口，分子筛干燥只能放在压力较低的位置，以吸附不利，且三段出口 C_3 以上重质烃不能较多冷凝下来，负荷大
加氢脱炔方案	多采用后加氢	可用后加氢，但最有利于采用前加氢	可用后加前，但前加氢经济效果更好
塔径大小	脱甲烷塔负荷大，塔径大，且耐低温钢材耗用多	脱甲烷塔负荷小，塔径小，而脱乙烷塔塔径大	脱丙烷塔负荷大，塔径大，脱甲烷塔塔径介于前两种流程之间
对原料的适应性	对原料适应性强，无论裂解气轻、重，均可	最适合 C_3、C_4 烃含量较多而丁二烯含量少的气体	可处理较重的裂解气，对含 C_4烃较多的裂解气，本流程更能体现其优点
采用该流程的公司	美国鲁姆斯公司和凯洛格公司	德国林德公司和美国布朗路特公司	美国斯通-韦伯斯特公司

二、 脱甲烷塔

脱甲烷塔的中心任务是将裂解气中甲烷、氢和乙烯及比乙烯更重的组分进行分离，分离过程是利用低温使裂解气中除甲烷、氢以外的各组分全部液化，然后将不凝气体甲烷、氢分出。

分离的轻关键组分是甲烷，重关键组分为乙烯。对于脱甲烷塔，希望塔釜中甲烷的含量应尽可能低，以利于提高乙烯的纯度。塔顶尾气中乙烯的含量应尽可能少，以利于提高乙烯的回收率，所以脱甲烷塔对保证乙烯的回收率和纯度起着决定性的作用；同时脱甲烷塔是分离过程中温度最低的塔，能量消耗也最多，所以脱甲烷塔是精馏过程中关键塔之一。对整个深冷分离系统来说，设计上的考虑、工艺上的安排、设备和材料的选择，都是围绕脱甲烷塔而进行的。影响脱甲烷的操作条件有进料中 CH_4/H_2分子比、温度和压力等。

1. 进料中 CH_4/H_2分子比

CH_4/H_2分子比大，塔顶尾气中乙烯含量低，即提高乙烯的回收率。这是由于裂解气中所含的氢和甲烷都进入了脱甲烷塔塔顶，在塔顶为了满足分离要求，要有一部分甲烷的液体回流。但如有大量氢气存在，降低了甲烷的分压，甲烷气体的冷凝温度会降低，即不容易冷凝，会减少甲烷的回流量。所以在满足塔顶露点的要求条件下，在同一温度和压力水平下，分子比越大，乙烯损失率越小。

2. 温度和压力

降低温度和提高压力都有利于提高乙烯的回收率，但温度的降低，压力的提高都受到一定条件的制约，温度的降低受温度级位的限制，压力升高主要影响分离组分的相对挥发度。所以工业中有高压法、中压法和低压法三种不同的压力操作方法。

（1）低压法

操作条件为压力0.6~0.7MPa，顶温-140℃左右，釜温-50℃左右。由于压力低，相对挥发度较大，所以分离效果好。又由于温度低，所以乙烯回收率高。虽然需要低温级冷剂，但因易分离，回流比较小，折算到每吨乙烯的能量消耗，低压法仅为高压法的70%多一些。低压法也有不利之处，如需要耐低温钢材、多一套甲烷制冷系统、流程比较复杂，同时低压法并不适合所有的裂解气分离，只适用于裂解气中的 CH_4/C_2H_4比值较大的情况。

（2）中压法

压力为1.05~1.25MPa，塔顶温度为-113℃。采用低压脱甲烷，为了满足脱甲烷塔顶温度的要求，低压脱甲烷工艺增加了独立的闭环甲烷制冷系统，因此低压脱甲烷只适用于以石脑油和轻柴油等重质原料裂解的气体分离，以保证有足够的甲烷进入系统，以提供一定量的回流。而对乙烷、丙烷等轻质原料进行裂解，则由于裂解气中甲烷量太少，不适宜采用低压脱甲烷工艺。为此 TPL 公司采用了中压脱甲烷的工艺流程。

（3）高压法

压力为3.1~4.1MPa，塔顶温度为-96℃左右，不必采用甲烷制冷系统，只需用液态乙烯冷剂即可。由于脱甲烷塔顶尾气压力高，可借助高压尾气的自身节流膨胀获得额外的降温，比甲烷冷冻系统简单。此外提高压力可缩小精馏塔的容积，所以从投资和材质要求看，高压法是有利的，但分离效果不如低压法。

在生产中，脱甲烷塔系统为了防止低温设备散冷，减少其与环境接触的表面积，常把节流膨胀阀、高效板式换热器、气液分离器等低温设备，封闭在一个有绝热材料做成的箱子中，此箱称之为冷箱。冷箱可用于气体和气体、气体和液体、液体和液体之间的热交换，在同一个冷箱中允许多种物质同时换热，冷量利用合理，从而省掉了一个庞大的列管式换热系统，起到了节能的作用。

按冷箱在流程中所处的位置，可分为前冷(又称前脱氢)和后冷(又称后脱氢)两种。冷箱在脱甲烷塔之前的称为前冷流程，冷箱在脱甲烷塔之后的称为后冷流程。前冷流程适用于规模较大、自动化程度较高、原料较稳定、需要获得纯度较高的副产氢的场合。目前工业生产中应用前冷流程的较多。

三、 乙烯的精馏

乙烯精馏的目的是以混合碳二馏分为原料，分离出合格的乙烯产品，并在塔釜得到乙烷产品。碳二馏分经加氢脱炔后，主要含有乙烷和乙烯。乙烷-乙烯馏分在乙烯塔中进行精馏，塔顶得到聚合级乙烯，塔釜液为乙烷，乙烷可返回裂解炉进行裂解。乙烯精馏塔是出成品的塔，它消耗冷量较大，约为总制冷量的38%~44%，仅次于脱甲烷塔。因此它的操作好坏，直接影响着产品的纯度、收率和成本，所以乙烯精馏塔也是深冷分离中的一个关键塔。

1. 乙烯精馏的方法

压力对乙烷-乙烯的相对挥发度有较大的影响，压力增大，相对挥发度降低，使塔板数增多或回流比加大，对乙烷-乙烯的分离不利。当压力一定时，塔顶温度就决定了出料组成。如操作温度升高，塔顶重组分含量就会增加，产品纯度就下降；如果温度太低，则浪费冷量，同时，塔釜温度控制低了，塔釜轻组分含量升高，乙烯收率下降；如釜温太高，会引起重组分结焦，对操作不利。

乙烯塔进料中乙烷和乙烯占99.5%以上，所以乙烯塔可看作是二元精馏系统。根据相律，乙烯-乙烷二元气液系统的自由度为2。塔项乙烯纯度是根据产品质量要求来规定的。所以温度与压力两个因素只能规定一个，例如规定了塔压，相应温度也就定了。所以生产中有低压开式热泵流程和高压乙烯精馏工艺流程。

(1) 低压乙烯精馏

低压乙烯精馏塔的操作压力一般为0.5~0.8MPa，此时塔顶冷凝温度为-50~-60℃左右，塔顶冷凝器需要乙烯作为制冷剂。生产中常采用开式热泵。

（2）高压乙烯精馏

高压乙烯精馏塔的操作压力一般为1.9~2.3MPa，相应塔顶温度为-23~-35℃左右，塔顶冷凝器使用丙烯冷剂即可。

2. 乙烯精馏塔的节能

乙烯精馏塔与脱甲烷塔相比，前者精馏段的塔板数较多，回流比大。大回流比对精馏段操作有利，可提高乙烯产品的纯度，对提馏段则不起作用。为了回收冷量在提馏段采用中间再沸器装置，这是对乙烯塔的一个改进。

在后加氢工艺中乙烯精馏塔的进料还含有少量甲烷，它会带入塔顶馏分乙烯中，影响产品的纯度。因此，在乙烯精馏塔之前可设置第二脱甲烷塔，将甲烷脱去后再作乙烯精馏塔的进料。但目前工业上多不设第二脱甲烷塔，而采用侧线出料法，即在乙烯塔顶附近的几块塔板（7、8块），侧线引出高纯度乙烯，而塔顶引出含少量甲烷的粗乙烯回压缩系统，这是对乙烯精馏塔的第二个改进。这一改进就相当于一塔起到二塔的作用。由于拔顶段（侧线出料口至塔顶）采用了乙烯的大量回流，因而这对脱甲烷作用要比设置第二脱甲烷塔还有利，既简化了流程，又节省了能量。由于将第二个塔的负荷集中于一个塔进行，所以对塔的自动化控制程度要求较高，另外因为塔顶气相引入冷凝器的不是纯乙烯，故此时乙烯塔就不能采用热泵精馏。

四、 丙烯的精馏

丙烯精馏塔就是分离丙烯-丙烷的塔，塔顶得到丙烯，塔底得到丙烷。由于丙烯-丙烷的相对挥发度很小，彼此不易分离，要达到分离目的，就得增加塔板数、加大回流比，所以，丙烯塔是分离系统中塔板数最多，回流比最大的一个塔，也是运转费和投资费较多的一个塔。

目前，丙烯精馏塔操作有高压法与低压法两种。压力在1.7MPa以上的称高压法，高压法的塔顶蒸汽冷凝温度高于环境温度，因此，可以用工业水进行冷凝，产生凝液回流。塔釜用急冷水（目前较多的是利用水洗塔出来的约85℃以上温度的急冷水作加热介质）或低压蒸汽进行加热，这样设备简单，易于操作。缺点是回流比大，塔板数多。压力在1.2MPa以下的称低压法，低压法的操作压力低，有利于提高物料的相对挥发度，从而塔板数和回流比就可减少。由于此时塔顶温度低于环境温度，故塔顶蒸汽不能用工业水来冷凝，必须采用制冷剂才能达到凝液回流的目的。工业上往往采用热泵系统。

由于操作压力不同，塔的操作条件和动力的相对消耗也有较大的差异。低压法（热泵流程）多消耗丙烯压缩动力，而少消耗水和蒸汽；高压法则少消耗丙烯压缩动力，而多消耗冷却水。

第三节 乙烯分离装置仿真操作

一、工艺流程简介

1. 装置的生产过程

本装置为乙烯装置热区分离工段，包括脱丙烷塔系统、MAPD 加氢系统、丙烯精馏系统和脱丁烷塔系统。脱乙烷塔釜的物料作为高压脱丙烷塔的进料，高压脱丙烷塔顶部物料用泵送至丙烯干燥器进行干燥后送至 MAPD 反应器进行加氢反应除去 MAPD，进入丙烯精馏塔进行提纯，侧线采出的合格丙烯送至丙烯球罐储存。丙烯精馏塔釜的丙烷送至裂解炉作为原料。

低压脱丙烷塔接收来自凝液汽提塔釜和高压脱丙烷塔釜的进料，低压脱丙烷塔顶部物料由泵送至高压脱丙烷塔，低压脱丙烷塔釜物料去脱丁烷塔，在脱丁烷塔内进行混合碳四与碳五以上重组分的分离，顶部的混合碳四物料经泵送至下游装置，脱丁烷塔釜的物料送至下游装置作为原料。

2. 装置流程说明

（1）脱丙烷和脱丁烷系统

本装置的脱丙烷系统由高压脱丙烷塔 T403 和低压脱丙烷塔 T404 组成。

来自凝液汽提塔底部的物料进入低压脱丙烷塔 T404 进行 C_3和 C_4馏分的分离，塔底 C_4及 C_4^+馏分直接去脱丁烷塔 T405，T404 塔顶物料经低压脱丙烷塔顶冷却器 E414 冷却，并在低压脱丙烷塔冷凝器 E415 中用-6℃的丙烯冷剂冷凝，冷凝下来的物料进入低压脱丙烷塔回流罐 D405，一部分用高压脱丙烷塔进料输送泵 P406A/B 输送，经高压脱丙烷塔进出料换热器 E412 加热后进入高压脱丙烷塔 T403。低压脱丙烷塔顶回流罐 D405 中的另一部分用低压脱丙烷塔回流泵 P405A/B 送回塔顶一部分作为回流，另一部分回流为来自高压脱丙烷塔 T403 塔釜的物料。塔釜再沸器 E416 用低压蒸汽作热源。

来自脱乙烷塔釜的物料和低压脱丙烷塔 T404 塔顶的物料以及预分离塔的塔釜物料，在适当位置进入高压脱丙烷塔 T403 进行 C_3和 C_4馏分的分离，塔顶物流用循环水冷凝后进入高压脱丙烷塔回流罐 D404，一部分用高压脱丙烷塔回流泵/丙烯干燥器进料泵 P404A/B 送回塔顶作为回流，塔釜再沸器 E413 用低压蒸汽作热源。塔釜物料经高压脱丙烷塔经出料换热器 E412 冷却后去低压脱丙烷塔 T404 塔顶作回流。塔顶的 C_3液相馏分利用高压脱丙烷塔回流泵/丙烯干燥器进料泵 P404A/B 送至丙烯干燥器 A402。

来自低压脱丙烷塔 T404 底部的物料直接进入脱丁烷塔 T405，脱丁烷塔顶回流用循环水冷凝塔顶物流提供回流，塔底再沸器用低压蒸汽作热源。塔顶回流罐中混合的碳四产品直接送至丁二烯装置罐区。塔釜产物送至下一工段。

（2）MAPD 加氢反应和丙烯精馏系统

来自高压脱丙烷塔 T403 塔顶的物料用泵 P404A/B 输送，通过丙烯干燥器 A402 干燥后，与氢气混合进入 MAPD 转化器 R402 进行液相加氢反应，加氢转化器出口物料进入罐 D406 进行汽液分离。分离的液相，一部分循环至转化器入口以稀释转化器进料中的 MAPD 浓度，从而减小反应器进出料的温升，进而降低转化反应过程中丙烯的汽化量；其余液体则进入丙烯精馏塔系统。

丙烯精馏系统由 1#丙烯精馏塔 T406（提馏段）和 2#丙烯精馏塔 T407（精馏段）组成，2#丙烯精馏塔的塔顶回流用循环水冷凝塔顶物料提供，1#丙烯精馏塔的塔底再沸器用急冷水加热。2#丙烯精馏塔的塔顶的未凝气体返回裂解气压缩工序，产品聚合级丙烯从 2#丙烯精馏塔塔顶侧线采出直接送至装置罐区的丙烯球罐储存，1#丙烯精馏塔塔底的丙烷循环至裂解炉作裂解原料。

二、设备列表（表 9-3）

表 9-3　设备列表

序号	位　号	名　　称	序号	位　号	名　　称
	A402	丙烯干燥器		E421	二号丙烯精馏塔顶冷凝器
	D404	高压脱丙烷塔回流罐		E422	丙烯尾气冷却器
	D405	低压脱丙烷塔回流罐		E423	脱丁烷塔底再沸器
	D406	MAPD 反应器分离罐		E424	脱丁烷塔顶冷凝器
	D407	二号丙烯精馏塔回流罐		P404	高压脱丙烷塔回流泵
	D408	脱丁烷塔回流罐		P405	低压脱丙烷塔回流泵
	D413	E413 低压蒸汽凝液罐		P406	脱丙烷塔产品泵
	D414	E416 低压蒸汽凝液罐		P407	MAPD 反应器的循环泵
	D415	E423 低压蒸汽凝液罐		P408	一号丙烯精馏塔回流泵
	E411	高压脱丙烷塔顶冷凝器		P409	二号丙烯精馏塔回流泵
	E412	高压脱丙烷塔进出料换热器		P410	脱丁烷塔回流泵
	E413	高压脱丙烷塔底再沸器		R402	MAPD 转化器
	E414	低压脱丙烷塔顶冷却器		T403	高压脱丙烷塔
	E415	低压脱丙烷塔顶冷凝器		T404	低压脱丙烷塔

续表

序号	位　号	名　　称	序号	位　号	名　　称
	E416	低压脱丙烷塔底再沸器		T405	脱丁烷塔
	E417	MAPD 反应器出口冷却器		T406	一号丙烯精馏塔
	E419	一号丙烯精馏塔底再沸器		T407	二号丙烯精馏塔
	E420	一号丙烯精馏塔中间再沸器			

三、仪表列表（表 9-4）

表 9-4　仪表列表

序号	仪表号	说　　明	单位	正常数据	量程	报警值
1	AI4501	T403 塔顶 MAPD 百分含量	%	5.48	100	
2	AI4502	T404 塔釜 MAPD 百分含量	%	0.0	100	
3	AI4503	R402 入口 MAPD 百分含量	%	2.25	100	
4	AI4504	R402 出口 MAPD 百分含量	%	0.0	100	
5	AIC4505	丙烯精馏组分控制	%	75.71	100	
6	AI4506	丙烯产品丙烯的百分含量	%	99.50	100	
7	FIC4501	T403 进料流量控制	kg/h	19531	25000	
8	FIC4502	T403 去 T404 流量控制	kg/h	7941	12000	
9	FIC4503	T403 回流量控制	kg/h	28624	40000	
10	FIC4504	E413 蒸汽流量控制	t/h	57	100	
11	FIC4505	T404 进料流量控制	kg/h	11951	20000	
12	FIC4506	E416 的蒸汽流量控制	t/h	50	100	
13	FIC4507	T404 去 T405 流量控制	kg/h	15261	20000	
14	FIC4508	T404 回流量控制	kg/h	8997	15000	
15	FIC4509	T404 返回 T403 流量控制	kg/h	4631	10000	
16	FIC4510	R402 进料流量控制	kg/h	16221	20000	
17	FFIC4511	去 R101 氢气进料	kg/h	84	150	
18	FFIC4512	R101 循环烃进料流量控制	kg/h	23145	30000	
19	FIC4513	一号精馏塔的进料流量控制	kg/h	16305	20000	
20	FIC4514	E419 急冷水流量控制	t/h	100	200	
21	FIC4515	循环丙烷出料流量控制	kg/h	1414	5000	
22	FIC4516	T406 中部加热量控制	kg/h	47276	80000	
23	FIC4517	E420 急冷水流量控制	t/h	100	200	
24	FIC4518	T407 返回 T406 流量控制	t/h	235.03	400	
25	FIC4519	T407 返回流量控制	t/h	235.03	400	

续表

序号	仪表号	说　明	单位	正常数据	量程	报警值
26	FFIC4520	丙烯采出流量控制	kg/h	13965	20000	
27	FIC4521	二号丙烯精馏塔回流量	t/h	234.64	400	
28	FIC4522	D407 返回流量控制	t/h	234.64	400	
29	FIC4523	丙烯尾气量	kg/h	926	5000	
30	FIC4524	E423 蒸汽流量控制	t/h	50	100	
31	FIC4525	脱丁烷塔釜出料流量控制	kg/h	5684	10000	
32	FIC4526	T405 回流量控制	kg/h	14271	25000	
33	FIC4527	C_4采出流量控制	kg/h	9577	15000	
34	PIC4501	T403 塔顶压力控制	MPa	1.54	3	
35	PIC4502	T403 塔顶压力控制	MPa	1.54	3	
36	PDI4503	T403 压力差显示	kPa	40	800	
37	PI4504	A402 的压力显示	MPa	2.9	5	
38	PIC4505	T404 塔顶压力控制	MPa	0.599	1.2	
39	PIC4506	T404 塔顶压力控制	MPa	0.599	1.2	
40	PI4507	R402 混合烃压力显示	MPa	2.73	5	
41	PIC4508	D406 的压力控制	MPa	2.46	5	
42	PDI4509	R402 压差显示	kPa	165	250	
43	PI4510	T406 塔顶压力显示	MPa	1.8	4	
44	PIC4511	T407 塔顶压力控制	MPa	1.75	3.5	
45	PIC4512	T407 塔顶压力控制	MPa	1.75	3.5	
46	PDI4513	T406 压力差显示	kPa	80	150	
47	PDI4514	T407 压力差显示	kPa	40	80	
48	PIC4515	T405 塔顶压力控制	MPa	0.408	1	
49	PIC4516	T405 塔顶压力控制	MPa	0.408	1	
50	PDI4517	T405 压力差显示	kPa	40	80	
51	LIC4501	T403 塔釜液位控制	%	50	100	
52	LIC4502	D404 液位控制	%	50	100	
53	LIC4503	D413 液位控制	%	50	100	
54	LIC4504	T404 塔釜液位控制	%	50	100	
55	LIC4505	D405 液位控制	%	50	100	
56	LIC4506	D414 液位控制	%	50	100	

续表

序号	仪表号	说　　明	单位	正常数据	量程	报警值
57	LIC4507	D406 液位控制	%	50	100	
58	LIC4508	T406 塔釜液位控制	%	50	100	
59	LIC4509	T407 塔釜液位控制	%	50	100	
60	LIC4510	D407 液位控制	%	50	100	
61	LIC4511	E420 液位控制	%	50	100	
62	LIC4512	T405 塔釜液位控制	%	50	100	
63	LIC4513	D408 液位控制	%	50	100	
64	LIC4514	D415 液位控制	%	50	100	
65	TI4501	T403 进料温度显示	℃	60.2	100	
66	TI4502	T403 进料温度显示	℃	57.2	100	
67	TI4503	T403 塔釜出料温度显示	℃	82	100	
68	TIC4504	T403 塔釜温度控制	℃	70	100	
69	TI4505	T403 塔顶物流温度显示	℃	41.9	100	
70	TI4506	A402 出口物流温度显示	℃	41.5	100	
71	TI4508	D404 出口温度显示	℃	41.5	100	
72	TIC4509	T404 塔釜温度控制	℃	60	100	
73	TI4510	T404 塔釜出料温度显示	℃	73	100	
74	TI4511	T404 塔顶物流温度显示	℃	27.2	100	
75	TI4513	T403 去 T404 物流温度显示	℃	31.8	100	
76	TI4514	D405 出口温度显示	℃	10	100	
77	TI4516	R402 混合进料温度显示	℃	36.9	100	
78	TI4517	R402 出料温度显示	℃	60.8	100	
79	TI4518	D406 进料温度显示	℃	40	100	
80	TI4519	D406 出口温度显示	℃	40	100	
81	TI4520	T406 塔中温度显示	℃	51	100	
82	TI4521	T406 塔釜出料温度显示	℃	56.7	100	
83	TI4522	T406 塔顶物流温度显示	℃	46.6	100	
84	TI4523	E420 热物流进料温度显示	℃	49.1	100	
85	TI4524	E420 冷热物流出料温度显示	℃	49.5	100	
86	TI4525	T407 塔釜出料温度显示	℃	46.6	100	
87	TI4526	丙烯产品采出温度显示	℃	45.2	100	

续表

序号	仪表号	说　明	单位	正常数据	量程	报警值
88	TI4527	T407 塔顶物流温度显示	℃	44.9	100	
89	TI4529	D407 出口温度显示	℃	41.5	100	
90	TI4530	D407 末凝气温度显示	℃	33	100	
91	TIC4531	T405 塔釜温度控制	℃	88	150	
92	TI4532	T405 塔釜出料温度显示	℃	106.3	150	
93	TI4533	T405 塔顶物流温度显示	℃	46	100	
94	TI4535	D408 出口温度显示	℃	39	100	

四、 操作参数（表 9-5）

表 9-5　操作参数

设备名称	物流名称	温度/℃	压力/MPa	流量/(kg/h)
高压脱丙烷塔 T403	从脱乙烷塔来进料	60.2	1.6	19531
	T404 返回量	57.2	1.6	4631
	塔顶回流量	41.5	1.55	28624
	塔顶出塔	41.9	1.55	44845
	去 T404 量	82	1.6	7941
低压脱丙烷塔 T404	从凝液汽提塔来进料	45	6.2	11951
	塔顶回流量	10	1.1	8997
	T403 返回量	31.8	1.52	7941
	塔顶出塔	27.2	1.55	13628
	塔釜出料	73	0.65	15261
MAPD 加氢反应器 R402	总进料流量	36.9	2.73	39450
	罐底出料	60.8	2.46	39450
	新鲜进料	41.5	2.73	16221
	循环进料	40	2.73	23145
	反应器配氢量	15.8	2.73	84
一号丙烯精馏塔 T406	从 D406 来进料	40	1.8	16305
	T407 返回量	46.6	1.8	235029
	塔顶出塔	46.6	1.8	249920
	塔釜出料	56.7	1.88	1414

续表

设备名称	物流名称	温度/℃	压力/MPa	流量/(kg/h)
二号丙烯精馏塔 T407	从 T406 来进料	46. 6	1. 8	249920
	塔顶回流量	41. 5	1. 75	234641
	塔顶出塔	44. 9	1. 75	235567
	产品侧采	45	1. 76	13965
	去 T406 量	46. 6	1. 8	235029
脱丁烷塔 T405	从 T404 来进料	73	0. 65	15261
	塔顶回流量	39	0. 408	14271
	塔顶出塔	39	0. 408	9577
	塔釜出料	106. 3	0. 45	5684

五、 复杂控制说明

本装置包括如下控制方案：串级、比例、选择控制等。

1. PIC4501 和 PIC4502 的控制

高压脱丙烷塔 T403 塔顶压力由两个压力控制 PIC4501 和 PIC4502 共同控制。PIC4502 调节从塔顶冷凝器 E411 返回的冷却水量，在高压情况下，PIC4501 控制从回流罐上进入火炬系统的气体流量。同理，低压脱丙烷塔 T404 塔顶压力由两个压力控制 PIC4505 和 PIC4506 共同控制。

2. PIC4508 是 50%分程控制器

当 D406 中的压力增加到上面设定值时，为保持设定压力，“A”阀关闭以减少氢气量，当压力再增高时，为保持设定压力，“B”阀打开，以泄掉 D406 内的气体，如图 9-2 所示。

3. PIC4511 和 PIC4512 的控制

2 号丙烯精馏塔接受 1 号丙烯精馏塔的全部气体，其塔顶压力由两个压力控制 PIC4511 和 PIC4512 共同控制。PIC4512 调节从塔顶冷凝器 E421 返回的冷却水量，在高压情况下，PIC4511 控制从回流罐上进入火炬系统的气体流量。

4. PIC4515 和 PIC4516 的控制

脱丁烷塔 T405 塔顶压力由 PIC4515 和 PIC4516 共同控制。其中 PIC4515 为分程控制阀，当压力过低时，PIC4515 控制塔顶气流不经过塔顶冷凝器直接进入回流罐 D408，PIC4515 另一阀门控制塔顶返回的冷凝水量，如图 9-3 所示；在高压情况下，PIC4516 控制从回流罐上进入火炬系统的气体流量。

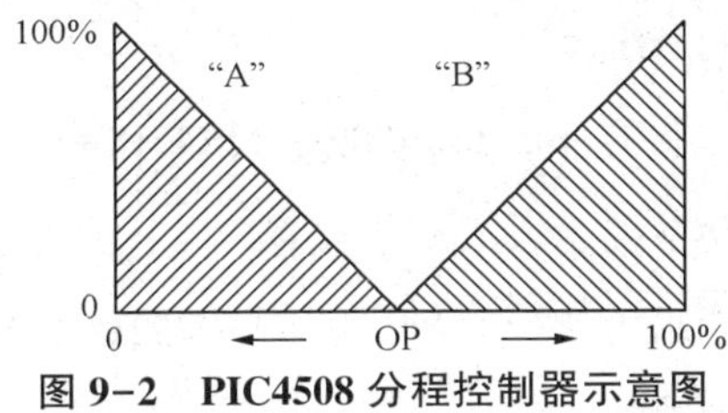

图 9-2　PIC4508 分程控制器示意图

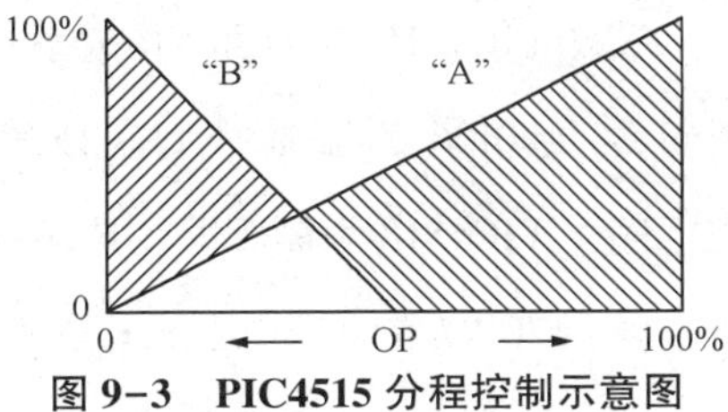

图 9-3　PIC4515 分程控制示意图

5. 比例控制系统

由于化学反应要求各进料按一定配比进入，以保证化学反应中主反应尽量彻底，而副反应尽量小。MAPD 加氢反应器将液态烃新鲜进料与 H_2 的进料，还有循环量与新鲜进料构成比例控制系统。FIC4510→FFIC4511，控制新鲜进料 FIC4510 与氢气进料 FFIC4511 的流量比率约为 1t：5. 18kg。FIC4511→FFIC4512，控制新鲜进料 FIC4511 与循环物料 FFIC4512 的流量比率在 1：1. 4左右。

6. 串级控制系统

E413 低压蒸汽进料采取串级控制方案，TIC4504→FIC4504→FV4504，以 TIC4504 为主回路，FIC4504 为副回路构成串级控制系统。

T403 塔釜去 T404 流量控制采取串级控制方案，LIC4501→FIC4502→FV4502，以 LIC4501 为主回路，FIC4502 为副回路构成串级控制系统。

D404 进入反应器 R402 流量控制采取串级控制方案，LIC4502→FIC4510→FV4510，以 LIC4502 为主回路，FIC4510 为副回路构成串级控制系统。

E416 低压蒸汽进料采取串级控制方案，TIC4509→FIC4506→FV4506，以 TIC4509 为主回路，FIC4506 为副回路构成串级控制系统。

T404 塔釜去 T405 的进料控制采取串级控制方案，LIC4504→FIC4507→FV4507，以 LIC4504 为主回路，FIC4507 为副回路构成串级控制系统。

D405 返回 T403 的流量控制采取串级控制方案，LIC4505→FIC4509→FV4509，以 LIC4505 为主回路，FIC4509 为副回路构成串级控制系统。

D406 去一号丙烯精馏 T406 流量控制采取串级控制方案，LIC4507→FIC4513→FV4513，以 LIC4507 为主回路，FIC4513 为副回路构成串级控制系统。

E419 急冷水流量采取串级控制方案，AIC4505→FIC4514→FV4514，以 AIC4505 为主回路，FIC4514 为副回路构成串级控制系统。

E420 热物流流量与该换热器液位构成串级控制，LIC4511→FIC4516→FV4516，以 LIC4511 为主回路，FIC4516 为副回路构成串级控制系统。

T406 塔釜的循环丙烷出料控制采取串级控制方案，LIC4508→FIC4515→FV4515，以

LIC4508 为主回路，FIC4515 为副回路构成串级控制系统。

T407 塔釜返回 T406 的流量控制采取串级控制方案，LIC4509→FIC4518→FV4518，以 LIC4509 为主回路，FIC4518 为副回路构成串级控制系统。

D407 塔釜返回 T407 的流量控制采取串级控制方案，LIC4510→FIC4521→FV4521，以 LIC4510 为主回路，FIC4521 为副回路构成串级控制系统。

E423 低压蒸汽进料采取串级控制方案，TIC4531→FIC4524→FV4524，以 TIC4531 为主回路，FIC4524 为副回路构成串级控制系统。

脱丁烷塔 T405 塔顶 C4 进储罐的流量与 D408 液位构成串级控制，LIC4513→FIC4527→FV4527，以 LIC4513 为主回路，FIC4527 为副回路构成串级控制系统。

六、 联锁系统

1. MAPD 加氢反应器联锁系统的起因与结果(表 9-6)

表 9-6 MAPD 加氢反应器联锁系统的起因与结果

起因	联锁号	设定点	旁路	结果
床温	TSXH4600	80℃	有	详见图
床温	TSXH4601	80℃	有	详见图
床温	TSXH4602	80℃	有	详见图
床温	TSXH4603	80℃	有	详见图
反应器新鲜进料	FSXL4600	12t/h	有	详见图
紧急停车	HS4601		无	详见图

2. 联锁逻辑图(图 9-4)

七、 操作规程

1. 装置冷态开车过程

(1) 开工前的准备工作及全面大检查

开工前全面大检查、处理完毕，设备处于良好的备用状态。各手动阀门处于关闭状态，所有仪表设定值和输出均为 0.0。

(2) 装置开工和各控制系统投运

① 高、低压脱丙烷系统

a. 系统充压充液，建立循环。

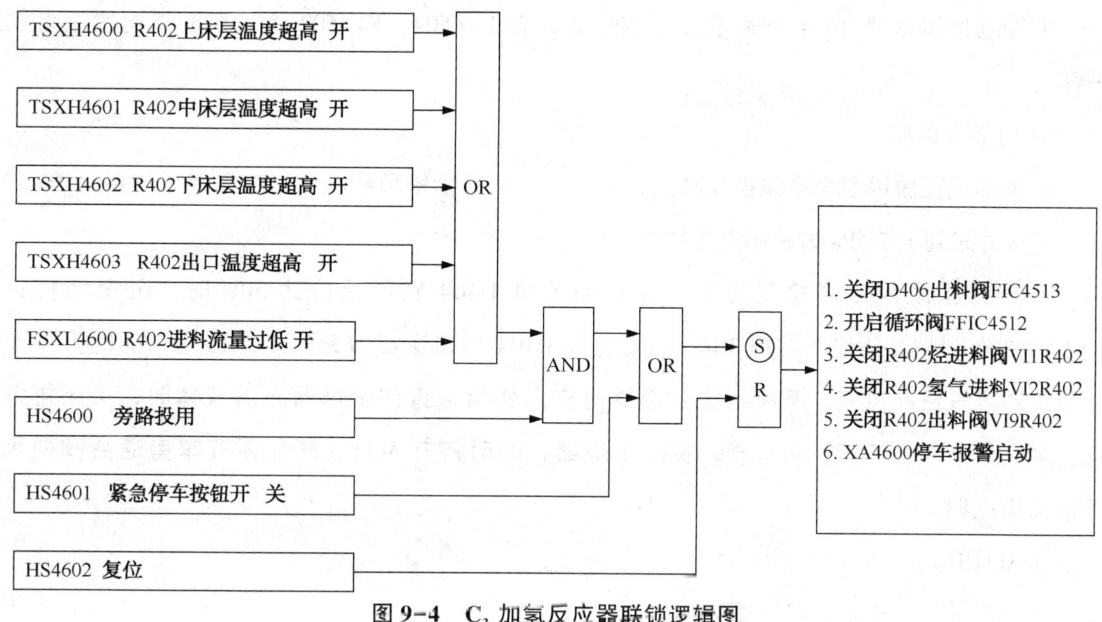

图 9-4 C_3 加氢反应器联锁逻辑图

- 打开阀门 VX1T403、VX1T404，高、低压脱丙烷塔接气相丙烯充压，将高压脱丙烷塔压力充至 0.8～1.0MPa、低压脱丙烷塔压力控制在 0.5～0.6MPa，停止充压。

- 打开阀门 VX1D404、VX1D405，高、低压脱丙烷塔接液相丙烯，D405 罐液位达 50%时启动 P405 泵给 T404 塔打回流，待塔釜液位达 10%以上时，稍投塔釜再沸器 E416，塔顶压力由 PV4505 和 PV4506 控制。

- 启动 P406 泵向高压脱丙烷塔送料，待塔釜液位达 10%以上时，投用高压脱丙烷塔釜再沸器 E413，塔顶压力由 PV4501 和 PV4502 控制在 0.6MPa，当 T403 塔顶回流罐 D404 液位达 50%时，启动 P404 给高压脱丙烷塔打回流，当高压脱丙烷塔釜液位达 50%时，停止接液相丙烯；同时在 FV4502 控制下开始向低压脱丙烷塔进料。

- 对 T403 和 T404 两塔系统进行调整，保持全回流运转，控制压力及液位，等待接料。

b. 系统进料并调整至正常。

- 调节 FIC4505 开始逐步向低压脱丙烷塔进料，并控制塔顶压力，逐渐增大低压脱丙烷塔再沸量，增大 P406 出口去高压脱丙烷塔量。

- 低压脱丙烷塔进料后，同步打开 FIC4501 向高压塔进料，高压脱丙烷塔与 T404 按比例逐步接受进料，调整高压脱丙烷塔，增大回流量、再沸量、塔顶冷凝器冷凝量及塔釜去低压脱丙烷塔循环量，系统调整，控制高压脱丙烷塔顶温度、压力逐渐至正常。

- 由 P404 向丙烯干燥器进料，当丙烯干燥器满液后，打开阀门 VI2A402、VX3A402，经 MAPD 转化器开车旁路向丙烯精馏塔 T406 进料。

• 低压脱丙烷塔 T404 塔釜液位达 50%时，在 LV4504、FV4507 串级控制下向脱丁烷塔进料。

② 丙烯干燥器

a. 当高低压脱丙烷塔系统操作稳定，用二号丙烯精馏塔顶部汽化物给丙烯干燥器 A402 加压，当压力充到 1.7MPa 时关闭充压线阀。

b. 当高压脱丙烷塔接受进料，并且回流罐 D404 底部液位达 50%时，缓慢地打开 VX1A402 阀，把高压脱丙烷塔 T403 的回流泵 P404 出口送出液充入干燥器内，同时打开干燥器顶部排气线阀排气，不断地往干燥器内充入物流，直到干燥器充满液体时，关闭排气阀，全开干燥器进口阀、出口阀，投用干燥器，同时打开 MAPD 转化器开车旁通线阀向丙烯精馏塔进料。

③ MAPD 转化器系统。

a. 系统充压、充液，建立循环

• 首先打开来自 T407 顶部的气相充压线，对反应器进行实气置换，置换气通过反应器安全阀旁通放火炬控制。将反应器的压力充至 1.7MPa，关充压线阀。

• 打开阀门 VI2R402 和压力控制阀门 PIC4508，用氢气给 D406 罐充压至 2.46MPa。

• 打开反应器充液线阀 VX3R402、VI6R402，给反应器充液，同时稍开排气线阀排出反应器顶部气体，反应器充液完毕后，关 VI6R402。

• 开阀 VI2D406 给 D406 罐充液，D406 液位达 50%时，开反应器入出口阀门，启动 P407 泵给反应器打循环，开反应器入出口阀门后，视情况关闭充液线阀 VX4R402。

b. 系统进料并调整至正常。

• 全开反应器入出口阀，关开工旁路阀 VX4A402，物料全部切进反应器，同时配入氢气，反应器出口温度达 40~50℃时，将反应器出口冷却器 E417 投用。

• 投用联锁系统。

• 控制反应器床层温升，调节各参数在要求范围内，反应器出口 MAPD 含量控制在 0.8%以下。

④ 丙烯精馏系统

a. 系统充压、充液，建立循环。

• 丙烯精馏塔接气相丙烯充压，塔压力控制在 0.8~1.0MPa，停止充压。

• 打开 VX1D407，丙烯精馏系统接液相丙烯，当 D407 罐液位达 50%时，启动 P409 泵给 T407 塔打回流，T407 塔釜液位达 50%时，启动 P408 泵给 T406 塔送料，T406 塔釜有液位后，逐渐投用塔顶冷凝器、塔釜再沸器 E419、中沸器 E420。

● 丙烯精馏系统全回流运行，控制压力和液位，停止接液相丙烯，准备接受来自丙烯干燥系统的碳三物料。

b. 系统进料并调整至正常。

T406 塔接收来自丙烯干燥系统的物料后，调整系统操作，使各参数在工艺要求范围内，打开侧采，当丙烯含量达到 99% 时切进合格罐；投用尾气冷却器 E422，尾气外放至裂解气压缩工段，循环丙烷外送至裂解炉。

⑤ 脱丁烷系统

a. 脱丁烷塔开始接收来自低压脱丙烷塔 T404 进料后，投用塔顶冷凝器 E424。

b. D408 罐液位达 50% 时，启动 P410 泵打回流，逐渐投用塔釜再沸器 E423，塔顶压力先由 PIC4512 放火炬控制，待塔的温度压力控制正常后，塔顶部回流罐碳四产品在串级 LV4513、FV4527 控制下外送碳四车间，塔釜液位达 50% 时加氢汽油外送，调整各参数在要求范围内。

2. 正常运行

开始时状态：各系统处于正常生产状态，各指标均为正常值。

调整系统，维持各生产质量指标在正常值范围内。

3. 正常停车

(1) 系统降低负荷

● 逐步降低 T404 和 T403 进料至正常的 70%，调整各塔系统的回流量以及再沸量和冷却量，保持各塔温度、压力在正常状况。

● 逐渐把各塔和回流罐的液位下降至 30% 左右。

● 控制各系统的生产指标在正常值的范围内，准备下一步系统停车。

● 若 T407 丙烯不合格(低于 99%)，走不合格罐。

(2) 系统停车

● 切断到 R402 的氢气，切断反应器 R402 的进料，同时打开 MAPD 转化器开车旁通线阀向丙烯精馏塔进料。

● 关闭 FIC4505，关闭 T404 进料阀门，停再沸器热源后，再逐渐停塔顶冷剂，控制塔压，视情况停 P405、P406，并关塔釜去脱丁烷塔的液量。

● T403 在 T404 进料中断后，关闭进料阀门，停再沸器热源和塔顶冷凝器，控制塔压，视情况停 P404。

● R402 系统当氢气停止后，进行循环运行，当床层温度降至合适时，停 P407 泵，停止循环。

• T405 中断进料后，碳四、粗汽油停止外送，碳四外送阀关闭，停再沸器热源和逐渐停塔顶冷凝器，，控制塔压，视情况停 P410。

• 丙烯精馏塔系统进料中断后，T406、T407 全回流运行，丙烯停止外送，停再沸器的热源，逐渐停塔顶冷凝器，视情况停 P408、P409 保液位，压力由 PIC4511 控制。

(3) 系统倒空

① 低压脱丙烷塔系统

FIC4505、FIC4506、PIC4506 关，FIC4509 开，打开 T404 塔釜 E412 排液线手阀排液，打开 D405 排液线手阀排液，液相排净后，关各手阀，开 PIC4505 泄压。

② 高压脱丙烷塔系统

FIC4501、FIC4502、PIC4502 关，FIC4504 开，打开 T403 塔釜 E413 排液线手阀排液，打开 D404、P404 排液线手阀排液，液相排净后，关各手阀，开 PIC4501 泄压。

③ MAPD 转化器，丙烯干燥器系统

将丙烯干燥器液全部排至丙烯精馏塔，泄液以后，泄压排至火炬。

MAPD 转化器系统隔离，内部阀打开，打开 MAPD 转化器 R402 手阀，进行倒液，完毕后，泄压。

④ 丙烯精馏系统

开 T406、T407、D407 的排液阀，关闭 FIC4516，E420 进行倒液，倒液完毕后，关各手阀，开 PIC4511 泄压到火炬。

⑤ 脱丁烷塔系统

粗汽油外送阀 FIC4525 阀关，碳四外送界区阀 FIC4527 关，开 D408 排液线阀倒液，完毕后关排液线阀，开 T405 塔釜 E418 倒液线阀。开 PIC4516 泄压到火炬。

4. 热态开车

开车前的状态：高、低压脱丙烷塔系统以及丙烯精馏塔已建立全回流循环，丙烯干燥器 A402 已充压，反应器尚未充压充液。

(1) MAPD 转化器系统充压充液，建立循环

① 首先打开来自 T407 顶部的气相充压线，对反应器进行实气置换，置换气通过反应器安全阀旁通放火炬控制。将反应器的压力充至 1.7MPa，关充压线阀。

② 打开阀门 VI2R402 和压力控制阀门 PIC4508，将 D406 罐充压至 1.7MPa。

③ 打开反应器充液线阀 VX3R402、VI6R402，给反应器充液，同时稍开排气线阀排出反应器顶部气体，反应器充液完毕后，关 VI6R402。

④ 开阀 VI2D406 给 D406 罐充液，D406 液位达 50%时，开反应器入出口阀门，启动 P407

泵给反应器打循环，开反应器入出口阀门后，视情况关闭充液线阀 VX4R402。

（2）各系统进料并调整至正常

① 高、低压脱丙烷系统。

• 调节 FIC4505 开始逐步向低压脱丙烷塔进料，并控制塔顶压力，逐渐增大低压脱丙烷塔再沸量，增大 P406 出口去高压脱丙烷塔量。

• 低压脱丙烷塔进料后，同步打开 FIC4501，高压脱丙烷塔与 T404 按比例逐步接受进料，调整增大回流量、再沸量、塔顶冷凝器冷凝量及塔釜去低压脱丙烷塔循环量，系统调整，控制高压脱丙烷塔顶温度、压力至正常。

• 由 P404 向丙烯干燥器进料，丙烯干燥器满液后，打开阀门 VI2A402、VX3A402，经 MAPD 转化器开车旁路向丙烯精馏塔 T406 进料。

• 低压脱丙烷塔 T404 塔釜液位达 50% 时，在 LV4504、FV4507 串级控制下向脱丁烷塔进料。

② 丙烯干燥器。

当高压脱丙烷塔接收进料，并且回流罐 D404 底部液位达 50% 时，缓慢地打开 VX1A402 阀，把高压脱丙烷塔 T403 的回流泵 P404 出口送出液充入干燥器内，同时打开干燥器顶部排气线阀排气，不断地往干燥器内充入物流，直到干燥器充满液体时，关闭排气阀，全开干燥器进口阀、出口阀，投用干燥器，同时打开 MAPD 转化器开车旁通线阀向丙烯精馏塔进料。

③ MAPD 转化器系统。

• 全开反应器入出口阀，关开工旁路阀 VX4A402，物料全部切进反应器，同时配入氢气，反应器出口温度达 40~50℃时，将反应器出口冷却器 E417 投用。

• 投用联锁系统。

• 控制反应器床层温升，调节各参数在要求范围内，反应器出口 MAPD 含量控制在 0.8% 以下。

④ 丙烯精馏系统

T406 塔接收来自丙烯干燥系统的物料后，调整系统操作，使各参数在工艺要求范围内，打开侧采，当丙烯含量达到 99% 时切进合格罐；投用尾气冷却器 E422，尾气外放至裂解气压缩工段，循环丙烷外送至裂解炉。

⑤ 脱丁烷系统

a. 脱丁烷塔开始接受来自低压脱丙烷塔 T404 进料后，投用塔顶冷凝器 E424。

b. D408 罐液位达 50% 时，启动 P410 泵打回流，逐渐投用塔釜再沸器 E423，塔顶压力先由 PIC4512 放火炬控制，待塔的温度压力控制正常后，塔顶部回流罐碳四产品在串级 LV4513、FV4527 控制下外送碳四车间，塔釜液位达 50%时加氢汽油外送，调整各参数在要求范围内。

5. 提量 10%操作

同步逐渐提高处理量 FIC4505、FIC4501（从 3%～6%～10%），保持整个系统操作过程的稳定性。

6. 降量 20%操作

同步逐渐降低处理量 FIC4505、FIC4501（从 5%～10%～15%～20%），保持整个系统操作过程的稳定性。

7. 特定事故

（1）装置停电

事故原因：电厂发生事故。

事故现象：所有机泵停机。

事故处理方法：

① T403、T404 系统

- 停止进料，关闭 FIC4501、FIC4505；
- 停止各返回量，关 FIC4502、FIC4509；
- 停塔釜加热，关闭 FIC4504、FIC4506；
- 停塔釜采出，关闭 FIC4507；
- 停泵 P404、P405、P406，关闭入出口阀；
- 塔压分别由 PIC4501 和 PIC4505 控制；
- 系统保液保压。

② 反应器停车。

迅速切断反应器配氢阀 FFIC4511，切断反应器进料阀 FIC4510 及反应器向后系统进料阀 FIC4513，床层物料自身打循环，直到床层温度降至合适时停止物料循环，如反应器床层温度上升，则可启动联锁系统或自动发生联锁。

③ T406，T407 系统：

- 停产品采出，关 FFIC4520，关闭 FIC4515，关 FIC4523；
- 停塔釜加热，关 FIC4514；
- 停中部再沸器，关闭 FIC4516、FIC4517；
- 停 P408、P409，关进出口阀；

- 塔压由 PIC4511 控制；
- 系统保液保压。

④ 脱丁烷塔：

- 停止采出，关闭 FIC4525、FIC4527；
- 停塔釜加热，关 FIC4524；
- 停 P410，关进出口阀；
- 塔压由 PIC4516 控制；
- 系统保液保压。

（2）停冷却水事故处理

事故原因：冷却水供应中断。

事故现象：T403 塔顶出口温度，T405 塔顶出口温度升高；丙烯精馏塔顶温度升高。

事故处理方法：

① T403、T404 系统：

- 停止进料，关闭 FIC4501、FIC4505；
- 停止返回量，关 FIC4502、FIC4509；
- 停塔釜加热，关闭 FIC4504、FIC4506；
- 停塔釜采出，关闭 FIC4507；
- 停泵 P404、P405、P406，关闭入出口阀；
- 塔压分别由 PIC4501 和 PIC4505 控制；
- 系统保压保液。

② 反应器停车。

迅速切断反应器配氢阀 FFIC4511，切断反应器进料阀 FIC4510 及反应器向后系统进料阀 FIC4513，床层物料自身打循环，直到床层温度降至合适时停止物料循环，如反应器床层温度上升，则可启动联锁系统或自动发生联锁。

③ T406，T407 系统：

- 停产品采出，关 FFIC4520，关闭 FIC4515，关 FIC4523；
- 停塔釜加热，关 FIC4514；
- 停中部再沸器，关闭 FIC4516、FIC4517；
- 停 P408、P409，关进出口阀；
- 塔压由 PIC4511 控制；
- 系统保压保液。

④ 脱丁烷塔：

- 停止采出，关闭 FIC4525、FIC4527；
- 停塔釜加热，关 FIC4524；
- 停 P410，关进出口阀；
- 系统保压保液。

（3）原料中断

事故原因：本系统物料中断。

事故现象：分离单元进料中断。

事故处理方法：

① T403、T404 系统：

- 停止进料，关闭 FIC4501、FIC4505；
- 停止返回量，关 FIC4502、FIC4509；
- 停塔釜加热，关闭 FIC4504、FIC4506；
- 停塔釜采出，关闭 FIC4507；
- 停泵 P404、P405、P406，关闭入出口阀；
- 塔压分别由 PIC4501 和 PIC4505 控制；
- 系统保压保液。

② 反应器停车。

迅速切断反应器配氢阀 FFIC4511，切断反应器进料阀 FIC4510 及反应器向后系统进料阀 FIC4513，床层物料自身打循环，直到床层温度降至合适时停止物料循环，如反应器床层温度上升，则可启动联锁系统或自动发生联锁；

③ T406，T407 系统：

- 停产品采出，关 FFIC4520，关闭 FIC4515，关 FIC4523；
- 停塔釜加热，关 FIC4514；
- 停中部再沸器，关闭 FIC4516、FIC4517；
- 停 P408，P409，关进出口阀；
- 塔压由 PIC4511 控制。

④ 脱丁烷塔：

- 停止采出，关闭 FIC4525，FIC4527；
- 停塔釜加热，关 FIC4524；
- 停 P410，关进出口阀；

• 系统保压保液。

(4) MAPD 反应器飞温

事故原因：P407A 泵坏，造成循环量中断。

事故现象：MAPD 加氢反应器床层温度偏高。

事故处理方法：

① 迅速起用备用泵 P407B。

② 在温度为高温报警时(65℃)左右时，通过减少氢气的进量来控制床层温度，如果可能的话，增加来自丙二烯转化器的循环量。将比例控制器投手动状态，手动调节 FFIC4511，使氢炔比达到正常。

③ 在"高—高"温度时(80℃)，发生联锁，则应按紧急停车处理。

a. T403、T404 系统：

• 停止进料，关闭 FIC4501、FIC4505；

• 停止返回量，关 FIC4502、FIC4509；

• 停塔釜加热，关闭 FIC4504、FIC4506；

• 停塔釜采出，关闭 FIC4507；

• 停泵 P404、P405、P406，关闭入出口阀；

• 塔压分别由 PIC4501 和 PIC4505 控制；

• 系统保压保液。

b. R402 停车

• 迅速切断反应器配氢阀 FFIC4511；

• 切断反应器进料阀 FIC4510；

• 关闭反应器抽出阀；

• 打开反应器排放阀，完全泄压以防反应器破裂(先导液，后卸压)。

c. T406、T407 系统

• 停产品采出，关 FFIC4520，关闭 FIC4515，关 FIC4523；

• 停塔釜加热，关 FIC4514；

• 停中部再沸器，关闭 FIC4516，FIC4517；

• 停 P408，P409，关进出口阀；

• 塔压由 PIC4511 控制。

d. 脱丁烷塔

• 停止采出，关闭 FIC4525、FIC4527；

- 停塔釜加热，关 FIC4524；
- 停 P410，关进出口阀；
- 系统保压保液。

(5) 丙烯冷剂中断

事故原因：丙烯压缩制冷停车。

事故现象：本单元丙烯冷剂丧失，T404 温度上升、压力上升。

事故处理方法：

① T403、T404 系统

- 停止进料，关闭 FIC4501、FIC4505；
- 停止返回量，关 FIC4502、FIC4509；
- 停塔釜加热，关闭 FIC4504、FIC4506；
- 停塔釜采出，关闭 FIC4507；
- 停泵 P404、P405、P406，关闭入出口阀；
- 塔压分别由 PIC4501 和 PIC4505 控制；
- 系统保压保液。

② 反应器停车。

迅速切断反应器配氢阀 FFIC4511，切断反应器进料阀 FIC4510 及反应器向后系统进料阀 FIC4513，床层物料自身打循环，直到床层温度降至合适时停止物料循环，如反应器床层温度上升，则可启动联锁系统或自动发生联锁。

③ T406、T407 系统：

- 停产品采出，关 FFIC4520，关闭 FIC4515，关 FIC4523；
- 停塔釜加热，关 FIC4514；
- 停中部再沸器，关闭 FIC4516、FIC4517；
- 停 P408，P409，关进出口阀；
- 塔压由 PIC4511 控制；
- 系统保压保液。

④ 脱丁烷塔：

- 停止采出，关闭 FIC4525，FIC4527；
- 停塔釜加热，关 FIC4524；
- 停 P410，关进出口阀；
- 系统保压保液。

（6）P405A 泵故障

事故原因：P405A 泵故障。

事故现象：

① P405A 停止运行；

② T404 回流中断；

③ T404 温度、压力失常。

事故处理方法：

① 迅速投用 P405B，打开泵 P405B 进出阀；

② 调整 T404 回流量；

③ 控制 T404 回复正常运行。

（7）P408A 泵故障

事故原因：P408A 泵故障。

事故现象：T407 返回 T406 的量停止。

事故处理方法：

① 迅速投用 P408B，并打开进出口阀门；

② 调整 T406 回流量；

③ 控制 T406 回复正常运行。

八、仿 DCS 系统操作画面（表 9-7）

表 9-7　流程图画面

图名	说明	调图方式	图名	说明	调图方式
OVERVIEW	总貌图	CTRL+1	GX0001	高压脱丙烷塔现场图	CTRL+8
GR0001	高压脱丙烷塔	CTRL+2	GX0002	低压脱丙烷塔现场图	CTRL+6
GR0002	低压脱丙烷塔	CTRL+3	GX0003	MAPD 转化器现场图	CTRL+7
GR0003	MAPD 转化器	CTRL+4	GX0004	一号丙烯精馏塔现场图	CTRL+8
GR0004	一号丙烯精馏塔	CTRL+5	GX0005	二号丙烯精馏塔现场图	
GR0005	二号丙烯精馏塔	CTRL+6	GX0006	脱丁烷塔现场图	
GR0006	脱丁烷塔	CTRL+7			

九、乙烯分离单元仿真 PI&D 图（图 9-5 ~ 图 9-9）

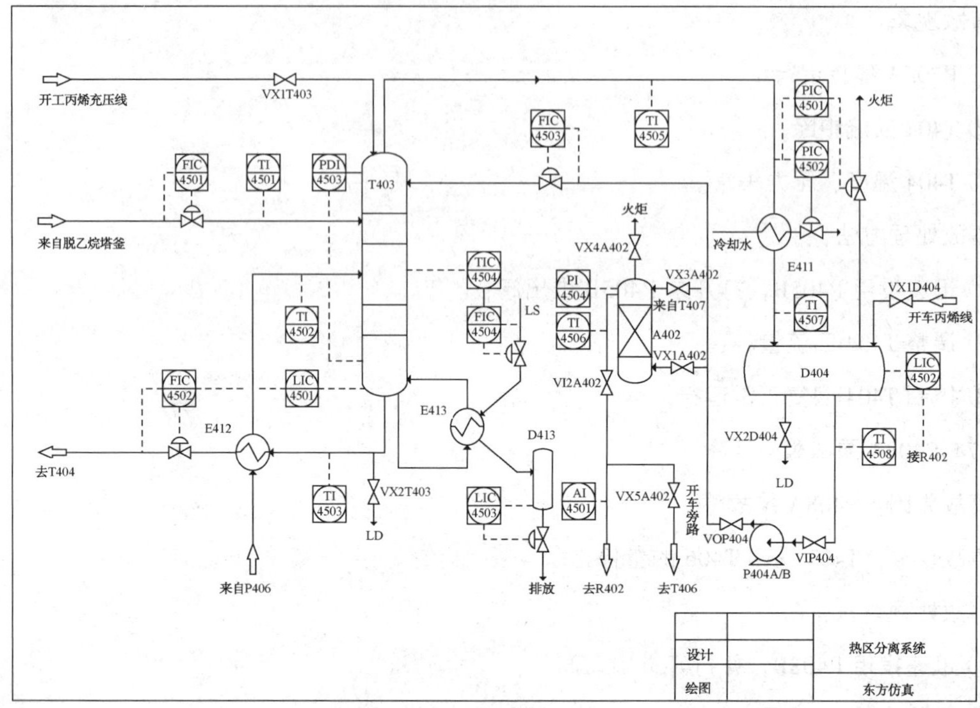

图 9-5　高压脱丙烷

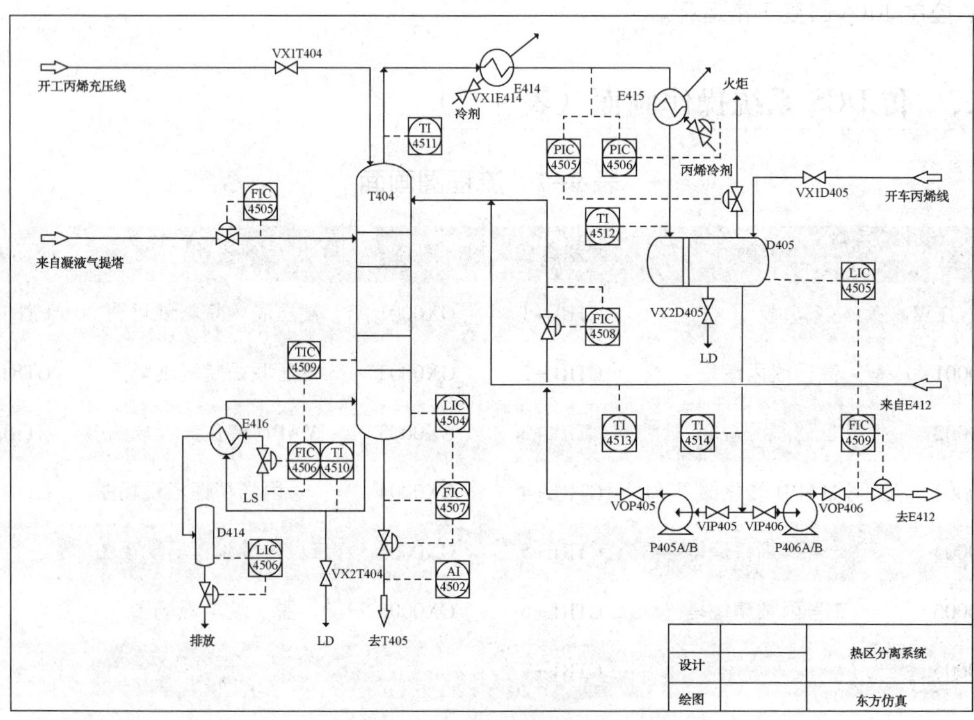

图 9-6　低压脱丙烷

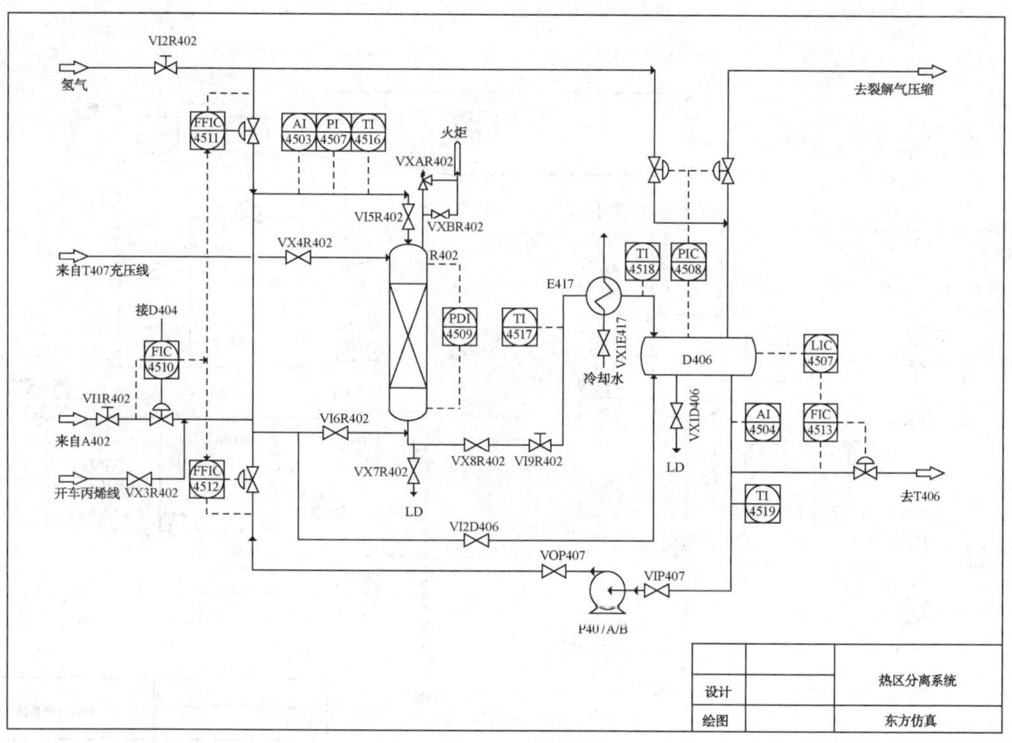

图 9-7　MAPD 转化器系统

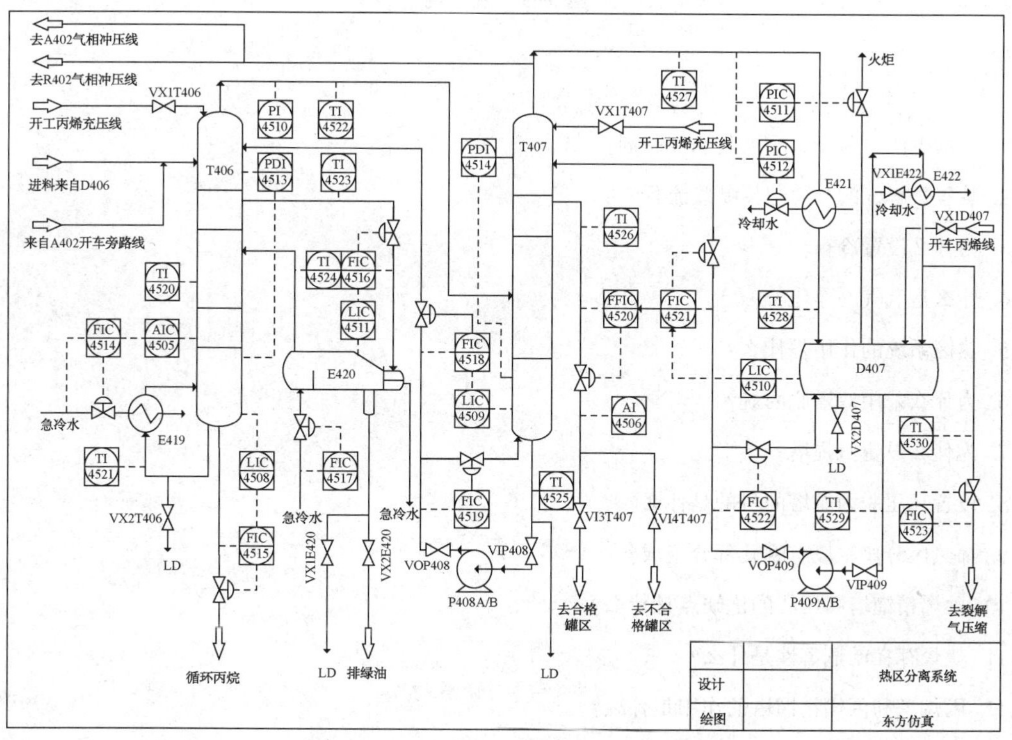

图 9-8　丙烯精馏

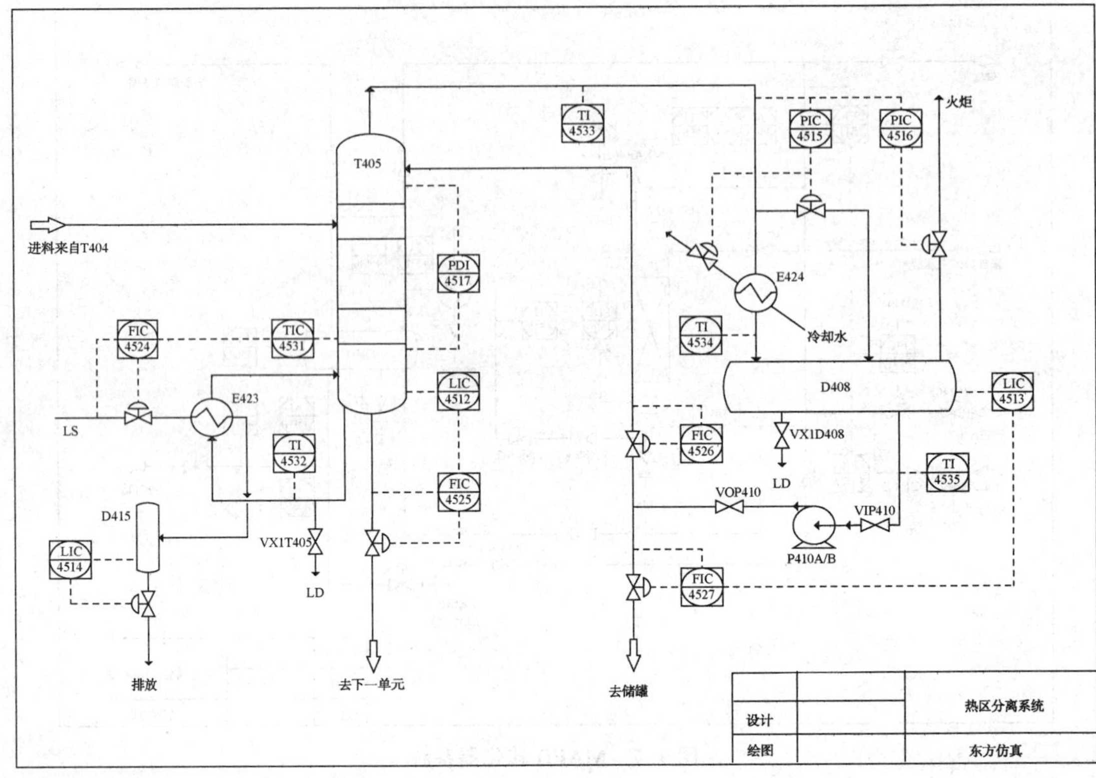

图 9–9　脱丁烷

习题

1. 乙烯生产中为什么添加黄油抑制剂？
2. 装置裂解气的分离包括哪些流程？
3. 为什么设置冷箱？
4. 什么是氢气的净化？
5. 热区系统的作用是什么？
6. 为什么采用双塔脱丙烷？
7. 为什么设置汽提塔？
8. 设置高压脱丙烷塔的目的是什么？
9. 烯热区分离工段有哪几部分组成？
10. 丙烯精馏塔高压法的优缺点是什么？
11. 炔烃存在的危害性是什么？
12. 丙烷塔和丙烯精馏塔的作用是什么？
13. MAPD 表示什么？
14. 高、低压脱丙烷塔顶采用的冷剂是什么？

15. MAPD 加氢反应器原料控制比例是多少？

16. 为什么要脱除裂解气中水分？

17. C_3 馏分的脱水顺序是什么？

18. 丙烯精馏系统如何建立循环？